"广东森林土壤"系列图书

# 广东森林土壤

## 梅州卷

主　编　◎　丁晓纲

中国林业出版社
China Forestry Publishing House

**图书在版编目（CIP）数据**

广东森林土壤. 梅州卷/丁晓纲等主编. —北京：中国林业出版社，2022.11

ISBN 978-7-5219-1956-1

Ⅰ.①广… Ⅱ.①丁… Ⅲ ①森林土-研究-梅州 Ⅳ ①S714

中国版本图书馆 CIP 数据核字（2022）第 207309 号

责任编辑：于界芬

出版发行 中国林业出版社(100009，北京市西城区刘海胡同 7 号，电话 83143549)
网 址 www.forestry.gov.cn/lycb.html
印 刷 北京博海升彩色印刷有限公司
版 次 2022 年 11 月第 1 版
印 次 2022 年 11 月第 1 次印刷
开 本 787mm×1092mm 1/16
印 张 15.5
字 数 357 千字
定 价 168.00 元

# 《广东森林土壤》

## （梅州卷）

# 编 委 会

# 前　言

为贯彻落实《国务院关于印发土壤污染防治行动计划的通知》(国发〔2016〕31号)、《广东省人民政府关于印发广东省土壤污染防治行动计划实施方案的通知》(粤府〔2016〕115号)文件精神，由广东省林业局立项、广东省林业科学研究院组织实施了省林业科技计划项目——广东省梅州市森林土壤调查(编号：2019-07)。项目依次开展了资料收集、技术培训、野外调查、质量检查及土壤样品检测与保存等工作，完成了数据库建设、资信手机应用平台(APP)开发、土壤标本库建设等目标任务。

本次土壤调查结合大尺度森林土壤采样技术、多参数与高精度土壤属性提取技术和土壤属性点面尺度转换空间预测技术，全面清查了梅州市的森林土壤资源类型、分布和属性，并应用土壤高精度系统移动终端建立了土壤环境基础数据库。全市共布设样点1135个，挖掘林地土壤剖面3459个，采集土壤分析样品259425份，分析了12项土壤理化指标，获取土壤属性数据3113100个。《广东森林土壤·梅州卷》是对梅州市森林土壤调查项目的总结成果之一，是广东省林地土壤著作中最为全面地详细论述梅州市林地土壤情况的科学著作。《广东森林土壤·梅州卷》全书共分为五章，第一章介绍梅州市的自然地理和社会经济概况；第二章是土壤形成条件及分布状况；第三章介绍各县(区)森林土壤剖面情况；第四章论述梅州市林地土壤的基本性质和土壤肥力，包括土壤质地、土壤pH、土壤养分及土壤重金属元素等；第五章为土壤理化属性空间分布特征，主要介绍土壤养分以及土壤重金属元素含量的空间分布情况。

全书较全面地反映了梅州市森林土壤调查成果，有充分的科学数据和较强的生产性、实用性。书中有小比例尺的彩色土壤养分、重金属含量空间分布图以及土壤剖面、植被等照片，有数据分析图和数据统计表等。可供林业科学、地理、地球科学、生物科学、农业科学，以及环境科学等学科领域指导生产、科研和教学。

本书撰写过程中得到了广大林业工作者的支持，特别感谢广东省林业局对广东省梅州市林地土壤调查工作的支持及关怀。感谢广东省林业科学研究院梅州分院在野外采样工作中的大力支持。

由于编者水平有限，错漏难免，敬请读者批评指正。

编　者

2022年6月于广州

# 目　录

# 第一章
# 自然地理与社会经济概况

## 第一节　地理位置与地貌地势

梅州市位于广东省东北部，1988 年设立地级市。地理坐标处于北纬 23°23′～24°56′和东经 115°18′～116°56′之间。地处福建、广东、江西三省交界处，东部与福建省龙岩市和漳州市接壤，南部与潮州市、揭阳市、汕尾市毗邻，西部与河源市接壤，北部与江西省赣州市相连。截至目前，梅州市下 2 个市辖区（梅江区、梅县区）、5 个县（平远县、蕉岭县、大埔县、丰顺县、五华县）、代管 1 个县级市（兴宁市）。全市土地总面积 15 909.28km²，梅江区、梅县区、兴宁市、平远县、蕉岭县、大埔县、丰顺县、五华县的面积分别是 570.61km²、2 482.8km²、2 104.85km²、1 381km²、960km²、2 462km²、2 710.22km² 和 3 237.8km²，林地面积 118.04 万 hm²，森林覆盖率 74.2%，森林蓄积量 6 219.08 万 m³（表 1-1）。

表 1-1　梅州市各区（县）林地面积

| 地区 | 区域面积（km²） | 林地面积（万 hm²） |
| --- | --- | --- |
| 梅江区 | 570.61 | 4.08 |
| 梅县区 | 2 482.80 | 18.17 |
| 平远县 | 1 381.00 | 10.71 |
| 蕉岭县 | 960.00 | 7.35 |
| 大埔县 | 2 462.00 | 19.71 |
| 丰顺县 | 2 710.22 | 22.12 |
| 五华县 | 3 237.80 | 22.37 |
| 兴宁市 | 2 104.85 | 13.53 |
| 合计 | 15 909.28 | 118.04 |

注：引自《广东年鉴》，2021。

梅州市地质构造比较复杂，主要有褶皱构造和断裂构造，处于华南褶皱系的南部，断裂带走向有北东向、东西向、北西向、南北向 4 种。该市的地貌类型主要为山地、丘陵、台地、阶地和平原，由花岗岩、喷出岩、变质岩、砂页岩、红色岩和灰岩六大岩石构成。全市山地面积占 24.3%；丘陵及台地、阶地面积占 56.6%；平原面积占 13.7%；河流和水库等水面积占 5.4%。市境地处五岭山脉以南，地势北高南低，山系主要由武夷山脉、莲花山脉、凤凰山脉三列山脉组成。海拔在千米以上的高峰有 140 多座，其中位于丰顺县的铜鼓嶂海拔 1 560m，是梅州第一高峰。山地主要有七目嶂、铁山嶂及梅、蕉、平山地。盆地主要有兴宁市盆地、梅江区盆地、蕉岭县盆地和汤坑盆地。山地土壤主要为红壤、赤红壤、山地黄壤、紫色土等。

梅州市内河流主要有韩江、梅江、汀江、琴江、五华河、宁江、程江、石窟河、梅潭河、松源河、丰良河等。其中韩江、梅江和汀江在梅州境内的长度分别为 343km、271km 和 55km，流域面积分别为 14 691km²、10 888km² 和 1 333km²。此外，东江沿市境西北的兴宁市边境流过，在梅州境内河段长 24.8km，流域面积 260km²（梅州市人民政府网，2022）。

# 第二节　土地利用与森林资源

## 一、土地利用

根据梅州市第三次全国国土调查统计资料（表 1-2），梅州市土地利用类型构成中，农用地面积为 142.34 万 hm²，占全市土地总面积的 90.11%；非农建设用地 15.509 万 hm²，占全市土地总面积的 9.82%；未利用地（湿地）面积为 0.12 万 hm²，占全市土地总面积的 0.07%。农用地中，林地面积 122.38 万 hm²，占全市土地总面积的 77.47%，广泛分布于全市各区（县）；耕地面积 10.78 万 hm²，占全市土地总面积的 6.83%，主要分布于市域内的兴宁市盆地、梅江区盆地等地；园地面积、草地面积相对较小，各地呈零形状分布。非农建设用地中，城镇村及工矿用地面积 8.95 万 hm²，占全市土地总面积的 5.67%，主要分布于各区（县）的中心城区和中心镇；交通运输用地面积 2.23 万 hm²，占全市土地总面积的 1.42%；水域及水利设施用地面积 4.31 万 hm²，占全市土地总面积的 2.73%。

表 1-2　梅州市土地利用类型

| 土地利用类型 | | 面积（万 hm²） | 占比（%） |
| --- | --- | --- | --- |
| 农用地 | 耕地 | 107 816.94 | 6.83 |
| | 园地 | 78 827.37 | 4.99 |
| | 林地 | 1 223 791.4 | 77.47 |
| | 草地 | 12 957.01 | 0.82 |
| 非农建设用地 | 城镇村及工矿用地 | 89 562.46 | 5.67 |
| | 交通运输用地 | 22 364.67 | 1.42 |
| | 水域及水利设施用地 | 43 161.37 | 2.73 |
| 未利用地 | 湿地 | 1 158.24 | 0.07 |
| 合计 | | 1 579 639.46 | 100 |

注：引自梅州市自然资源局，2022。

## 二、森林资源

梅州市森林资源丰富，林地面积 118.04 万 hm²，森林覆盖率 74.2%，森林蓄积量 6 219.08 万 m³，梅州森林覆盖率占全省首位，其中蕉岭县、大埔县、丰顺县的森林覆盖率分别为 78.93%、78.87% 和 78.69%，位居梅州全市前三。该市森林资源主要有松、杉、阔叶林、针阔混交林、针叶混交林和桉树林，树种以马尾松、湿地松、桉树、黎蒴、杉木为主，经济树种以油茶居多。

梅州市境内有 2 000 多种高等植物，经考察采集和记载的有 1 084 种，隶属于 182 科 598 属。其中蕨类植物 19 科 29 属 41 种；裸子植物 7 科 11 属 14 种；双子叶植物 134 科 471 属 908 种；单子叶植物 22 科 87 属 121 种。按树种用途分类：材用植物、药用植物、油脂植物、芳香植物、纤维植物、淀粉植物、果类植物、蜜源植物、鞣料植物，还有属于花卉、观赏和庭园绿化类的野生植物。土特产有金柚、茶叶、脐橙等（梅州市人民政府网，2022）。

# 第三节　社会经济基本情况

## 一、人口与民族

梅州市辖 2 区 5 县代管 1 市，包括梅江区、梅县区、平远县、蕉岭县、大埔县、丰顺县、五华县和兴宁市。全市有 104 个镇、7 个街道办事处、209 个社区居民委员会、2 044 个村民委员会和 12 164 个自然村（其中 20 户以上的自然村 10 377 个）。2021 年末，梅州市户籍人口约 543.96 万人，常住人口约 397.03 万人，其中城镇人口约 199.78 万人，占 51.58%，居住在乡村的人口为 187.54 万人，占 48.42%。全市除汉族外，有畲族、壮族、瑶族、满族、回族、苗族等 20 多个少数民族，少数民族户籍人口 9 489 人，少数民族流动人口约 7 万人。史籍记载，梅州宋代以前的民族"主为畲族，客为汉族"。随着时代变迁，畲族被迫迁移外地或改为汉族，畲族唯一聚居地是丰顺县潭江镇凤坪村，全村 156 户 950 人，其中畲族 81 户 608 人（梅州市人民政府网，2022）。

梅州市为客家人比较集中的聚居地，客家话为主要语言。境内除丰顺县的汤坑、汤南、留隍 3 个镇使用潮汕方言外，绝大部分人都使用客家方言。客家方言是汉语八大方言（北方、吴、湘、赣、客家、闽南、闽北、粤）之一，以梅县区话为代表，以古汉语为母体发展而成，与普通话近似（梅州市人民政府地方志办公室，2021）。

## 二、农　业

梅州市粮食播种面积 179 700 hm²，粮食产量约 110.35 万 t，特色主导产业基地有油茶、金柚、茶叶等。梅州被确立为"广东省韩江上游油茶、茶叶产业带"，兴宁市被评为"中国油茶之乡"，平远县被列为"油茶丰产林国家标准化示范区"（梅州市人民政府网，2022）。

## 三、工　业

梅州市矿藏点多面广，开发前景广阔，储量居全省前列。梅州市已发现的矿产有 50 多种，其中通过地质勘查探明储量和开发利用的矿产 40 多种，共有矿区 274 个，矿床 500 多处。重要矿产资源包括金属类有稀土、铁、锰、铜、铅、锌、钨、锡、铋、钼、银、锑、钒、钛、钴、稀土氧化物等，非金属类有煤、石灰石、瓷土、石膏、大理石、钾长石等及具有区域特色的珍珠岩、叶蜡石、钒钛磁铁及饰面用辉绿岩等矿产。兴宁市的矿产资源总储量是广东省重点矿藏大县(市)之一；五华县的钨、钼矿达国家标准一级一类、萤石矿属世界一级品、钾长石储量和质量均居全省首位；丰顺县邓屋及丰良的地下热水平均水温为 82～91℃，属于罕见的高温地下热水，经勘探均为中型地热田，为省内重要的地热资源；梅县区的铜、平远县的铁、蕉岭县的石灰石、大埔县的瓷土，以储量丰富、品位高而颇负盛名(梅州市人民政府网，2022)。

基于梅州市丰富的矿产资源条件，水泥、陶瓷、建材、电子信息、电力、机电制造、矿业加工、烟草等产业蓬勃发展，丰顺县电声产业成为梅州市首个"省产业集群示范区"。

## 四、文化产业

梅州市生态屏障优良，有自然保护区 50 个、森林公园 158 个，是国家生态文明先行示范区、国家级客家文化生态保护区、中国优秀旅游城市、国家园林城市、国家卫生城市、国家森林城市。该市被誉为"世界客都"，是叶剑英元帅的故乡、著名革命老区、海峡两岸交流基地、广东唯一全域属原中央苏区范围的地级市。梅州是国家历史文化名城，是著名的文化之乡、华侨之乡、足球之乡、将军之乡、长寿之乡、金柚之乡、温泉之乡、客家菜之乡、平安之乡，主要旅游区：雁南飞茶田度假村(5A 级景区)；叶剑英纪念园、雁鸣湖旅游度假村、灵光寺、长潭旅游度假区、客天下旅游产业园、百侯名镇旅游区、五指石风景区、神光山国家森林公园、鹿湖温泉度假村、张弼士故居旅游区、韩山历史文化生态区等(4A 级景区)；汤湖热矿泥山庄、千佛塔、西岩山茶乡度假村、龙鲸河漂流、坪山千亩梯田、富大陶瓷工业旅游区、三河坝战役纪念园、上举相思谷、相思河风景区、江畔人家休闲度假区、樱花谷、李光耀祖居、龙归寨瀑布、西河北塘乡村旅游区、曼陀山庄、月形山乡村旅游区、大观天下文化旅游产业园、瑞山生态旅游度假村、新丰寨景区、八乡山大峡谷、广东御逸温泉度假村、中国客家博物馆、南台卧佛山景区等(3A 级景区)(梅州市人民政府网，2022)。

# 第二章
# 土壤形成条件及分布状况

## 第一节　土壤成土条件

### 一、气　候

梅州位于广东省东北部，闽、粤、赣三省交界处，地处低纬，地理位置坐标为北纬23°23′~24°56′、东经115°18′~116°56′之间，近临南海、太平洋，且受山区特定地形影响，具有夏日长、冬日短、气温高、光照充足和雨水丰盈且集中等低纬气候特点，又具有冷热悬殊、气流闭塞，易有旱涝灾害，地形小气候突出等山区气候特点。梅州地形以山地丘陵为主，属典型的亚热带季风气候，日照雨量充足，7月平均气温28℃，1月平均气温10℃，年平均降雨量1 400~1 800mm，4~9月为雨季。该气候区是南亚热带和中亚热带气候区的过渡地带，以大埔县茶阳经梅县区松口、蕉岭县蕉城、平远县石正、兴宁市岗背为分界线，平远县、蕉岭县、梅县区北部为中亚热带气候区，五华县、兴宁市、大埔县和平远县、蕉岭县、梅县区南部为南亚热带区(梅州市气象局，2022)。

### 二、成土母质(岩)

梅州市土壤成土母质(岩)，是以片麻岩、片岩、千枚岩、板岩和石英岩等组成的古老变质岩为基础，主要由花岗岩、玄武岩、变质岩、砂页岩、红色岩系和石灰岩等六大类岩石构成。

花岗岩：包括花岗岩、花岗斑岩、花岗闪长岩等。本区域花岗岩，大体有2种：一为普通花岗岩，中粒至粗粒结晶，主要成分为石英24%~35%，斜长石25%~30%，钾长石35%~45%，黑云母3%~10%，晶粒大小均匀，节理发育，风化崩解强烈，山丘上多石蛋；另一种为斑状花岗岩，矿物组成与普通花岗岩相同，但长石晶体较大，多为青灰色斑晶。

玄武岩：玄武岩形成于第四纪的中更新世和晚更新世，本区域有小面积分布，玄武岩岩性致密坚固，难于侵蚀，形成较平坦的台地，坡度2°~3°，只有熔岩喷出地点才见火山锥地形。玄武岩的主要矿物组成为斜长石55.5%，正长石4.5%，辉石18%，橄榄石14%，钛铁矿和磁铁矿分别为4%。

砂页岩：包括砂岩、砾岩、页岩和砂页岩等，分布较为广泛，各个地质时期均有，岩性比较复杂。

红色砂页岩：包括紫红色砂岩和紫红色页岩。主要分布在低丘和盆地，整个岩层可分上、中、下三层，下层为砾岩，中层为砂岩，上层为砂岩、页岩互层，红色或紫红色，层理平整，形成不整合覆于其他岩层之上。红色砂页岩由不同粒径的砾石、砂、黏土组成，成分以石英为主，由泥质和氧化铁及钙质胶结。岩体疏松，有裂隙，遇水软化或崩解，易风化侵蚀，特别是紫红色砂页岩，颜色紫色深暗，岩体表面和内部吸热和散热速度差异大，热胀冷缩的速度也不一致，在高温和多雨的条件下，使岩体更快分离崩裂。

石灰岩：梅州分布不多。石灰岩主要形成于泥盆纪、石炭纪、二叠纪、三叠纪，此外奥陶纪-志留纪亦有形成。石灰岩岩性软，灰色或灰黑色，绝大部分组分是碳酸钙，高温多雨条件下，多被溶蚀、侵蚀形成峰林及溶洞等岩溶地形。

石英岩：分布不广，在梅州有小面积分布，形成于太古代到寒武纪-奥陶纪前古老变质岩系。此外，泥盆纪亦有石英岩形成，如桂头岩系和莲花山系等。石英岩岩性坚硬，石英颗粒硬度大，因其在变质时为硅质胶结，抵抗侵蚀特别强，往往形成峡谷地形或陡峻地形，山脊犬牙交错，表现出石英岩坚硬的特性。

片岩：片岩包括片麻岩、千枚岩、片岩、板岩、大理岩等。在兴宁市的水口、五华县城附近有分布。此外，广州市增城区的罗布垌、博罗县的罗浮山、广州市从化区大庙峡、翁源县的石顶、四会市的石狗墟、中山的平岗等也有分布。这些岩石大部分由火成岩变质而成，仅小部分为沉积岩变质而成。岩层常位于各种岩层之下，变质程度甚深，属太古代或元古代的产物。

## 三、森林植被

梅州市地貌类型复杂，不同气候带水热条件和生态关系不一致，植被类型差异较大。根据植被的种类组成、外貌结构、生态地理特征和动态特征进行划分，梅州市主要森林植被类型有亚热带典型常绿阔叶林、亚热带季风常绿阔叶林和石灰岩植被(广东省科学院丘陵山区综合科学考察队，1991)。

### 1. 亚热带典型常绿阔叶林

典型常绿阔叶林是中亚热带地带性植被类型，分布于兴宁市、大埔县一线以北地区。分布区属中亚热带与南亚热带过渡地区，气候为北-南亚热带湿润性季风气候。由于亚热带常绿阔叶林分布地区气候温暖湿润，因此，植被类型多样丰富。其中，种类较多的有壳斗科、樟科、山茶科、大戟科、蔷薇科和蝶形花科等。乔木层以壳斗科、樟科、山茶科、金缕梅科和木兰科为主，主要树种有红椎、甜槠、白椎、荷木、大果马蹄荷、蕈树、白含笑、黄樟等。灌木以茜草科、山茶科、樟科、山矾科、紫金牛科、杜鹃花科和竹亚科为主，主要有米碎花、闽柃、尖叶杨桐、粗叶木、罗伞树、苦竹、冷箭竹等。草本植物层有狗脊、薹草、山姜、草珊瑚和其他蕨类。

### 2. 亚热带季风常绿阔叶林

亚热带季风常绿阔叶林是南亚热带的地带性典型植被。分布范围在梅县区、大埔县一线以南地区。植被的组成种类亦以热带、亚热带的科属为主，但热带植物区系成分所占比例较大，反映出向热带区系过渡的特点。组成亚热带季风常绿阔叶林的乔木种类以樟科、壳斗科、山茶科、桃金娘科、大戟科、豆科、桑科、梧桐科、芸香科、五加科、山矾科、冬青科等为主，如常见的有华润楠、厚壳桂、锥栗、藜蒴、荷木、红车、白车、银柴、云南银柴、黄桐、光叶红豆、猴耳环、水筒木、假苹婆、降真香、鸭脚木、山矾、冬青等。林下的灌木以茜草科、紫金牛科、番荔枝科、野牡丹科、菝葜科、棕榈科等为主，如朱砂根、九节、粗叶木、白背瓜馥木、柏拉木、菝葜、华南省藤等。林下的草本植物有沙皮蕨、复叶耳蕨、金毛狗、山姜、淡叶竹、珍珠茅等。在中山山地上的季风常绿阔叶林中，亦出现一些温带科属，如杜鹃花科、槭树科、蔷薇科等的种类。

3. 石灰岩植被

石灰岩植被是石灰岩地区裸露、半裸露坡地上的植被类型，组成种类与同一地带植被有相似之处，但在优势种中以钙质土植物和落叶种类较多，尤以藤状灌木和藤本植物较多。梅州市的石灰岩植被主要分布在蕉岭县、梅县区、大埔县等地。

石灰岩植被主要分布于石灰岩山地的山腰和山麓土层较厚的地方，森林低矮，一般高度8~15m，树木分布疏密不一，林冠参差不平，由常绿、落叶树种组成。在南亚热带，常见种类有朴树、海红豆、黄连木、黄梨木、圆叶乌桕、菜豆树等；常见的常绿树种有各种榕树、假苹婆、粗糠柴、青冈栎、黄牛木、仪花等。灌木层中多有刺灌木、攀援灌木和藤本植物，常见的有竹叶椒、山黄皮、红背山麻杆、苎麻、粗糠柴、龙须藤、铁线莲等。草本植物层比较稀疏，主要以蕨类、薹草属、百合科为主，如铁线蕨、槲蕨、薹草、沿阶草等。

## 四、地形地貌

梅州市地势总体北高南低。由闽、粤、赣边境逐渐下降到梅州、宁江等盆地后又重新高起，再逐渐下降到潮汕平原。按地貌形态可划分为平原（盆地）、阶地、台地、丘陵和山地五大类。其中山地、丘陵面积较大，平原、阶地、台地面积较小。山地面积占24.3%，丘陵及台地、阶地面积占56.6%，平原面积占13.7%。河流和水库等水面积占5.4%。由花岗岩、喷出岩、变质岩、砂页岩、红色岩系和石灰岩等六大类岩石构成台地、丘陵和山地，由第四系的黏土、砂和砾石等构成平原和阶地。主要盆地有兴宁市盆地，面积约400km²，属于梅州市第一大盆地；梅江区盆地，面积约120km²；蕉岭县盆地，面积约100km²；汤坑盆地，面积约100km²。素称"八山一水一分田"。此外局部还有景色奇特的红色岩系地貌。如平远县南台山、平远县五指石等，其中平远县五指石被评为省级地质公园。

## 五、时间因素

土壤不仅随着空间条件的不同而变化，而且随着时间的推移而演变。从地形演替的角度上看，本区土壤年龄有从北向南由老到新发展的趋势，不同阶地上成土年龄的差别，在土壤的性质上亦得到反映。从剖面形态看，土壤年龄由幼年向老年发育，土壤质地由粗变细，土壤颜色由灰黄、红黄、红色至暗棕红色，pH值随之降低。从黏土矿物组成看，随着阶地升高，土壤年龄愈老，黏粒含量增加，钾含量、硅铝率、硅铁铝率和阳离子交换量下降。

黏土矿物以高岭石为主。风化强度愈大，水云母脱钾愈多，进一步风化，脱硅形成高岭石，于是水云母数量减少，高岭石相对增加。根据原生矿物分析，土壤年龄愈大，土壤矿物风化系数亦随之增加，其风化强度愈大。由此可见，不同地质历史所形成的阶地，在其基础上所成的土壤年龄是不同的，反映在同一土壤类型发育阶段上，其所成的土壤性质亦有差异。

## 六、人类活动

人类活动与其他自然因素有着本质的不同，在土壤形成过程中具有独特的作用。人为活动对土壤形成、演化的影响是十分强烈的，其演变速度远远超过自然成土因素的演化过程，可以有目的、定向地加快土壤的发育过程和熟化过程，提高土壤肥力，如恢复和抚育植被、合理耕作和施肥等，能够加快土壤有机质的积累，改良土壤结构，提高养分含量；也可以在很短时间内将成千上万年形成的土壤毁于一旦，如破坏森林植被，导致水土流失，不仅表层土壤流失，严重的还会影响母质层，形成植被难以恢复的光板地。

# 第二节　成土过程

## 一、脱硅富铁铝化过程

脱硅富铁铝化过程指在湿热的生物气候条件下，由于矿物的风化形成弱碱性条件，随着可溶性盐、碱金属和碱土金属盐基及硅酸的大量流失，铁、铝在土体内相对富集的过程（龚子同等，2007）。

本区域地处我国中亚热带、南亚热带交汇处，气候温暖湿润，在高温多雨、湿热同季的气候条件下，岩石矿物风化和盐基离子淋溶强烈，原生矿物强烈风化，基性岩类矿物和硅酸盐物质彻底分解，形成了以高岭石和游离铁氧化物为主等次生黏土矿物，盐基和硅酸盐物质被溶解并遭受强烈的淋失，而铁铝氧化物相对富集。在强烈淋溶作用下，表土层因盐基淋失而呈酸性时，铁铝氧化物受到溶解而具有流动性，表土层下部盐基含量相对高导致酸度有所降低，使下淋的铁铝氢氧化物达到一定深度而发生凝聚沉淀；干旱季节来临，铁铝氢氧化物随毛管水上升到地表，在炎热干燥条件下失去水分形成难溶性的 $Fe_2O_3$ 和 $Al_2O_3$，在长期反复干湿季节交替作用下，使土体上层铁铝氧化物愈积愈多，以致形成铁锰结核或铁磐。在局部区域或海拔 600m 以上的山地，成土环境更为湿润，年平均蒸发量显著低于降雨量，土体经常处于湿润状态，土壤的矿物水解和水化作用强烈，土体中赤铁矿水化为针铁矿，使土壤呈黄色、棕黄色、蜡黄色。黄化作用随海拔升高而加强，因而黄色的色调亦随海拔升高而加深。土壤脱硅富铝化过程由北向南强度增加。

## 二、有机质积累过程

有机质积累过程是在木本或草本植被下有机质在土体上部积累的过程。在高温多雨、湿热同季的热带、亚热带气候条件下，岩石、母质强烈地进行着盐基和硅酸淋失与铁铝富集的过程，母质的不断风化使养分元素不断释放，为各种植物生长提供了丰富的物质基础，因此，植物种类繁多，生长迅速，在植物强烈光合作用下合成大量有机物质，生物量大，每年形成大量的凋落物参与土壤生物循环，促进了土壤中有机质的积累。林下地表凋落物中微生物和土壤动物丰富，特别是对植物残体起着分解任务的土壤微生物数量巨大，种类多样和数量巨大的微生物群，加速了凋落物的矿化、灰分富集和植物吸收，土壤的生物物质循环和富集作用十分强烈。

### 三、黏化过程

黏化过程是指原生硅铝酸盐不断变质而形成次生硅铝酸盐，由此产生黏粒积聚的过程。黏化过程可进一步分为残积黏化、淀积黏化和残积-淀积黏化3种。

残积黏化指就地黏化，为土壤形成中的普遍现象之一。残积黏化主要特点：土壤颗粒只表现为由粗变细，不涉及黏土物质的移动或淋失；化学组成中除 CaO、Na$_2$O 稍有移动外，其他活动性小的元素皆有不同程度的积累；黏化层无光性定向黏粒出现。

淀积黏化是指新形成的黏粒发生淋溶和淀积。这种作用均发生在碳酸盐从土层上部淋失，土壤中呈中性或微酸性反应，新形成的黏粒失去了与钙相固结的能力，发生淋溶并在底层淀积，形成黏化层。土体化学组成沿剖面不一致，淀积层中铁铝氧化物显著增加，但胶体组成无明显变化，黏土矿物尚未遭分解或破坏，仍处于开始脱钾阶段。淀积黏化层出现明显的光性定向黏粒，淀积黏化仅限于黏粒的机械移动。

残积-淀积黏化系残积和淀积黏化的综合表现形式。在实际工作中很难将上述3种黏化过程截然分开，常是几种黏化作用相伴在一起。

### 四、潜育化过程和脱潜育化过程

土壤长期渍水，受到有机质嫌气分解，而使铁锰强烈还原，形成灰蓝-青灰色土体的过程，是潜育土主要成土过程。当土壤常年处于淹水状态时，土壤中水、气比例失调，几乎完全处于闭气状态，土壤氧化还原电位低，氧化还原电位一般都在 250mV 以下，因而发生潜育化过程，形成具有潜育特征的土层。土层中氧化还原电位低，还原性物质富集，铁、锰以离子或络合物状态淋失，产生还原淋溶。

脱潜育化过程是指渍水或水分饱和的土壤在采取排水措施后，土壤含水量降低、氧化还原电位增加的过程。在低洼渍水区域，通过开沟排水，使地下水位降低，渍水土壤发生脱沼泽脱潜育化，土壤氧化还原电位明显提高。

### 五、脱钙过程和复钙过程

本区石灰岩地区，由于特殊的岩溶地貌条件及生物吸收与归还特点，制约着土壤中钙的迁移和富集。无论大区域或微地形上都可发现土壤中同时进行着淋溶脱钙和富集复钙过程。从大区域看，正地形地区是脱钙地区，负地形地区是钙的富集地区。从岩溶发育阶段来说，幼年期为脱钙地区，中年期为脱钙和复钙同时进行的地区，老年期主要是复钙地区。因此，在富含钙质的水文条件及喜钙植物的综合作用下，土壤形成经历强烈脱钙同时，又不断接受从高处流下的含重碳酸盐的新水溶液,以及受喜钙植物生物富集作用的影响,这种淋溶脱钙和富集复钙作用反复活跃进行,土壤中钙不断得到补充。

# 第三节　土壤分类

## 一、20 世纪 30 年代的土壤分类

梅州市乃至广东省近代土壤分类始于 20 世纪 30 年代。1930 年广东土壤调查所(后改为中山大学土壤研究所)成立后,邓植仪教授亲自规划全省土壤调查研究工作,并于 1931 年 11 月开始,带领全所科技人员到番禺县(广州市番禺区)进行了为时 3 个月的土壤野外调查。经过 8 年艰苦努力,至 1938 年日本侵略军侵占广州前,先后完成了番禺、南海、东莞、惠阳、高要、梅县区、曲江等 34 个县(区)的土壤详细调查工作,其中已有 28 个县的土壤调查报告书及土壤分布图编撰出版,另 6 个县的调查报告书因广州失陷而未及时出版。在"广东土壤调查暂行分类法"中拟定了广东重要土壤分类系统(邓植仪,1934)。土壤分类方法参照马伯特(Marbut C. F.)所拟世界土壤分类计划草案、美国当时所采用新系统之全国土壤分类计划书及其他国家分类方法,折中而拟定,分为部(group)、属(subgroup)、系(series)、类(class)和区(type)5 级制的分类系统。

部:土壤分类最高级。以土层中某种物质移动与运积之程度来区别。将土壤剖面分为 A 层、B 层、C 层。A 层为物质淋溶层,B 层为物质淀积层,C 层为母岩或原始土壤物质。世界土壤根据淋溶层与淀积层特征,区分为两部。第一部土壤形成于湿润地区,称湿润界土;第二部土壤形成雨量缺乏之地,称干燥界或半干燥界土。广东省土壤均属于第一部土。

属:分类第二级。在第一部土中,根据土壤中物质移动、聚积特点分为灰色土(灰土)、棕色土(棕土)、红黄土、红土、棕黑土 5 个土属。广东土壤,大都为红黄土,以至红土,而其他各属鲜见。

系:分类第三级。在"属"之内按土壤母岩或原始物质性质,或 A 和 B 层之厚薄来区分。"系"命名多采用初发现之地名,或该系最显著而最广布的地点来命名,如罗岗系。

类:土壤质地之区别,按土粒大小来定。

区:分类最低一级。同属一区的土壤,质地、物质来源、结构、颜色、地势(排水状况)、土壤深浅及一切特征皆相同。同土"类"名并冠以所属之"系"名来命名。如罗岗砂质壤土。

## 二、第一次土壤普查分类

1958—1960 年开展广东省第一次土壤普查,以耕作土壤为重点,总结群众认土、用土、改土、保土、养土经验,并根据土地利用方式、成土条件和成土过程、耕性与质地、颜色与肥力、毒质、农业土壤起源等将全省土壤分类系统列为土纲、土类、亚类、土属、土种、变种等级(广东省土壤普查鉴定土地利用规划委员会,1962)。现分述如下:

土纲：是按土地利用情况而划分，暂分水田、旱地、菜园土 3 个土纲。

土类：是土壤属性的共同归纳，是土壤分类的基本单元。同一土类反映在自然因素和人为活动因素综合影响下，具有相同的熟化过程和相对稳定的水热状况，以及相同的利用改良方向和生产性能。例如，黏土田土类中的黏土田、坺骨田、顽坺田 3 个土属，具有吸肥力强、供肥弱、有效肥力低、耕性不良的特点。其改良利用方向主要为入沙、犁冬晒白或犁冬浸冬，增施有机肥料等。这 3 种土壤的肥力特征、农业生产性状及改良利用方向相同，因而作为一个土类。至于沙土田与黏土田大不相同，有不同质的特征，因而划为另一类。

亚类：是土类辅助单元，是在土类范围内共性更相近的土属归纳。同一土类中的不同亚类，由于地区水热条件的差异，反映在土壤肥力的质的特征上以及农业利用和土壤改良方向上的某些重要差别。同一亚类，其熟化程度、剖面结构特征、农业生产特性以及改良利用方向比土类更趋于一致。例如，积水田，根据水热状况而分为 2 个亚类：长期积水的，称为积水田；季节性积水的，称为低塱田。亚类为农业生产布局提供参考和依据，也是编制省一级土壤图的上图单位。

土属：是在同一土类或亚类中各土种共性的归纳，也是一辅助单元。同一土属，具有大致相同的熟化程度、肥力水平以及耕层特征，并体现出大致相同的轮作方式以及土壤利用改良和提高土壤肥力的运动。凡影响土壤熟化程度及肥力水平的因素，如地形、母质、地下水位、盐分含量等都可作为划分土属的依据。例如，咸田中根据不同的盐分含量，而分为重咸田、咸田、轻咸田 3 个土属。土属可作为农业生产配置及土壤耕作和轮作制度的参考依据。也是省、专二级编制土壤图的上图单位。

土种：是土壤分类及农民群众鉴别土壤的基本单元。同一土种的土壤剖面特性、肥力、耕性和生产性以及耕作、施肥、灌等措施基本一致，同时也具有相同的适种作物群。如黏土田土属中的鸭屎坺田和黏土田。土种是制定土壤利用改良措施和因土贯彻农业"八字宪法"的基本单元，也是编制县、公社级土壤图的上图单位。

变种：是一种辅助单元，在同一土种范围内土壤的性质和耕性稍有差异而细分为变种。变种可作为公社、大队和生产队编制土壤图的上图单位。

## 三、第二次土壤普查分类

1980 年，根据全国土壤普查土壤工作分类暂行方案结合广东省实际情况，并参考第一次土壤普查土壤分类而拟定广东省第二次土壤普查土壤工作分类（暂行方案），对全省自然土壤和耕地土壤统一分类，该分类采用土类、亚类、土属、土种、变种 5 级，将全省土壤分为 19 个土类、26 个亚类、114 个土属和 419 个土种。随后按 1984 年 12 月全国土壤普查办公室在昆明会议上拟定的全国土壤分类系统，又划分为土纲、亚纲、土类、亚类、土属、土种、变种 7 级，即 6 个土纲、9 个亚纲、16 个土类、36 个亚类、131 个土属、522 个土种（广东省土壤普查办公室，1993）。分类依据叙述如下：

土纲：是最高级的土壤分类单元，反映主要成土过程的诊断土层诊断特性。全省划分有人为土、铁铝土、初育土、盐碱土、水成土、半水成土 6 个土纲。根据诊断层划分的，如铁铝土土纲，主要有铁铝层，又如人为土纲具有人工熟化耕作土层的特征等；根据诊断特性划分的有半水成土土纲、水成土土纲、盐碱土土纲，分别具有潮湿土壤水分状况和富含盐分等主要特性。诊断层与诊断特性这二者是相互依存的，但常有侧重。

亚纲：是土纲范围内相同成土过程中形成诊断层和诊断特性在程度上的差异而划分的。如铁铝土土纲的温暖铁铝土和湿热铁铝土亚纲。

土类：土壤高级分类的基本分类单元，是在一定的自然条件和人为因素作用下，有一个主导或几个相结合的成土过程，主要反映主导成土过程的强度或主要附加成土过程或成土母质发生特征的土壤性质，具有一定相似的可资鉴别的发生层次，在土壤性质上有明显的差异，如反映主导成土过程强度的富铁铝土纲中的砖红壤、赤红壤、红壤、黄壤等；反映主要附加过程的盐碱土土纲中的酸性硫酸盐土、滨海盐土及人为土土纲的水稻土等；主要反映成土母质和地表水文等发生特征的初育土土纲中的石灰性、紫色土、石质土、火山灰土以及半水成土土纲中的潮土、水成土的沼泽土。

亚类：是土类的辅助单元和续分。主要反映同一成土过程的不同发育阶段或土类间的相互过渡，或在主要成土过程中同时产生附加的或次要成土过程，而具有附加的诊断土层或诊断特性。如水稻土因水耕熟化时间的长短和铁锰物质淋溶不同有淹育型、潴育型水稻土亚类，在水耕熟化过程之外附加漂洗过程形成漂白层的漂洗型水稻土、潜育化过程形成潜育层的潜育型水稻土、盐化过程形成积盐层的盐渍型水稻土、咸酸化过程形成咸酸土层的咸酸型水稻土等亚类；反映土类相互过渡的有垂直带谱上红壤向黄壤过渡的黄红壤。

土属：在土壤分类上具承上启下的特点，是区域性成土因素使亚类性质发生分异的土壤中基层分类单元，主要根据成土母质、水文地质、地下水、土壤化学组成、地形部位、耕作、成土过程遗迹等区域性因素对土壤发育和肥力性状影响来划分。其中成土母质是土壤形成的物质基础，在不同的自然条件下，风化物的搬运堆积，影响土壤质地、盐基组成等的差异，故是划分土属主要依据。如水稻土各土属及自然土壤各土类主要以花岗岩、砂页岩、片(板)岩、石灰岩、第四纪红土、玄武岩等划分的土属居多。

当一个土壤剖面有异源母质存在时，划分土属的指标是水稻土土体上层的覆盖层超过30cm，自然土壤与旱地土壤超过50cm时，则均以上部母质的性质来划分土属，反之，若达不到上述指标的，则按下部土层母质的性质来划分。

土种：是分类的基层基本单元，是发育在相同母质上，具有相类似的发育程度和剖面层次排列比较稳定的土壤。即同一土种主要层次的排列顺序、厚度、质地、结构、颜色、有机质含量和 pH 值等土壤属性基本相似，非一般耕作措施在短期内所能改变，具有一定的稳定性。广东省划分土种主要依据是土层厚度、质地与耕性、养分与结构、水分与温度、母质与地形、污染与毒质、诊断特征与障碍因素等土壤属性等。总之，主要是综合反映在土体构型的特征性方面。

根据土层和有机质层厚度划分土种，主要用于自然土壤。有机质层分薄(<10cm)、中(10~20cm)、厚(>20cm)；土层分薄(<40cm)、中(40~80cm)、厚(>80cm)。如花岗岩红壤划分有厚厚、厚中、厚薄、薄厚、薄中、薄薄、中厚、中中、中薄麻红壤9个土种。

按质地与耕性划分的有潮土的潮砂土、潮砂泥土、潮泥土；水稻土各土属中的砂质田、砂泥田、泥田；旱地中的赤泥地、赤砂泥地等。

按养分与结构划分的有泥肉田、松泥田、油格田、油泥田、泥骨田、紫砂泥田、生黄泥瘟等。

按水分与温度划分的有烂湴田、冷浸田、冷底田、热水田及龙气地等。

按母质与地形划分的有牛肝土田、石灰板结田、赤土田、洪积黄泥田、坦田、塱心田、二则田、低油泥田等。

按污染与毒质划分的有煤水田、硫磺矿毒田、锰矿毒田、铁矿毒田、铜矿毒田、硫铁矿毒田、锡矿毒田及石油污染田、重金属污染田、厂废水污染圧等。

按诊断特征与生产密切联系的障碍因素划分的有耕层浅薄的砂质浅脚田、障碍土层含有木屎层的咸酸田，含有铁丁、铁磐层的铁钉田、铁磐底田，含蚝壳的蚝壳底田及海贝屑泥田，含青泥层的各种青泥田，具漂洗层的各种白鳝泥田，具油格层的油格田，具泥炭层的各种泥炭土田等。

变种：是土种范围内的细分。划分依据是以典型土种为准，某些性状不稳定的量上变异。如砾石含量、土层厚度、养分和毒质含量、障碍土层位置等。

命名原则：高级分类单元采用发生学的连续命名法。土纲：采用成土过程主要诊断特征来命名，如铁铝土土纲以富铁铝化为主，盐碱土土纲以积盐或碱化为主。亚纲：采用反映成土过程主要诊断特征在程度上差异的因素来命名，如铁铝土纲中湿暖铁铝土、湿热铁铝土等亚纲。土类：采用土壤文献习用名称和全国统一的名称命名，如黄壤、红壤、赤红壤、砖红壤、水稻土等。亚类：为了反映与发生机理的联系，一般采用在土类名称前冠以附加过程的形容词，如水稻土中淹育型、渗育型、潴育型、潜育型、漂洗型、盐渍型、咸酸型水稻土等。低级分类单元——土属、土种、变种一般采用群众的俗名，土壤命名要求简单明了，通俗易懂，结合生产、符合实际，便于应用，但为了实际需要有的土属也采用连续命名法，如页黄泥田、片黄泥田等。

## 四、土壤系统分类

1984 年开始，由中国科学院南京土壤研究所主持、30 多个高等院校与科研院所参与开展的中国土壤系统分类研究，建立了中国土壤系统分类系统，使中国土壤分类发展步入了定量化分类的崭新阶段。1996 年开始，中国土壤学会将此分类推荐为标准土壤分类加以应用（中国科学院南京土壤研究所土壤系统分类课题组，中国土壤系统分类课题研究协作组，1995）。

中国土壤系统分类是以诊断层和诊断特性为基础的系统化、定量化的土壤分类。由于成土过程是看不见摸不着的，土壤性质也未必与现代环境成土条件完全相符（如古土壤遗址），如以成土条件和成土过程来分类土壤必然会存在着不确定性，而只有以看得见测得出的土壤性状为分类标准，才会在不同的分类者之间架起沟通的桥梁，建立起共同鉴别确认的标准。因此，尽管在建立诊断层和诊断特性时，考虑到了它们的发生学意义，但在实际鉴别诊断层和诊断特性，以及用它们划分土壤分类单元时，则不以发生学理论为依据，而以土壤性状本身为依据。

中国土壤系统分类为谱系式多级分类制，共 6 级，即土纲、亚纲、土类、亚类、土族和土系。土纲至亚纲为高级分类单元,土族和土系为基层单元。高级单元比较概括,理论性强,主要供中小比例尺土壤制图确定制图单元用;基层单元以土壤理化性质和生产性能为依据,与生态环境、农林业生产联系紧密,主要供大比例尺土壤制图确定制图单元用。

土纲:土纲为最高土壤分类级别,根据主要成土过程产生的性质或影响主要成土过程的性质划分。在 14 个土纲中,除火山灰土和变性土是根据影响成土过程的火山灰物质和由高涨缩性黏土物质所造成的变性特征划分之外,其他 12 个土纲均是依据主要成土过程产生的性质划分。有机土、人为土、灰土、盐成土、潜育土、均腐土、淋溶土是根据泥炭化、人为熟化、灰化、盐渍化、潜育化、腐殖化和黏化过程及在这些过程下形成的诊断层和诊断特性划分;铁铝土和富铁土是依据富铁铝化过程形成的铁铝层和低活性富铁层划分;雏形土和新成土是土壤形成的初级阶段,分别由矿物蚀变形成的雏形层和淡薄表层;干旱土则以在干旱水分状况下,弱腐殖化过程形成的干旱表层为其鉴别特征。

亚纲:亚纲是土纲的辅助级别,主要根据影响现代成土过程的控制因素所反映的性质(如水分状况、温度状况和岩性特征)划分。按水分状况划分的亚纲:人为土纲中的水耕人为土和旱耕人为土,火山灰土纲中的湿润火山灰土,铁铝土纲中的湿润铁铝土,变性土纲中的潮湿变性土、干润变性土和湿润变性土,潜育土纲中的滞水潜育土和正常(地下水)潜育土,均腐土纲中的干润均腐土和湿润均腐土,淋溶土纲中的干润淋溶土和湿润淋溶土,富铁土纲中的干润富铁土、湿润富铁土和常湿富铁土,雏形土纲中的潮湿雏形土、干润雏形土、湿润雏形土和常湿雏形土。按温度状况划分的亚纲:干旱土纲中的寒性干旱土和正常(温暖)干旱土,有机土纲中的永冻有机土和正常有机土,火山灰土纲中的寒性火山灰土,淋溶土纲中的冷凉淋溶土和雏形土纲中的寒冻雏形土。按岩性特征划分的亚纲:火山灰土纲中的玻璃质火山灰土,均腐土纲中的岩性均腐土和新成土纲中的砂质新成土、冲积新成土和正常新成土。此外,个别土纲由于影响现代成土过程的控制因素差异不大,所以直接按主要成土过程发生阶段所表现的性质划分,如灰土土纲中的腐殖灰土和正常灰土,盐成土纲中的碱积盐成土和正常(盐积)盐成土。

土类:土类是亚纲的续分。土类类别多根据反映主要成土过程强度或次要成土过程或次要控制因素的表现性质划分。根据主要过程强度的表现性质划分的,如正常有机土中反映泥炭化过程强度的高腐正常有机土、半腐正常有机土、纤维正常有机土土类;根据次要成土过程的表现性质划分的,如正常干旱土中反映钙化、石膏化、盐化、黏化、土内风化等次要过程的钙积正常干旱土、石膏正常干旱土、盐积正常干旱土、黏化正常干旱土和简育正常干旱土等土类;根据次要控制因素的表现性质划分的:反映母质岩性特征的钙质干润淋溶土、钙质湿润富铁土、钙质湿润雏形土、富磷岩性均腐土等,反映气候控制因素的寒冻冲积新成土、干旱冲积新成土、干润冲积新成土和湿润冲积新成土等。

亚类:亚类是土类的辅助级别,主要根据是否偏离中心概念,是否具有附加过程的特性和是否具有母质残留的特性划分。代表中心概念的亚类为普通亚类,具有附加过程特性的亚类为过渡性亚类,如灰化、漂白、黏化、龟裂、潜育、斑纹、表蚀、耕淀、堆垫、肥熟等;具有母质残留特性的亚类为继承亚类,如石灰性、酸性、含硫等。

土族:土族是土壤系统分类的基层分类单元。它是在亚类的范围内,按反映与土壤利用管理有关的土壤理化性质的分异程度续分的单元，是地域性（或地区性）成土因素引起的土壤性质分异的具体体现。土族分类选用的主要指标是土壤剖面控制层段的土壤颗粒大小级别、不同颗粒级别的土壤矿物组成类型、土壤温度状况、石灰性与土壤酸碱性、土体厚度等，以反映成土因素和土壤性质的地域性差异。不同类别的土壤划分土族的依据及指标可以不同。

土系：土系是中国土壤系统分类最低级别的基层分类单元。它是发育在相同母质上、处于相同景观部位、具有相同土层排列和相似土壤属性的土壤集合（聚合土体）（张甘霖，2001）。其划分依据应主要考虑土族内影响土壤利用的性质差异，以影响利用的表土特征和地方性分异为主。相对于其他分类级别而言，土系能够对不同的土壤类型给出精确的解释。

高级分类级别的土壤类型名称采用从土纲到亚类的属性连续命名。名称结构以土纲名称为基础，其前依次叠加反映亚纲、土类和亚类性质的术语，以分别构成亚纲、土类和亚类的名称。土壤性状术语尽量限制为 2 个汉字，这样土纲的名称一般为 3 个汉字，亚纲为 5 个汉字，土类为 7 个汉字，亚类为 9 个汉字。个别类别由于性质术语超过 2 个汉字或采用复合名称时可略高于上述数字。各级类别名称一律选用反映诊断层或诊断特性的名称，部分或选有发生意义的性质名称或诊断现象名称。如为复合亚类在两个亚类形容词之间加连接号"-"。例如，表蚀黏化湿润富铁土（亚类），属于富铁土（土纲）、湿润富铁土（亚纲）、黏化湿润富铁土（土类）。

土族命名采用格式为：颗粒大小级别矿物学类型石灰性和酸碱反应土壤温度状况-亚类名称。土族修饰词连续使用，在修饰词与亚类之间加破折号，以示区别。

# 第四节　土壤分布规律

梅州市土壤分布于中亚热带与南亚热带过渡地带，土壤有一定的水平地带性，同时地势北高南低，山地、丘陵、台地等多种地貌广泛发育，因而土壤还有垂直地带性和区域性分布的特点。

## 一、土壤的水平分布

梅州市热量丰富，雨量充沛，成土过程以脱硅富铁铝化作用为主，热量由北向南增加，相应形成由北而南出现红壤、赤红壤的纬度带分布。红壤与赤红壤的分界线为一条不规则的南北摆动的曲线——在螺壳山和九连山处向南突出，在英德盆地和蕉岭县谷地向北插入。靠近江西、福建边境。

1. 红壤带

红壤是中亚热带典型的地带性土壤。该带内年均温 17~20℃，>10℃稳定积温 5 800~6 850℃，连续期 250~280 天，年温差 17~21℃，最热月均温 28~29℃，极端高温多年平均 38℃ 左右，高温极值可达 40℃ 以上，这较南亚热带甚至热带更高。最冷月均温 8~10℃，

极端低温多年平均低于 0℃，霜期一个月左右，偶有微雪。降水尚充沛，年降雨量一般为
1 500～1 800mm。自然植被以中亚热带常绿阔叶树为主，自然植被破坏后常出现马尾松、鸭
脚木、杜鹃等次生林。栽培植物有杉、茅竹、油茶、油桐等经济林及桃、梨、柿、枇杷等
果树。

土壤富铝化程度较赤红壤弱，土体中保存有难于风化的正长石和斜长石等原生矿物。
黏粒矿物组成以高岭石、埃洛石为主，次为水云母、蛭石、三水铝石、蒙脱石等，黏粒的
$SiO_2/Al_2O_3$ 一般为 2.0～2.2，$SiO_2/R_2O_3$ 为 1.51～1.82。而南亚热带赤红壤则为 1.64～
1.9 和 1.39～1.60。可见，红壤和赤红壤的富铝化程度有明显差异性。同时，距海远近，受
季风影响强弱，也会给红壤富铝化程度造成差异。

2. 赤红壤带

赤红壤是南亚热带典型的地带性土壤。该带处于北回归线的南北，是热带与亚热带的
过渡地带，热量较中亚热带丰富，年均温 20～23℃，≥10℃ 稳定积温 6 500～7 900℃，连续
期 270～320 天，最热月均温 28～29℃，最冷月均温 10～15℃，极端最低温多年处于 0～5℃，
年温差 13～17℃，无霜期 300～365 天，或有霜冻，雨量 1 648～1 747mm。自然植被具有独
特性的南亚热带常绿季雨林，以常绿阔叶树为主，热带成分占重要地位。沿海岸生长热带
海岸独特的红树林。热带果树(荔枝、龙眼、香蕉、番木瓜等)普遍分布，菠萝蜜生长结实，
冬种番薯能够越冬，与双季稻三熟轮作，在局部避寒的地方可以种植橡胶、胡椒、咖啡等。

赤红壤是红壤与砖红壤之间过渡类型土壤，其富铁铝化作用较砖红壤弱，而较红壤强
烈。原生矿物风化淋溶比较强烈、彻底，黏粒矿物组成以高岭石为主，次有伊利石、蛭
石、三水铝石、埃洛石及其过渡矿物，少量针铁矿、赤铁矿、石英等。游离铁含量达 43%～
57%，较红壤(33%～35%)高，但低于砖红壤(64%～71%)。黏粒 $SiO_2/Al_2O_3$ 在 1.7～
2.0 左右，$SiO_2/R_2O_3$ 为 1.4～1.85。

## 二、土壤的垂直分布

土壤分布除有较明显的水平地带性外，还有较明显的垂直地带性。因垂直地带是地带
性在山地的一定反映，垂直地带谱决定于所在纬度地带，最低的一个带(基带)与所处纬度
地带相适应，垂直地带数目决定于地带纬度和海拔。本区域由于没有高大的山体，故只有
赤红壤、红壤两个基带的垂直地带谱。

(1)红壤垂直地带谱。红壤(海拔 700m 以下)—黄壤(海拔大约 600～1 700m)—山地
草甸土(海拔 800～1 600m 以上局部地区)。其中山地草甸土多零星分布在山地上部潮
湿、风大仅有矮灌木和芒草生长的局部地区。

(2)赤红壤垂直地带谱。赤红壤的垂直分布规律：赤红壤(海拔 300m 或 650m 以下)—
红壤(南亚热带海拔 300～700m，中亚热带在海拔 700m 以下)—黄壤(海拔 700～1 700m)—
山地草甸土(一般零星分布在 1 000m 以上)。

赤红壤地区山地土壤除具上述分布规律外，其土壤发育规律亦与土壤垂直带谱相似，
但赤红壤的富铝化程度较红壤、黄壤强烈，黏粒矿物组成以高岭石为主，但赤红壤的高岭
石含量高而且结晶好，黄壤的三水铝石含量高，高岭石含量则较赤红壤低。

### 三、土壤的区域性分布

1. 低丘台地的土壤组合

低丘台地，海拔多在 250m 以下，呈切割破碎的形态，台地是低平的完整的古剥蚀面，呈缓坡起伏而顶面齐平。因组成岩石不同，土壤发育及分布亦异，其土壤组合类型主要有以下两种。

红色岩系低丘台地的紫色土壤组合。分布于白垩纪至第三纪构造盆地，成土母岩是紫色砂页岩，形成了以紫色土为主的颇具特色的区域性土壤组合，在平缓低矮的丘陵台地上分布着碱性、中性和酸性紫色土。

花岗岩低丘台地的花岗岩赤红壤组合。花岗岩低丘台地多呈低缓的馒头状，石蛋地貌发育。风化层深厚，主要发育成花岗岩赤红壤，植被破坏后水土流失地区则形成侵蚀赤红壤。

2. 山地丘陵的土壤组合

海拔 300~1 000m 及以上的山地丘陵，山地和丘陵相连，并有谷地和盆地相间，因其岩石组成类型多，各种岩石风化的坡积物、残积物及洪积冲积物等形成的土壤组合也多种多样，其上中部有发育于花岗岩、砂页岩、红色岩系、片（板）岩等的黄壤、红壤、山脚的赤红壤，局部山地京甸土。

其次，石灰岩山地丘陵以石灰土为主的组合，因既有石灰岩中山、低山、高原、丘陵、台地，又有石灰岩的溶蚀平原及溶蚀洼地，故其区域性土壤组合在这一地区非常具有特色，在海拔 300~600m 及以上局部山地植被生长良好，有黑色石灰土分布。岩石暴露较多的石隙、石窿形成黑色石窿土。海拔 500~600m 及以下则多为红色石灰土和红色石窿土。有的淋溶强烈，盐基大量淋失，而有酸性红色石灰土形成。

# 第三章
# 森林土壤剖面

梅州市森林土壤养分指标（包括有机质、全氮、全磷和全钾）含量平均值分别为 14.40g/kg、0.77g/kg、0.28g/kg、17.44g/kg。不同类型土壤中的平均含量具体如下：赤红壤分别为 13.25g/kg、0.71g/kg、0.27g/kg、17.48g/kg，红壤为 16.25g/kg、0.86g/kg、0.30g/kg、17.08g/kg，黄壤为 21.03g/kg、1.14g/kg、0.18g/kg、21.03g/kg，石灰（岩）土为 17.43g/kg、0.97g/kg、0.27g/kg、17.72g/kg，紫色土为 11.00g/kg、0.62g/kg、0.23g/kg、16.37g/kg。

梅州市森林土壤 pH 值平均值为 4.65，不同类型土壤中分别为赤红壤 4.64、红壤 4.68、黄壤 4.40、石灰（岩）土 4.67、紫色土 4.55。

梅州市森林土壤重金属元素（包括镍、铅、铜、锌、汞、镉、砷）平均含量分别为 10.84mg/kg、49.11mg/kg、17.17mg/kg、65.59mg/kg、0.08mg/kg、0.04mg/kg、11.42mg/kg。不同类型土壤中的平均含量具体如下：赤红壤分别为 10.68mg/kg、47.68mg/kg、17.29mg/kg、64.79mg/kg、0.07mg/kg、0.05mg/kg、10.21mg/kg，红壤为 10.52mg/kg、50.98mg/kg、16.44mg/kg、67.87mg/kg、0.09mg/kg、0.05mg/kg、12.01mg/kg，黄壤为 3.67mg/kg、32.6mg/kg、12.00mg/kg、44.67mg/kg、0.11mg/kg、0.02mg/kg、7.10mg/kg，石灰（岩）土为 4.38mg/kg、44.08mg/kg、9.88mg/kg、66.75mg/kg、0.09mg/kg、0.04mg/kg、10.28mg/kg，紫色土为 15.83mg/kg、32.40mg/kg、27.50mg/kg、60.30mg/kg、0.04mg/kg、0.09mg/kg、8.45mg/kg。

以下将梅州市各区县分章节，研究当地不同土壤类型典型剖面的成土环境、土壤形态特征及主要理化性质等。

## 第一节　梅江区森林土壤剖面

梅江区森林土壤养分指标（包括有机质、全氮、全磷和全钾）含量平均值分别为 17.59g/kg、0.01g/kg、0.27g/kg、17.89g/kg。不同类型土壤中的平均含量具体如下：赤红壤分别为 15.66g/kg、0.87g/kg、0.27g/kg、16.97g/kg，红壤为 19.52g/kg、1.15g/kg、0.27g/kg、18.81g/kg。

梅江区森林土壤 pH 平均值为 4.53、赤红壤 pH 值为 4.47、红壤 pH 值为 4.58。

梅江区森林土壤重金属元素（包括镍、铅、铜、锌、汞、镉、砷）平均含量分别为

16.50mg/kg、26.90mg/kg、19.00mg/kg、61.80mg/kg、0.04mg/kg、0.15mg/kg、7.70mg/kg。不同类型土壤中的平均含量：赤红壤分别为 18.20mg/kg、27.60mg/kg、20.30mg/kg、65.10mg/kg、0.05mg/kg、0.002mg/kg、10.21mg/kg，红 壤 为 4.20mg/kg、22.20mg/kg、9.60mg/kg、37.80mg/kg、0.02mg/kg、0.30mg/kg、5.20mg/kg。

## 一、剖面 1：赤红壤亚类

1. 剖面位置

地籍号：441402016026000400100；

地理坐标：北纬 24.254499°，东经 116.221322°；

地区：广东省梅州市梅江区西阳镇将军阁。

2. 剖面特征

梅江区典型森林土壤剖面 1（图 3-1，左图）土壤类型为赤红壤亚类、页赤红壤土属、薄厚页赤红壤土种，土壤母质为砂页岩坡积物。该剖面采自西阳镇将军阁，海拔154.6m，丘陵地貌，西南坡向，坡度为32°，下坡坡位，轻微侵蚀，凋落物层厚度为1cm，腐殖质层厚度为1cm，植被类型为常绿阔叶林，优势树种是桉树（图 3-1，右图）。

图 3-1 梅江区赤红壤剖面 1（左图）及植被（右图）

A 层：深度为 0~5cm，土层颜色为红色，土壤干湿度为干，松紧度为散碎，团粒结构，无新生体、侵入体及动物孔穴，含有少量植物根系。

B 层：深度为 5~58cm，土层颜色为红色，土壤干湿度为干，松紧度为疏松，团粒结构，无新生体、侵入体和动物孔穴，具有少量植物根系。

BC 层：深度为 58~100cm，土层颜色为红色，土壤干湿度为干，松紧度为疏松，团粒结构，无新生体、侵入体和动物孔穴，具有少量植物根系。

### 3. 主要性状

梅江区典型赤红壤剖面 1 的土壤理化性质如表 3-1、3-2 所示。

表 3-1　梅江区赤红壤剖面 1 pH 值及养分含量统计表

| 剖面 1 | pH | 有机质（SOM）（g/kg） | 全氮（N）（g/kg） | 全磷（P）（g/kg） | 全钾（K）（g/kg） |
|---|---|---|---|---|---|
| 赤红壤剖面 1 | 4.21 | 7.18 | 0.41 | 0.22 | 23.64 |
| 赤红壤剖面 1/全区赤红壤 | 0.94 | 0.46 | 0.47 | 0.81 | 1.39 |
| 赤红壤剖面 1/全市赤红壤 | 0.91 | 0.54 | 0.58 | 0.81 | 1.35 |
| 赤红壤剖面 1/全区林地土壤 | 0.93 | 0.41 | 0.41 | 0.81 | 1.32 |
| 赤红壤剖面 1/全市林地土壤 | 0.91 | 0.50 | 0.53 | 0.77 | 1.36 |

表 3-2　梅江区赤红壤剖面 1 重金属元素含量统计表

| 剖面 1 | 镍（Ni）（mg/kg） | 铅（Pb）（mg/kg） | 铜（Cu）（mg/kg） | 锌（Zn）（mg/kg） | 汞（Hg）（mg/kg） | 镉（Cd）（mg/kg） | 砷（As）（mg/kg） |
|---|---|---|---|---|---|---|---|
| 赤红壤剖面 1 | 3.00 | 26.00 | 8.00 | 65.00 | 0.03 | 0.02 | 8.05 |
| 赤红壤剖面 1/全区赤红壤 | 0.16 | 0.94 | 0.39 | 1.00 | 0.58 | 10.00 | 0.79 |
| 赤红壤剖面 1/全市赤红壤 | 0.28 | 0.56 | 0.46 | 1.00 | 0.41 | 0.43 | 0.79 |
| 赤红壤剖面 1/全区林地土壤 | 0.18 | 0.97 | 0.42 | 1.05 | 0.75 | 0.13 | 1.05 |
| 赤红壤剖面 1/全市林地土壤 | 0.28 | 0.53 | 0.47 | 0.99 | 0.37 | 0.45 | 0.70 |

土壤养分指标（表 3-1）包括有机质、全氮、全磷和全钾，其含量分别为 7.18g/kg、0.41g/kg、0.22g/kg 和 23.64g/kg，依据土壤养分分级标准，分别属于 V 级、Ⅵ级、V 级和 Ⅱ 级水平。除全钾外，其他土壤养分指标含量均低于全区、全市赤红壤和全区、全市林地土壤的平均水平。土壤 pH 值为 4.21，低于全区、全市赤红壤和全区、全市林地土壤的平均水平。

重金属元素（表 3-2）包括镍、铅、铜、锌、汞、镉和砷，其含量分别为 3.00mg/kg、26.00mg/kg、8.00mg/kg、65.00mg/kg、0.03mg/kg、0.02mg/kg 和 8.05mg/kg，所有重金属元素均低于土壤污染风险筛选值。镉元素含量高于全区赤红壤平均水平，锌元素含量和全区赤红壤平均水平相近，其他元素含量均低于全区赤红壤重金属元素各指标的平均水平；锌元素含量和全市赤红壤平均水平相近，其他元素含量均低于全市赤红壤的平均水平；锌和砷元素含量高于全区林地土壤的平均水平，其他元素则低于全区林地土壤的平均水平。

## 二、剖面 2：赤红壤亚类

### 1. 剖面位置

地籍号：441402016026000201400；

地理坐标：北纬 24.256968°，东经 116.251185°；

地区：广东省梅州市梅江区西阳镇将军阁。

2. 剖面特征

梅江区典型森林土壤剖面 2(图 3-2，左图)土壤类型为赤红壤亚类、页赤红壤土属、中中页赤红壤土种，土壤母质为砂页岩坡积物。该剖面采自西阳镇将军阁，海拔261m，山地地貌，东北坡向，坡度为 9°，上坡坡位，无侵蚀，凋落物层厚度为 3cm，腐殖质层厚度为 8cm，植被类型为针阔混交林(图 3-2，右图)。

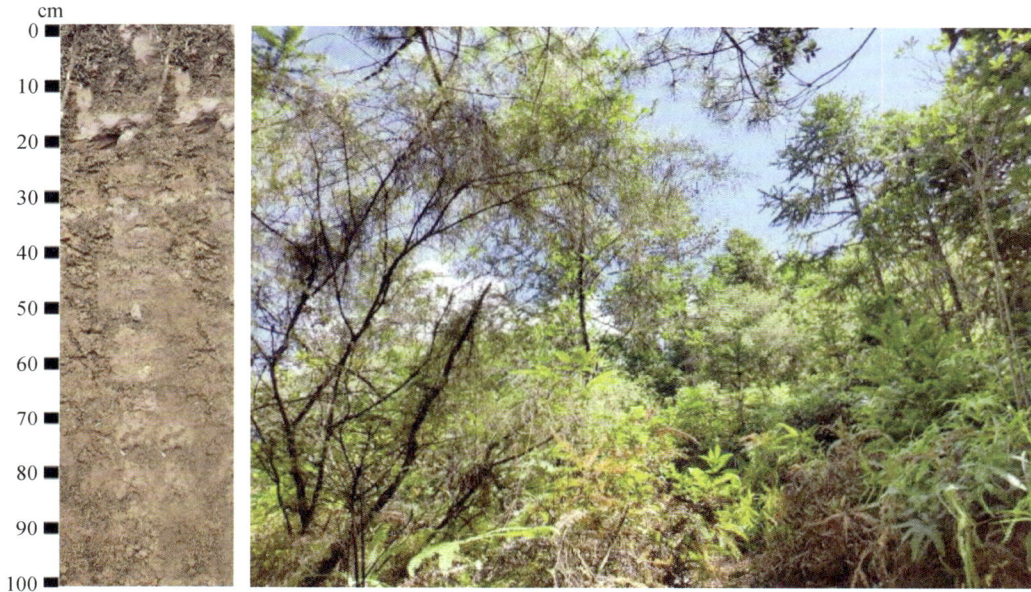

图 3-2　梅江区赤红壤剖面 2(左图) 及植被(右图)

A 层：深度为 0~15cm，土层颜色为棕色，土壤干湿度为潮，松紧度为稍紧实，块状结构，无新生体、侵入体和动物孔穴，具有少量植物根系。

B 层：深度为 15~70cm，土层颜色为红色，土壤干湿度为潮，松紧度为稍紧实，块状结构，无新生体、侵入体和动物孔穴，具有少量植物根系。

C 层：深度为 70~100cm，土层颜色为红色，土壤干湿度为湿，松紧度为紧实，块状结构，无新生体、侵入体和动物孔穴，具有少量根系。

3. 主要性状

梅江区典型赤红壤剖面 2 的土壤理化性质如表 3-3、3-4 所示。

表 3-3　梅江区赤红壤剖面 2 pH 值及养分含量统计表

| 剖面 2 | pH | 有机质(SOM)(g/kg) | 全氮(N)(g/kg) | 全磷(P)(g/kg) | 全钾(K)(g/kg) |
|---|---|---|---|---|---|
| 赤红壤剖面 2 | 4.25 | 11.43 | 0.73 | 0.22 | 17.96 |
| 赤红壤剖面 2/全区赤红壤 | 0.95 | 0.73 | 0.84 | 0.81 | 1.06 |
| 赤红壤剖面 2/全市赤红壤 | 0.92 | 0.86 | 1.03 | 0.81 | 1.03 |
| 赤红壤剖面 2/全区林地土壤 | 0.94 | 0.65 | 0.72 | 0.81 | 1.00 |
| 赤红壤剖面 2/全市林地土壤 | 0.91 | 0.79 | 0.95 | 0.77 | 1.03 |

表 3-4　梅江区赤红壤剖面 2 重金属元素含量统计表

| 剖面 2 | 镍（Ni）（mg/kg） | 铅（Pb）（mg/kg） | 铜（Cu）（mg/kg） | 锌（Zn）（mg/kg） | 汞（Hg）（mg/kg） | 镉（Cd）（mg/kg） | 砷（As）（mg/kg） |
|---|---|---|---|---|---|---|---|
| 赤红壤剖面 2 | 7.00 | 23.10 | 10.00 | 35.00 | 0.02 | 0.05 | 1.81 |
| 赤红壤剖面 2/全区赤红壤 | 0.38 | 0.84 | 0.49 | 0.54 | 0.38 | 25.00 | 0.18 |
| 赤红壤剖面 2/全市赤红壤 | 0.66 | 0.48 | 0.58 | 0.54 | 0.27 | 1.06 | 0.18 |
| 赤红壤剖面 2/全区林地土壤 | 0.42 | 0.86 | 0.53 | 0.57 | 0.50 | 0.33 | 0.24 |
| 赤红壤剖面 2/全市林地土壤 | 0.65 | 0.47 | 0.58 | 0.53 | 0.25 | 1.14 | 0.16 |

土壤养分指标（表 3-3）包括有机质、全氮、全磷和全钾，其含量分别为 11.43g/kg、0.73g/kg、0.22g/kg 和 17.96g/kg，依据土壤养分分级标准，分别属于Ⅳ级、Ⅴ级、Ⅴ级和Ⅲ级水平。除全钾外，其他土壤养分指标含量均低于全区赤红壤和全区、全市林地土壤的平均水平；全氮和全钾含量高于全市赤红壤平均水平，有机质和全磷含量低于全市赤红壤平均水平。土壤 pH 值为 4.25，低于全区、全市赤红壤的平均水平，也低于全区和全市林地土壤的平均水平。

重金属元素（表 3-4）包括镍、铅、铜、锌、汞、镉和砷，其含量分别为 7.00mg/kg、23.10mg/kg、10.00mg/kg、35.00mg/kg、0.02mg/kg、0.05mg/kg 和 1.81mg/kg，所有重金属元素均低于土壤污染风险筛选值。镉元素含量高于全区、全市赤红壤和全市林地土壤，低于全区林地土壤的平均水平；其他元素含量均低于全区、全市赤红壤和全区、全市林地土壤的平均水平。

### 三、剖面 3：赤红壤亚类

1. 剖面位置

地籍号：441402016006000100500；

地理坐标：北纬 24.298465°，东经 116.198075°；

地区：广东省梅州市梅江区西阳镇。

2. 剖面特征

梅江区典型森林土壤剖面 3（图 3-3，左图）土壤类型为赤红壤亚类、页赤红壤土属、中中页赤红壤土种，土壤母质为砂页岩坡积物。该剖面采自西阳镇，海拔 124.9m，丘陵地貌，南坡向，坡度为 25°，上坡坡位，轻微侵蚀，凋落物层厚度为 1cm，腐殖质层厚度为 3cm，植被类型为阔叶林（图 3-3，右图）。

A 层：深度为 0~17cm，土层颜色为棕色，土壤干湿度为干，松紧度为疏松，团粒结构，无新生体、侵入体和动物孔穴，具有少量植物根系。

B 层：深度为 17~62cm，土层颜色为红色，土壤干湿度为干，松紧度为稍紧实，块状结构，无新生体、侵入体和动物孔穴，具有少量植物根系。

C 层：深度为 62~100cm，土层颜色为红色，土壤干湿度为干，松紧度为紧实，片状结构，无新生体、侵入体和动物孔穴，具有少量植物根系。

3. 主要性状

梅江区典型赤红壤剖面 3 的土壤理化性质如表 3-5、3-6 所示。

图 3-3 梅江区赤红壤剖面 3（左图）及植被（右图）

表 3-5 梅江区赤红壤剖面 3 pH 值及养分含量统计表

| 剖面 3 | pH | 有机质（SOM）（g/kg） | 全氮（N）（g/kg） | 全磷（P）（g/kg） | 全钾（K）（g/kg） |
|---|---|---|---|---|---|
| 赤红壤剖面 3 | 4.40 | 12.24 | 0.63 | 0.29 | 22.96 |
| 赤红壤剖面 3/全区赤红壤 | 0.98 | 0.78 | 0.72 | 1.06 | 1.35 |
| 赤红壤剖面 3/全市赤红壤 | 0.95 | 0.92 | 0.89 | 1.07 | 1.31 |
| 赤红壤剖面 3/全区林地土壤 | 0.97 | 0.70 | 0.62 | 1.07 | 1.28 |
| 赤红壤剖面 3/全市林地土壤 | 0.95 | 0.85 | 0.82 | 1.02 | 1.32 |

表 3-6 梅江区赤红壤剖面 3 重金属元素含量统计表

| 剖面 3 | 镍（Ni）（mg/kg） | 铅（Pb）（mg/kg） | 铜（Cu）（mg/kg） | 锌（Zn）（mg/kg） | 汞（Hg）（mg/kg） | 镉（Cd）（mg/kg） | 砷（As）（mg/kg） |
|---|---|---|---|---|---|---|---|
| 赤红壤剖面 3 | 14.00 | 24.20 | 13.00 | 46.00 | 0.01 | 0.04 | 3.31 |
| 赤红壤剖面 3/全区赤红壤 | 0.77 | 0.88 | 0.64 | 0.71 | 0.19 | 20.00 | 0.32 |
| 赤红壤剖面 3/全市赤红壤 | 1.31 | 0.51 | 0.75 | 0.71 | 0.14 | 0.85 | 0.32 |
| 赤红壤剖面 3/全区林地土壤 | 0.85 | 0.90 | 0.68 | 0.74 | 0.25 | 0.27 | 0.43 |
| 赤红壤剖面 3/全市林地土壤 | 1.29 | 0.49 | 0.76 | 0.70 | 0.12 | 0.91 | 0.29 |

土壤养分指标（表 3-5）包括有机质、全氮、全磷和全钾，其含量分别为 12.24g/kg、0.63g/kg、0.29g/kg 和 22.96g/kg，依据土壤养分分级标准，分别属于 Ⅳ 级、Ⅴ

级、Ⅴ级和Ⅱ级水平。有机质和全氮含量均低于全区、全市赤红壤和全区、全市林地土壤养分各指标的平均水平；全磷和全钾含量高于全区、全市赤红壤和全区、全市林地土壤的平均水平。土壤 pH 值为 4.40，低于全区、全市赤红壤的平均水平，也低于全区、全市林地土壤的平均水平。

重金属元素（表 3-6）包括镍、铅、铜、锌、汞、镉和砷，其含量分别为 14.00mg/kg、24.20mg/kg、13.00mg/kg、46.00mg/kg、0.01mg/kg、0.04mg/kg 和 3.31mg/kg，所有重金属元素均低于土壤污染风险筛选值。除镍和镉外，其他重金属元素含量均低于全区、全市赤红壤和全区、全市林地土壤重金属元素各指标的平均水平。

## 四、剖面 4：赤红壤亚类

1. 剖面位置

地籍号：441402016020000301102；

地理坐标：北纬 24.286704°，东经 116.236797°；

地区：广东省梅州市梅江区西阳镇大平村。

2. 剖面特征

梅江区典型森林土壤剖面 4（图 3-4，左图）土壤类型为赤红壤亚类、页赤红壤土属、薄厚页赤红壤土种，土壤母质为砂页岩坡积物。该剖面采自西阳镇大平村，海拔 124m，丘陵地貌，西坡向，坡度为 14°，中坡坡位，轻微侵蚀，凋落物层厚度为 3cm，腐殖质层厚度为 4cm，植被类型为针阔混交林（图 3-4，右图）。

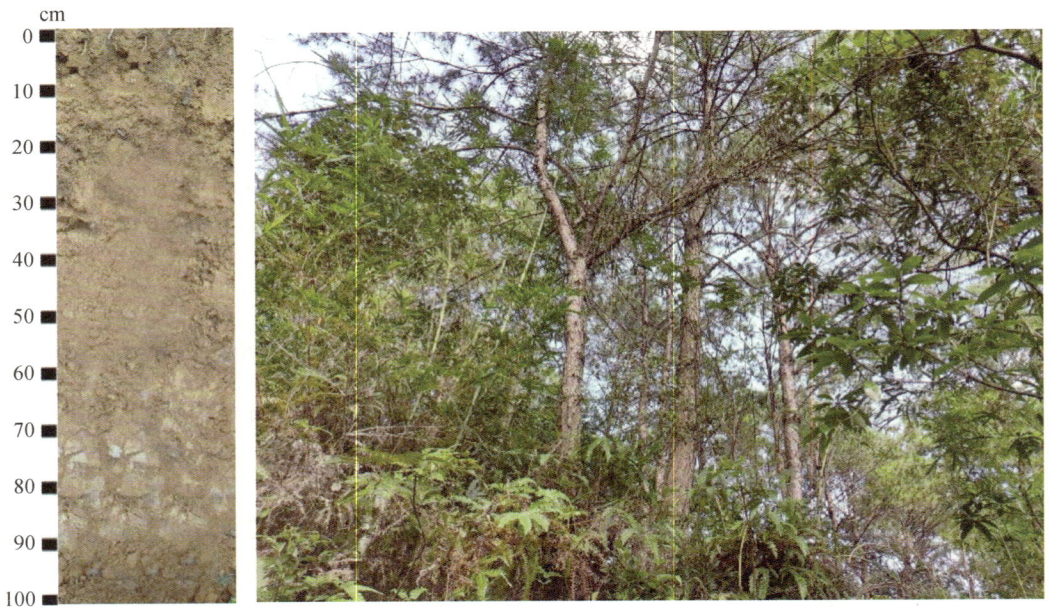

**图 3-4　梅江区赤红壤剖面 4（左图）及植被（右图）**

A 层：深度为 0~25cm，土层颜色为红色，土壤干湿度为潮，松紧度为散碎，团粒结构，无新生体、侵入体，具有少量植物根系和蚂蚁窝。

BC层：深度为25~55cm，土层颜色为红色，土壤干湿度为潮，松紧度为疏松，块状结构，无新生体、侵入体和动物孔穴，具有少量植物根系。

C层：深度为55~100cm，土层颜色为红色，土壤干湿度为潮，松紧度为稍紧实，块状结构，无新生体、侵入体和动物孔穴，具有少量植物根系。

3. 主要性状

梅江区典型赤红壤剖面4的土壤理化性质如表3-7、3-8所示。

表 3-7 梅江区赤红壤剖面 4 pH 值及养分含量统计表

| 剖面 4 | pH | 有机质(SOM)(g/kg) | 全氮(N)(g/kg) | 全磷(P)(g/kg) | 全钾(K)(g/kg) |
|---|---|---|---|---|---|
| 赤红壤剖面 4 | 4.24 | 10.03 | 0.64 | 0.18 | 15.74 |
| 赤红壤剖面 4/全区赤红壤 | 0.95 | 0.64 | 0.74 | 0.66 | 0.93 |
| 赤红壤剖面 4/全市赤红壤 | 0.91 | 0.76 | 0.90 | 0.66 | 0.90 |
| 赤红壤剖面 4/全区林地土壤 | 0.94 | 0.57 | 0.63 | 0.67 | 0.88 |
| 赤红壤剖面 4/全市林地土壤 | 0.91 | 0.71 | 0.83 | 0.63 | 0.90 |

表 3-8 梅江区赤红壤剖面 4 重金属元素含量统计表

| 剖面 4 | 镍(Ni)(mg/kg) | 铅(Pb)(mg/kg) | 铜(Cu)(mg/kg) | 锌(Zn)(mg/kg) | 汞(Hg)(mg/kg) | 镉(Cd)(mg/kg) | 砷(As)(mg/kg) |
|---|---|---|---|---|---|---|---|
| 赤红壤剖面 4 | 17.00 | 17.50 | 49.00 | 31.00 | 未检出 | 未检出 | 1.26 |
| 赤红壤剖面 4/全区赤红壤 | 0.93 | 0.63 | 2.41 | 0.48 | — | — | 0.12 |
| 赤红壤剖面 4/全市赤红壤 | 1.59 | 0.37 | 2.83 | 0.48 | — | — | 0.12 |
| 赤红壤剖面 4/全区林地土壤 | 1.03 | 0.65 | 2.58 | 0.50 | — | — | 0.16 |
| 赤红壤剖面 4/全市林地土壤 | 1.57 | 0.36 | 2.85 | 0.47 | — | — | 0.11 |

土壤养分指标（表3-7）包括有机质、全氮、全磷和全钾，其含量分别为 10.03g/kg、0.64g/kg、0.18g/kg 和 15.74g/kg，依据土壤养分分级标准，分别属于 Ⅳ 级、Ⅴ 级、Ⅵ 级和Ⅲ级水平。有机质、全氮、全磷和全钾含量均低于全区、全市赤红壤和全区、全市林地土壤的平均水平。土壤 pH 值为 4.24，低于全区、全市赤红壤平均水平，也低于全区、全市林地土壤平均水平。

重金属元素（表3-8）包括镍、铅、铜、锌、汞、镉和砷，其含量分别为 17.00mg/kg、17.50mg/kg、49.00mg/kg、31.00mg/kg、未检出、未检出和 1.26mg/kg，所有重金属元素均低于土壤污染风险筛选值。除铜外，其他元素含量都低于全区赤红壤的平均水平；除镍和铜元素外，其他元素含量均低于全市赤红壤和全区、全市林地土壤的平均水平。

### 五、剖面 5：赤红壤亚类

1. 剖面位置

地籍号：441402001019000100300；

地理坐标：北纬 24.329379°，东经 116.084773°；

地区：广东省梅州市梅江区城北。

2. 剖面特征

梅江区典型森林赤红壤剖面 5 采自城北，海拔 103.9m，丘陵地貌，东南坡向，坡度为 9°，中坡坡位，轻微侵蚀，凋落物层厚度为 2cm，腐殖质层厚度为 2cm，植被类型为阔叶林(图 3-5)。

图 3-5　梅江区赤红壤剖面 5 植被

3. 主要性状

梅江区典型赤红壤剖面 5 的土壤理化性质如表 3-9、3-10 所示。

表 3-9　梅江区赤红壤剖面 5 pH 值及养分含量统计表

| 剖面 5 | pH | 有机质(SOM)(g/kg) | 全氮(N)(g/kg) | 全磷(P)(g/kg) | 全钾(K)(g/kg) |
|---|---|---|---|---|---|
| 赤红壤剖面 5 | 6.13 | 13.20 | 0.82 | 0.23 | 14.92 |
| 赤红壤剖面 5/全区赤红壤 | 1.37 | 0.84 | 0.94 | 0.84 | 0.88 |
| 赤红壤剖面 5/全市赤红壤 | 1.32 | 1.00 | 1.15 | 0.85 | 0.85 |
| 赤红壤剖面 5/全区林地土壤 | 1.35 | 0.75 | 0.81 | 0.85 | 0.83 |
| 赤红壤剖面 5/全市林地土壤 | 1.32 | 0.92 | 1.06 | 0.81 | 0.86 |

表 3-10 梅江区赤红壤剖面 5 重金属元素含量统计表

| 剖面 5 | 镍（Ni）（mg/kg） | 铅（Pb）（mg/kg） | 铜（Cu）（mg/kg） | 锌（Zn）（mg/kg） | 汞（Hg）（mg/kg） | 镉（Cd）（mg/kg） | 砷（As）（mg/kg） |
|---|---|---|---|---|---|---|---|
| 赤红壤剖面 5 | 11.00 | 28.20 | 14.00 | 65.00 | 0.03 | 0.10 | 7.87 |
| 赤红壤剖面 5/全区赤红壤 | 0.60 | 1.02 | 0.69 | 1.00 | 0.58 | 50.00 | 0.77 |
| 赤红壤剖面 5/全市赤红壤 | 1.03 | 0.59 | 0.81 | 1.00 | 0.41 | 2.13 | 0.77 |
| 赤红壤剖面 5/全区林地土壤 | 0.67 | 1.05 | 0.74 | 1.05 | 0.75 | 0.67 | 1.02 |
| 赤红壤剖面 5/全市林地土壤 | 1.02 | 0.57 | 0.82 | 0.99 | 0.37 | 2.27 | 0.67 |

土壤养分指标（表 3-9）包括有机质、全氮、全磷和全钾，其含量分别为 13.20g/kg、0.82g/kg、0.23g/kg 和 14.92g/kg，分别属于 Ⅳ级、Ⅳ级、Ⅴ级和Ⅳ级水平。有机质和全氮含量低于全区赤红壤和全区、全市林地土壤养分各指标的平均水平，有机质含量与全市赤红壤平均水平一致，全氮含量高于全市赤红壤的平均水平；全磷和全钾含量均低于全区、全市赤红壤和全区、全市林地土壤的平均水平。土壤 pH 值为 6.13，高于全区和全市赤红壤的平均水平，也高于全区和全市土壤的平均水平。

重金属元素（表 3-10）包括镍、铅、铜、锌、汞、镉和砷，其含量分别为 11.00mg/kg、28.20mg/kg、14.00mg/kg、65.00mg/kg、0.03mg/kg、0.10mg/kg 和 7.87mg/kg，所有重金属元素均低于土壤污染风险筛选值。铅和镉元素含量高于全区赤红壤重金属元素各指标的平均水平，镍、铜、汞和砷元素含量均低于其平均水平；镍和镉元素含量高于全市赤红壤平均水平，铅、铜、汞和砷元素含量则低于其平均水平；铅、锌和砷元素含量高于全区林地土壤平均水平，镍、铜、汞和镉元素含量则低于其平均水平；除镍和镉外，其他元素含量均低于全市林地土壤平均水平。

## 六、剖面 6：赤红壤亚类

1. 剖面位置

地籍号：441402001012000100503；

地理坐标：北纬 24.327044°，东经 116.072232°；

地区：广东省梅州市梅江区城北。

2. 剖面特征

梅江区典型森林赤红壤剖面 6（图 3-6，左图）采自城北，海拔 117.2m，丘陵地貌，东南坡向，坡度为 25°，下坡坡位，轻微侵蚀，凋落物层厚度为 7cm，腐殖质层厚度为 8cm，植被类型为针叶林（图 3-6）。

3. 主要性状

梅江区典型赤红壤剖面 6 的土壤理化性质如表 3-11、3-12 所示。

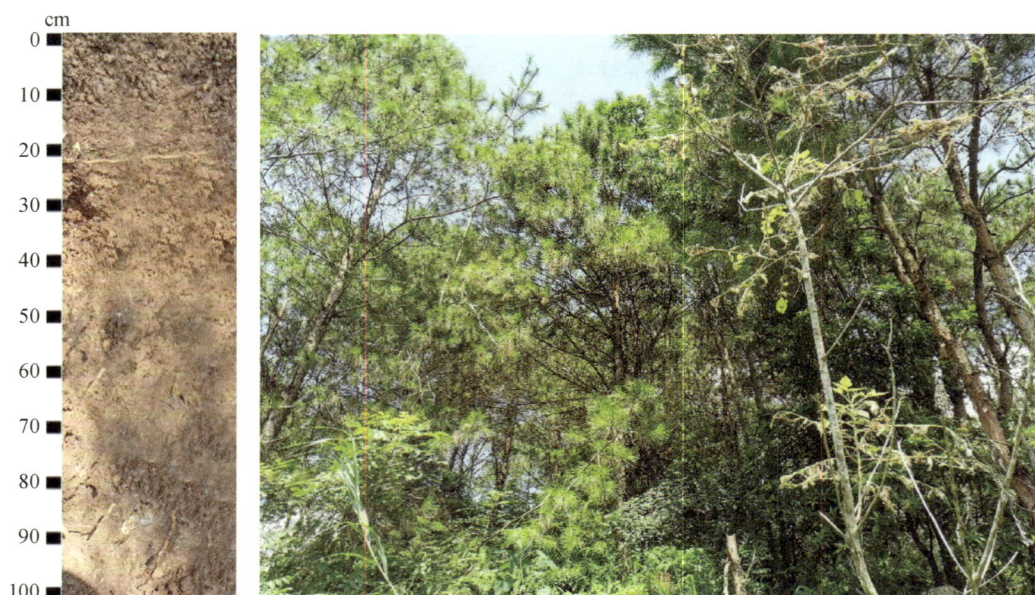

图 3-6　梅江区赤红壤剖面 6(左图) 及植被(右图)

表 3-11　梅江区赤红壤剖面 6 pH 值及养分含量统计表

| 剖面 6 | pH | 有机质(SOM)(g/kg) | 全氮(N)(g/kg) | 全磷(P)(g/kg) | 全钾(K)(g/kg) |
|---|---|---|---|---|---|
| 赤红壤剖面 6 | 4.64 | 10.05 | 0.65 | 0.29 | 16.11 |
| 赤红壤剖面 6/全区赤红壤 | 1.04 | 0.64 | 0.75 | 1.06 | 0.95 |
| 赤红壤剖面 6/全市赤红壤 | 1.00 | 0.76 | 0.91 | 1.07 | 0.92 |
| 赤红壤剖面 6/全区林地土壤 | 1.02 | 0.57 | 0.64 | 1.07 | 0.90 |
| 赤红壤剖面 6/全市林地土壤 | 1.00 | 0.70 | 0.84 | 1.02 | 0.92 |

表 3-12　梅江区赤红壤剖面 6 重金属元素含量统计表

| 剖面 6 | 镍(Ni)(mg/kg) | 铅(Pb)(mg/kg) | 铜(Cu)(mg/kg) | 锌(Zn)(mg/kg) | 汞(Hg)(mg/kg) | 镉(Cd)(mg/kg) | 砷(As)(mg/kg) |
|---|---|---|---|---|---|---|---|
| 赤红壤剖面 6 | 20.00 | 27.60 | 9.00 | 122.00 | 未检出 | 0.05 | 11.90 |
| 赤红壤剖面 6/全区赤红壤 | 1.10 | 1.00 | 0.44 | 1.87 | — | 25.00 | 1.17 |
| 赤红壤剖面 6/全市赤红壤 | 1.87 | 0.58 | 0.52 | 1.88 | | 1.06 | 1.17 |
| 赤红壤剖面 6/全区林地土壤 | 1.21 | 1.03 | 0.47 | 1.97 | | 0.33 | 1.55 |
| 赤红壤剖面 6/全市林地土壤 | 1.85 | 0.56 | 0.52 | 1.86 | — | 1.14 | 1.04 |

　　土壤养分指标(表 3-11)包括有机质、全氮、全磷和全钾,其含量分别为 10.05g/kg、0.65g/kg、0.29g/kg 和 16.11g/kg,依据土壤养分分级标准,分别属于Ⅳ级、Ⅴ级、Ⅴ级和Ⅲ级水平。除全磷外,有机质、全氮和全钾含量均低于全区、全市赤红壤和全区、全市

林地土壤养分各指标的平均水平。土壤 pH 值为 4.64，与全市赤红壤和全市林地土壤的平均水平相近，高于全区赤红壤和全区林地土壤的平均水平。

重金属元素（表 3-12）包括镍、铅、铜、锌、汞、镉和砷，其含量分别为 20.00mg/kg、27.60mg/kg、9.00mg/kg、122.00mg/kg、未检出、0.05mg/kg 和 11.90mg/kg，所有重金属元素均低于土壤污染风险筛选值。除铜和汞外，其他元素含量均高于全区赤红壤重金属元素各指标的平均水平；除镍、锌、镉和砷外，其他元素含量均低于全市赤红壤平均水平；除铜、汞和镉外，其他元素含量均高于全区林地土壤平均水平；除铅、铜和汞外，其他元素含量均高于全市林地土壤平均水平。

## 七、剖面 7：赤红壤亚类

1. 剖面位置

地籍号：44140500101011000200801；

地理坐标：北纬 24.328094°，东经 116.058588°；

地区：广东省梅州市梅江区长沙镇大密村。

2. 剖面特征

梅江区典型森林赤红壤剖面 7（图 3-7，左图）采自长沙镇大密村，海拔 121.2m，丘陵地貌，西北坡向，坡度为 28°，上坡坡位，轻微侵蚀，凋落物层厚度为 4cm，腐殖质层厚度为 10cm，植被类型为针叶林（图 3-7，右图）。

图 3-7 梅江区赤红壤剖面 7（左图）及植被（右图）

3. 主要性状

梅江区典型赤红壤剖面 9 的土壤理化性质如表 3-13、3-14 所示。

表 3-13  梅江区赤红壤剖面 7 pH 值及养分含量统计表

| 剖面 7 | pH | 有机质(SOM)(g/kg) | 全氮(N)(g/kg) | 全磷(P)(g/kg) | 全钾(K)(g/kg) |
|---|---|---|---|---|---|
| 赤红壤剖面 7 | 4.81 | 14.53 | 0.75 | 0.22 | 22.31 |
| 赤红壤剖面 7/全区赤红壤 | 1.08 | 0.93 | 0.86 | 0.82 | 1.31 |
| 赤红壤剖面 7/全市赤红壤 | 1.04 | 1.10 | 1.05 | 0.83 | 1.28 |
| 赤红壤剖面 7/全区林地土壤 | 1.06 | 0.83 | 0.74 | 0.83 | 1.25 |
| 赤红壤剖面 7/全市林地土壤 | 1.03 | 1.01 | 0.97 | 0.79 | 1.28 |

表 3-14  梅江区赤红壤剖面 7 重金属元素含量统计表

| 剖面 7 | 镍(Ni)(mg/kg) | 铅(Pb)(mg/kg) | 铜(Cu)(mg/kg) | 锌(Zn)(mg/kg) | 汞(Hg)(mg/kg) | 镉(Cd)(mg/kg) | 砷(As)(mg/kg) |
|---|---|---|---|---|---|---|---|
| 赤红壤剖面 7 | 22.00 | 38.60 | 22.00 | 86.00 | 0.03 | 0.15 | 1.30 |
| 赤红壤剖面 7/全区赤红壤 | 1.21 | 1.40 | 1.08 | 1.32 | 0.65 | 75.00 | 0.13 |
| 赤红壤剖面 7/全市赤红壤 | 2.06 | 0.81 | 1.27 | 1.33 | 0.47 | 3.19 | 0.13 |
| 赤红壤剖面 7/全区林地土壤 | 1.33 | 1.43 | 1.16 | 1.39 | 0.85 | 1.00 | 0.17 |
| 赤红壤剖面 7/全市林地土壤 | 2.03 | 0.79 | 1.28 | 1.31 | 0.42 | 3.41 | 0.12 |

土壤养分指标(表 3-13)包括有机质、全氮、全磷和全钾,其含量分别为 14.53g/kg、0.75g/kg、0.22g/kg 和 22.31mg/kg,依据土壤养分分级标准,分别属于Ⅳ级、Ⅴ级、Ⅴ级和Ⅱ级的水平。除钾外,其他土壤养分指标含量均低于全区赤红壤和全区林地土壤养分各指标的平均水平;除全磷外,其他指标含量均高于全市赤红壤的平均水平;除有机质和全钾外,其他指标含量均低于全市林地土壤的平均水平。土壤 pH 值为 4.81,高于全区、全市赤红壤和全区、全市林地土壤的平均水平。

重金属元素(表 3-14)包括镍、铅、铜、锌、汞、镉和砷,其含量分别为 22.00mg/kg、38.60mg/kg、22.00mg/kg、86.00mg/kg、0.03mg/kg、0.15mg/kg 和 1.30mg/kg,所有重金属元素均低于土壤污染风险筛选值。除汞和砷外,其他元素含量均高于全区赤红壤重金属元素各指标的平均水平;除铅、汞和砷外,其他元素含量均高于全市赤红壤和全市林地土壤的平均水平;除汞、镉和砷外,其他元素含量均高于全区林地土壤平均水平。

## 八、剖面 8:红壤亚类

1. 剖面位置

地籍号:441402016012000400300;

地理坐标:北纬 24.190036°,东经 116.205610°;

地区:广东省梅州市梅江区西阳镇。

2. 剖面特征

梅江区典型森林土壤剖面 8(图 3-8,左图)土壤类型为红壤亚类、页红壤土属、厚厚页赤红壤土种,土壤母质为砂页岩坡积、残积物。该剖面采自西阳镇,海拔 598.3m,山地地貌，北坡向，坡度为 35°，上坡坡位，侵蚀程度轻微，凋落物层厚度为 5cm，腐殖质层厚度为 30cm，植被类型为阔叶林（图 3-8）。

图 3-8　梅江区红壤剖面 8（左图）及植被（右图）

　　A 层：深度为 0~26cm，土层颜色为棕色，土壤干湿度为干，松紧度为散碎，团粒结构，无新生体、侵入体，具有少量植物根系、蚯蚓孔。
　　AB 层：深度为 26~41cm，土层颜色为黄色，土壤干湿度为干，松紧度为稍紧实，块状结构，无新生体、侵入体、动物孔穴和植物根系。
　　B 层：深度为 41~100cm，土层颜色为黄色，土壤干湿度为干，松紧度为稍紧实，块状结构，无新生体、侵入体、动物孔穴和植物根系。
　　3. 主要性状
　　梅江区典型森林红壤剖面 8 的土壤理化性质如表 3-15、3-16 所示。

表 3-15　梅江区红壤剖面 8 pH 值及养分含量统计表

| 剖面 8 | pH | 有机质（SOM）（g/kg） | 全氮（N）（g/kg） | 全磷（P）（g/kg） | 全钾（K）（g/kg） |
|---|---|---|---|---|---|
| 红壤剖面 8 | 4.12 | 28.92 | 1.71 | 0.24 | 16.99 |
| 红壤剖面 8/全区红壤 | 0.90 | 1.48 | 1.48 | 0.89 | 0.90 |
| 红壤剖面 8/全市红壤 | 0.88 | 1.78 | 1.97 | 0.78 | 0.99 |
| 红壤剖面 8/全区林地土壤 | 0.91 | 1.64 | 1.69 | 0.88 | 0.95 |
| 红壤剖面 8/全市林地土壤 | 0.89 | 2.01 | 2.21 | 0.84 | 0.97 |

**表 3-16　梅江区红壤剖面 8 重金属元素含量统计表**

| 剖面 8 | 镍（Ni）（mg/kg） | 铅（Pb）（mg/kg） | 铜（Cu）（mg/kg） | 锌（Zn）（mg/kg） | 汞（Hg）（mg/kg） | 镉（Cd）（mg/kg） | 砷（As）（mg/kg） |
|---|---|---|---|---|---|---|---|
| 红壤剖面 8 | 5.00 | 22.00 | 11.00 | 64.00 | 0.10 | 0.03 | 4.49 |
| 红壤剖面 8/全区红壤 | 1.19 | 0.99 | 1.15 | 1.69 | 4.17 | 0.10 | 0.86 |
| 红壤剖面 8/全市红壤 | 0.48 | 0.43 | 0.67 | 0.94 | 1.11 | 0.65 | 0.37 |
| 红壤剖面 8/全区林地土壤 | 0.30 | 0.82 | 0.58 | 1.04 | 2.50 | 0.20 | 0.58 |
| 红壤剖面 8/全市林地土壤 | 0.46 | 0.45 | 0.64 | 0.98 | 1.23 | 0.68 | 0.39 |

　　土壤养分指标（表 3-15）包括有机质、全氮、全磷和全钾，其含量分别为 28.92g/kg、1.71g/kg、0.24g/kg 和 16.99g/kg，依据土壤养分分级标准，分别属于Ⅲ级、Ⅱ级、Ⅴ级和Ⅲ级水平。有机质和全氮含量均高于全区、全市红壤和全区、全市林地土壤养分各指标的平均水平，全磷和全钾含量则低于全区、全市红壤和全区、全市林地土壤平均水平。土壤 pH 值为 4.12，低于全区、全市红壤的平均水平，也低于全区、全市林地土壤的平均水平。

　　重金属元素（表 3-16）包括镍、铅、铜、锌、汞、镉和砷，其含量分别为 5.00mg/kg、22.00mg/kg、11.00mg/kg、64.00mg/kg、0.10mg/kg、0.03mg/kg 和 4.49mg/kg，所有重金属元素均低于土壤污染风险筛选值。除铅、镉和砷外，其他元素含量均高于全区红壤重金属元素各指标的平均水平；除汞外，其他元素含量均低于全市红壤的平均水平；除锌和汞外，其他元素含量均低于全区林地土壤的平均水平；除汞外，其他元素含量均低于全市林地土壤的平均水平。

## 九、剖面 9：红壤亚类

1. 剖面位置

地籍号：441402016009000400600；

地理坐标：北纬 24.233986°，东经 116.187322°；

地区：广东省梅州市梅江区西阳镇秀竹村。

2. 剖面特征

梅江区典型森林红壤剖面 9（图 3-9，左图）采自西阳镇秀竹村，海拔 422m，山地地貌，西坡向，坡度为 25°，坡脚坡位，轻微侵蚀，凋落物层厚度为 1cm，腐殖质层厚度为 3cm，植被类型为针阔混交林（图 3-9）。

3. 主要性状

梅江区典型森林红壤剖面 9 的土壤理化性质如表 3-17、3-18 所示。

图 3-9　梅江区红壤剖面 9(左图) 及植被(右图)

表 3-17　梅江区红壤剖面 9 pH 值及养分含量统计表

| 剖面 9 | pH | 有机质(SOM)(g/kg) | 全氮(N)(g/kg) | 全磷(P)(g/kg) | 全钾(K)(g/kg) |
|---|---|---|---|---|---|
| 红壤剖面 9 | 5.36 | 11.67 | 0.75 | 0.25 | 21.26 |
| 红壤剖面 9/全区红壤 | 1.17 | 0.60 | 0.65 | 0.92 | 1.13 |
| 红壤剖面 9/全市红壤 | 1.15 | 0.72 | 0.87 | 0.81 | 1.25 |
| 红壤剖面 9/全区林地土壤 | 1.18 | 0.66 | 0.75 | 0.91 | 1.19 |
| 红壤剖面 9/全市林地土壤 | 1.15 | 0.81 | 0.98 | 0.86 | 1.22 |

表 3-18　梅江区红壤剖面 9 重金属元素含量统计表

| 剖面 9 | 镍(Ni)(mg/kg) | 铅(Pb)(mg/kg) | 铜(Cu)(mg/kg) | 锌(Zn)(mg/kg) | 汞(Hg)(mg/kg) | 镉(Cd)(mg/kg) | 砷(As)(mg/kg) |
|---|---|---|---|---|---|---|---|
| 红壤剖面 9 | 6.00 | 19.80 | 9.00 | 27.00 | 0.02 | 0.03 | 0.88 |
| 红壤剖面 9/全区红壤 | 1.43 | 0.89 | 0.94 | 0.71 | 0.71 | 0.10 | 0.17 |
| 红壤剖面 9/全市红壤 | 0.57 | 0.39 | 0.55 | 0.40 | 0.18 | 0.65 | 0.07 |
| 红壤剖面 9/全区林地土壤 | 0.36 | 0.74 | 0.47 | 0.44 | 0.43 | 0.20 | 0.11 |
| 红壤剖面 9/全市林地土壤 | 0.55 | 0.40 | 0.52 | 0.41 | 0.20 | 0.68 | 0.08 |

土壤养分指标(表 3-17)包括有机质、全氮、全磷和全钾，其含量分别为 11.67g/kg、0.75g/kg、0.25g/kg 和 21.26g/kg，依据土壤养分分级标准，分别属于Ⅳ级、Ⅳ级、Ⅴ级和Ⅱ级水平。除全钾外，其他土壤养分指标含量均低于全区红壤和全区林地土壤养分各指

标的平均水平，也低于全市红壤和全市林地土壤养分各指标的平均水平。土壤 pH 值为
5.36，高于全区红壤和全区林地土壤的平均水平，也高于全市红壤和全市林地土壤的平均
水平。

重金属元素（表 3-18）包括镍、铅、铜、锌、汞、镉和砷，其含量分别为 6.00mg/kg、
19.80mg/kg、9.00mg/kg、27.00mg/kg、0.02mg/kg、0.03mg/kg 和 0.88mg/kg，所有重金
属元素均低于土壤污染风险筛选值。除镍外，其他元素含量均低于全区、全市红壤和全
区、全市林地土壤重金属元素各指标的平均水平；镍元素含量高于全区红壤的平均水平，
低于全市红壤和全区、全市林地土壤的平均水平。

## 十、剖面 10：红壤亚类

**1. 剖面位置**

地籍号：441402016009000200500；

地理坐地：北纬 24.233366°，东经 116.176478°；

地区：广东省梅州市梅江区西阳镇秀竹村。

**2. 剖面特征**

梅江区典型森林红壤剖面 10（图 3-10，左图）采自西阳镇秀竹村，海拔 448.4m，地貌
山地，东北坡向，坡度为 29°，下坡坡位，轻微侵蚀，凋落物层厚度为 5cm，腐殖质层厚
度为 5cm，植被类型为针阔混交林，优势树种为马尾松和桉树（图 3-10，右图）。

图 3-10　梅江区红壤剖面 10（左图）及植被（右图）

**3. 主要性状**

梅江区典型森林红壤剖面 10 的土壤理化性质如表 3-19、3-20 所示。

表 3-19　梅江区红壤剖面 10 pH 值及养分含量统计表

| 剖面 10 | pH | 有机质（SOM）（g/kg） | 全氮（N）（g/kg） | 全磷（P）（g/kg） | 全钾（K）（g/kg） |
|---|---|---|---|---|---|
| 红壤剖面 10 | 4.94 | 11.20 | 0.79 | 0.26 | 20.50 |
| 红壤剖面 10/全区红壤 | 1.08 | 0.57 | 0.69 | 0.98 | 1.09 |
| 红壤剖面 10/全市红壤 | 1.06 | 0.69 | 0.92 | 0.86 | 1.20 |
| 红壤剖面 10/全区林地土壤 | 1.09 | 0.64 | 0.78 | 0.97 | 1.15 |
| 红壤剖面 10/全市林地土壤 | 1.06 | 0.78 | 1.03 | 0.92 | 1.18 |

表 3-20　梅江区红壤剖面 10 重金属元素含量统计表

| 剖面 10 | 镍（Ni）（mg/kg） | 铅（Pb）（mg/kg） | 铜（Cu）（mg/kg） | 锌（Zn）（mg/kg） | 汞（Hg）（mg/kg） | 镉（Cd）（mg/kg） | 砷（As）（mg/kg） |
|---|---|---|---|---|---|---|---|
| 红壤剖面 10 | 10.00 | 21.40 | 18.00 | 38.00 | 0.09 | 未检出 | 7.97 |
| 红壤剖面 10/全区红壤 | 2.38 | 0.96 | 1.88 | 1.01 | 3.92 | — | 1.53 |
| 红壤剖面 10/全市红壤 | 0.95 | 0.42 | 1.09 | 0.56 | 1.00 | — | 0.66 |
| 红壤剖面 10/全区林地土壤 | 0.61 | 0.80 | 0.95 | 0.61 | 2.35 | — | 1.04 |
| 红壤剖面 10/全市林地土壤 | 0.92 | 0.44 | 1.05 | 0.58 | 1.12 | — | 0.70 |

土壤养分指标（表 3-19）包括有机质、全氮、全磷和全钾，其含量分别为 11.20g/kg、0.79g/kg、0.26g/kg 和 20.50g/kg，依据土壤养分分级标准，分别属于Ⅳ级、Ⅳ级、Ⅴ级和Ⅱ级水平。除全钾外，有机质、全氮、全磷含量均低于全市、全区红壤和全区林地土壤养分各指标的平均水平；有机质和全磷含量低于全市林地土壤的平均水平，全氮和全钾含量则高于其平均水平。土壤 pH 值为 4.94，高于全区红壤和全区林地土壤的平均水平，也高于全市红壤和全市林地土壤的平均水平。

重金属元素（表 3-20）包括镍、铅、铜、锌、汞、镉和砷，其含量分别为 10.00mg/kg、21.40mg/kg、18.00mg/kg、38.00mg/kg、0.09mg/kg、未检出和 7.97mg/kg，所有重金属元素均低于土壤污染风险筛选值。除铅和镉外，其他元素含量均高于全区红壤重金属元素各指标的平均水平；除铜和汞外，其他元素含量均低于全市红壤和全市林地土壤的平均水平；除汞和砷外，其他元素含量均低于全区林地土壤的平均水平。

## 十一、剖面 11：红壤亚类

### 1. 剖面位置
地籍号：441402004001000600500；
地理坐标：北纬 24.209318°，东经 116.171538°；
地区：广东省梅州市梅江区长沙镇小蜜村。

### 2. 剖面特征
梅江区典型森林红壤剖面 11（图 3-11，左图）采自长沙镇小蜜村，海拔 311.1m，丘陵地貌，北坡向，坡度为21°，下坡坡位，轻微侵蚀，凋落物层厚度为3cm，腐殖质层厚度为3cm，植被类型为针叶林(图3-11)。

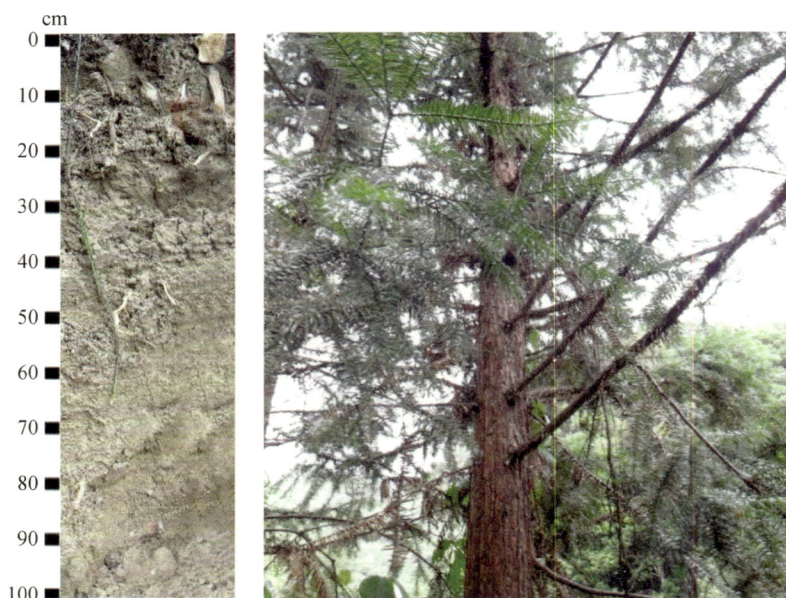

图 3-11　梅江区红壤剖面 11(左图) 及植被(右图)

### 3. 主要性状

梅江区典型森林红壤剖面 11 的土壤理化性质如表 3-21、3-22 所示。

表 3-21　梅江区红壤剖面 11 pH 值及养分含量统计表

| 剖面 11 | pH | 有机质(SOM)(g/kg) | 全氮(N)(g/kg) | 全磷(P)(g/kg) | 全钾(K)(g/kg) |
|---|---|---|---|---|---|
| 红壤剖面 11 | 4.30 | 14.93 | 0.91 | 0.28 | 19.01 |
| 红壤剖面 11/全区红壤 | 0.94 | 0.76 | 0.79 | 1.06 | 1.01 |
| 红壤剖面 11/全市红壤 | 0.92 | 0.92 | 1.06 | 0.93 | 1.11 |
| 红壤剖面 11/全区林地土壤 | 0.95 | 0.85 | 0.90 | 1.05 | 1.06 |
| 红壤剖面 11/全市林地土壤 | 0.92 | 1.04 | 1.18 | 1.00 | 1.09 |

表 3-22　梅江区红壤剖面 11 重金属元素含量统计表

| 剖面 11 | 镍(Ni)(mg/kg) | 铅(Pb)(mg/kg) | 铜(Cu)(mg/kg) | 锌(Zn)(mg/kg) | 汞(Hg)(mg/kg) | 镉(Cd)(mg/kg) | 砷(As)(mg/kg) |
|---|---|---|---|---|---|---|---|
| 红壤剖面 11 | 未检出 | 18.60 | 8.00 | 29.00 | 0.02 | 0.03 | 4.94 |
| 红壤剖面 11/全区红壤 | — | 0.84 | 0.83 | 0.77 | 0.63 | 0.10 | 0.95 |
| 红壤剖面 11/全市红壤 | — | 0.36 | 0.49 | 0.43 | 0.16 | 0.65 | 0.41 |
| 红壤剖面 11/全区林地土壤 | — | 0.69 | 0.42 | 0.47 | 0.38 | 0.20 | 0.64 |
| 红壤剖面 11/全市林地土壤 | — | 0.38 | 0.47 | 0.44 | 0.18 | 0.68 | 0.43 |

土壤养分指标(表 3-21)包括有机质、全氮、全磷和全钾,其含量分别为 14.93g/kg、0.91g/kg、0.28g/kg 和 19.01g/kg,依据土壤养分分级标准,分别属于Ⅳ级、Ⅳ级、Ⅴ级和Ⅲ级水平。全磷和全钾含量高于全区红壤和全区林地土壤养分各指标的平均水平,有机质和全氮含量则低于其平均水平;有机质和全磷含量低于全市红壤的平均水平,全氮和全钾含量则高于其平均水平;除全磷外,其他土壤养分指标含量均高于全市林地土壤的平均水平。土壤 pH 值为 4.30,低于全区红壤和全区林地土壤的平均水平,也低于全市红壤和全市林地土壤的平均水平。

重金属元素(表 3-22)包括镍、铅、铜、锌、汞、镉和砷,其含量分别为未检出、18.60mg/kg、8.00mg/kg、29.00mg/kg、0.02mg/kg、0.03mg/kg 和 4.94mg/kg,所有重金属元素均低于土壤污染风险筛选值。所有元素均低于全区红壤和全区林地土壤重金属元素各指标的平均水平,也低于全市红壤和全市林地土壤的平均水平。

# 第二节　梅县区森林土壤剖面

梅县区森林土壤养分指标(包括有机质、全氮、全磷和全钾)平均含量分别为 13.99g/kg、0.70g/kg、0.38g/kg、16.88g/kg。不同类型土壤中的平均含量具体如下:赤红壤分别为 10.83g/kg、0.64g/kg、0.43g/kg、21.34g/kg,红壤为 14.95g/kg、0.71g/kg、0.41g/kg、16.91g/kg,紫色土为 9.69g/kg、0.54g/kg、0.28g/kg、18.97g/kg。

梅县区森林土壤 pH 值平均值为 4.69,不同类型土壤中分别为赤红壤 5.69、红壤 4.78、紫色土 4.45。

梅县区森林土壤重金属元素(包括镉、汞、砷、铅、镍、铜、锌)平均含量分别为 0.09mg/kg、0.08mg/kg、14.83mg/kg、45.31mg/kg、19.54mg/kg、22.08mg/kg、72.56mg/kg。不同类型土壤中的平均含量具体如下:赤红壤分别为 0.07mg/kg、0.09mg/kg、20.33mg/kg、36.91mg/kg、24.09mg/kg、26.11mg/kg、94.10mg/kg,红壤为 0.07mg/kg、0.09mg/kg、20.33mg/kg、36.91mg/kg、24.09mg/kg、26.11mg/kg、94.10mg/kg,紫色土为 0.49mg/kg、0.04mg/kg、22.40mg/kg、82.10mg/kg、41.00mg/kg、53.00mg/kg、193.00mg/kg。

## 一、剖面 1:赤红壤亚类

1. 剖面位置

地籍号:441421017008000100300;

地理坐标:北纬 24.140515°,东经 116.051692°;

地区:广东省梅州市梅县区梅南镇官径村。

2. 剖面特征

梅县区典型森林土壤剖面 1(图 3-12,左图)土壤类型为赤红壤亚类、侵蚀赤红壤土属、片蚀赤红壤土种,土壤母质为花岗岩坡积、残积物。该剖面采自梅南镇官径村,海拔 104.3m,丘陵地貌,西南坡向,坡度为 45°,上坡坡位,轻微侵蚀,凋落物层厚度为 2cm,

腐殖质层厚度为2cm，植被类型为暖性针叶林，优势树种为马尾松(图 3-12，右图)。

图 3-12　梅县区赤红壤剖面 1(左图) 及植被(右图)

A 层：深度为 0~15cm，土层颜色为棕色，土壤干湿度为潮，松紧度为散碎，团粒结构，无新生体、侵入体和动物孔穴，具有少量植物根系。

B 层：深度为 15~80cm，土层颜色为棕色，土壤干湿度为潮，松紧度为散碎，团粒结构，无新生体、侵入体、动物孔穴和植物根系。

C 层：深度为 80~100cm，土层颜色为棕色，土壤干湿度为潮，松紧度为散碎，团粒结构，无新生体、侵入体、动物孔穴和植物根系。

3. 主要性状

梅县区典型森林赤红壤剖面 1 的土壤理化性质如表 3-23、3-24 所示。

表 3-23　梅县区赤红壤剖面 1 pH 值及养分含量统计表

| 剖面 1 | pH | 有机质(SOM)<br>(g/kg) | 全氮(N)<br>(g/kg) | 全磷(P)<br>(g/kg) | 全钾(K)<br>(g/kg) |
|---|---|---|---|---|---|
| 赤红壤剖面 1 | 4.73 | 10.17 | 0.43 | 0.23 | 34.16 |
| 赤红壤剖面 1/全区赤红壤 | 0.83 | 0.94 | 0.67 | 0.53 | 1.60 |
| 赤红壤剖面 1/全市赤红壤 | 1.02 | 0.77 | 0.60 | 0.85 | 1.95 |
| 赤红壤剖面 1/全区林地土壤 | 1.01 | 0.73 | 0.61 | 0.61 | 2.02 |
| 赤红壤剖面 1/全市林地土壤 | 1.02 | 0.71 | 0.56 | 0.81 | 1.96 |

表 3-24　梅县区赤红壤剖面 1 重金属元素含量统计表

| 剖面 1 | 镉(Cd)(mg/kg) | 汞(Hg)(mg/kg) | 砷(As)(mg/kg) | 铅(Pb)(mg/kg) | 镍(Ni)(mg/kg) | 铜(Cu)(mg/kg) | 锌(Zn)(mg/kg) |
|---|---|---|---|---|---|---|---|
| 赤红壤剖面 1 | 0.03 | 0.07 | 未检出 | 80.50 | 未检出 | 未检出 | 50.00 |
| 赤红壤剖面 1/全区赤红壤 | 0.43 | 0.82 | — | 2.18 | — | — | 0.53 |
| 赤红壤剖面 1/全市赤红壤 | 0.64 | 0.96 | — | 1.69 | — | — | 0.77 |
| 赤红壤剖面 1/全区林地土壤 | 0.33 | 0.88 | — | 1.78 | — | — | 0.69 |
| 赤红壤剖面 1/全市林地土壤 | 0.68 | 0.83 | — | 1.64 | — | — | 0.76 |

土壤养分指标(表 3-23)包括有机质、全氮、全磷和全钾,含量分别为 10.17g/kg、0.43g/kg、0.23g/kg 和 34.16g/kg,依据土壤养分分级标准,分别属于Ⅳ级、Ⅵ级、Ⅴ级和Ⅰ级水平。有机质、全氮、全磷含量均低于全区、全市赤红壤和全区、全市林地土壤养分各指标的平均水平;全钾含量高于全区、全市赤红壤和全区、全市林地土壤的平均水平。土壤 pH 值为 4.73,高于全市赤红壤和全区、全市林地土壤的平均水平。

重金属元素(表 3-24)包括镉、汞、砷、铅、镍、铜、锌,其含量分别为 0.03mg/kg、0.07mg/kg、未检出、80.50mg/kg、未检出、未检出和 50.00mg/kg,铅元素高于土壤污染风险筛选值,其他元素均低于土壤污染风险筛选值。铅元素含量高于全区、全市赤红壤和全区、全市林地土壤的平均水平,其余元素含量均低于全区、全市赤红壤和全区、全市林地土壤重金属元素各指标的平均水平。

## 二、剖面 2:赤红壤亚类

### 1. 剖面位置

地籍号:441421009007000100900;

地理坐标:北纬 24.471472°,东经 116.080705°;

地区:广东省梅州市梅县区石扇镇新东村。

### 2. 剖面特征

梅县区典型森林土壤剖面 2(图 3-13,左图)土壤类型为赤红壤亚类、麻赤红壤土属、薄厚麻赤红壤土种,土壤母质为花岗岩坡积、残积物。该剖面采自石扇镇新东村,海拔 203.7m,丘陵地貌,西坡向,坡度为 33°,中坡坡位,轻微侵蚀,凋落物层厚度为 2cm,腐殖质层厚度为 2cm,植被类型为暖性针叶林,优势树种为马尾松(图 3-13,右图)。

A 层:深度为 0~8cm,土层颜色为棕色,土壤干湿度为潮,松紧度为稍紧,块状结构,无新生体、侵入体和植物根系,有蚂蚁窝。

B 层:深度为 8~85cm,土层颜色为棕色,土壤干湿度为潮,松紧度为稍紧,块状结构,无新生体、侵入体和植物根系,有蚂蚁窝。

BC 层:深度为 85~100cm,土层颜色为棕色,土壤干湿度为潮,松紧度为稍紧,块状结构,无新生体、侵入体、动物孔穴和植物根系。

图 3-13　梅县区赤红壤剖面 2（左图）及植被（右图）

3. 主要性状

梅县区典型森林赤红壤剖面 2 的土壤理化性质如表 3-25、3-26 所示。

表 3-25　梅县区赤红壤剖面 2 pH 值及养分含量统计表

| 剖面 2 | pH | 有机质（SOM）（g/kg） | 全氮（N）（g/kg） | 全磷（P）（g/kg） | 全钾（K）（g/kg） |
| --- | --- | --- | --- | --- | --- |
| 赤红壤剖面 2 | 4.73 | 48.92 | 2.63 | 0.39 | 12.46 |
| 赤红壤剖面 2/全区赤红壤 | 0.83 | 4.52 | 4.10 | 0.90 | 0.58 |
| 赤红壤剖面 2/全市赤红壤 | 1.02 | 3.69 | 3.70 | 1.44 | 0.71 |
| 赤红壤剖面 2/全区林地土壤 | 1.01 | 3.50 | 3.76 | 1.03 | 0.74 |
| 赤红壤剖面 2/全市林地土壤 | 1.02 | 3.40 | 3.42 | 1.37 | 0.71 |

表 3-26　梅县区赤红壤剖面 2 重金属元素含量统计表

| 剖面 2 | 镉（Cd）（mg/kg） | 汞（Hg）（mg/kg） | 砷（As）（mg/kg） | 铅（Pb）（mg/kg） | 镍（Ni）（mg/kg） | 铜（Cu）（mg/kg） | 锌（Zn）（mg/kg） |
| --- | --- | --- | --- | --- | --- | --- | --- |
| 赤红壤剖面 2 | 0.02 | 0.08 | 8.37 | 18.80 | 未检出 | 2.00 | 24.00 |
| 赤红壤剖面 2/全区赤红壤 | 0.28 | 0.91 | 0.41 | 0.51 | — | 0.08 | 0.26 |
| 赤红壤剖面 2/全市赤红壤 | 0.43 | 1.05 | 0.82 | 0.39 | — | 0.10 | 0.37 |
| 赤红壤剖面 2/全区林地土壤 | 0.22 | 0.96 | 0.56 | 0.41 | — | 0.10 | 0.33 |
| 赤红壤剖面 2/全市林地土壤 | 0.45 | 0.92 | 0.73 | 0.38 | — | 0.10 | 0.37 |

土壤养分指标(表 3-25)包括有机质、全氮、全磷和全钾,其含量分别为 48.92g/kg、2.63g/kg、0.39g/kg 和 12.46g/kg,依据土壤养分分级标准,分别属于 I 级、I 级、V 级和Ⅳ级的水平。全钾含量低于全区、全市赤红壤和全区、全市林地土壤养分各指标的平均水平;全磷含量低于全区赤红壤平均水平,高于全市赤红壤和全区、全市林地土壤平均水平;有机质、全氮含量均高于全市赤红壤和全区、全市林地土壤的平均水平。土壤 pH 值为 4.73,高于全市赤红壤和全区、全市林地土壤的平均水平。

重金属元素(表 3-26)包括镉、汞、砷、铅、镍、铜、锌,其含量分别为 0.02mg/kg、0.08mg/kg、8.37mg/kg、18.80mg/kg、未检出、2.00mg/kg 和 24.00mg/kg,所有重金属元素含量均低于土壤污染风险筛选值。镉、砷、铅、铜、锌元素含量均低于全区、全市赤红壤和全区、全市林地土壤重金属元素各指标的平均水平;汞元素含量高于全市赤红壤的平均水平,低于全区赤红壤和全区、全市林地土壤的平均水平。

### 三、剖面 3:赤红壤亚类

1. 剖面位置

地籍号:441421015006000100920;

地理坐标:北纬 24.326882°,东经 116.018190°;

地区:广东省梅州市梅县区程江镇长滩村。

2. 剖面特征

梅县区典型森林土壤剖面 3(图 3-14,左图)土壤类型为赤红壤亚类、麻赤红壤土属、薄厚麻赤红壤土种,土壤母质为花岗岩坡积、残积物。该剖面采自程江镇长滩村,海拔 127.7m,丘陵地貌,西北坡向,坡度为 10.6°,中坡坡位,轻微侵蚀,凋落物层厚度为 2cm,腐殖质层厚度为 2cm,植被类型为常绿阔叶林,优势树种为枫香(图 3-14,右图)。

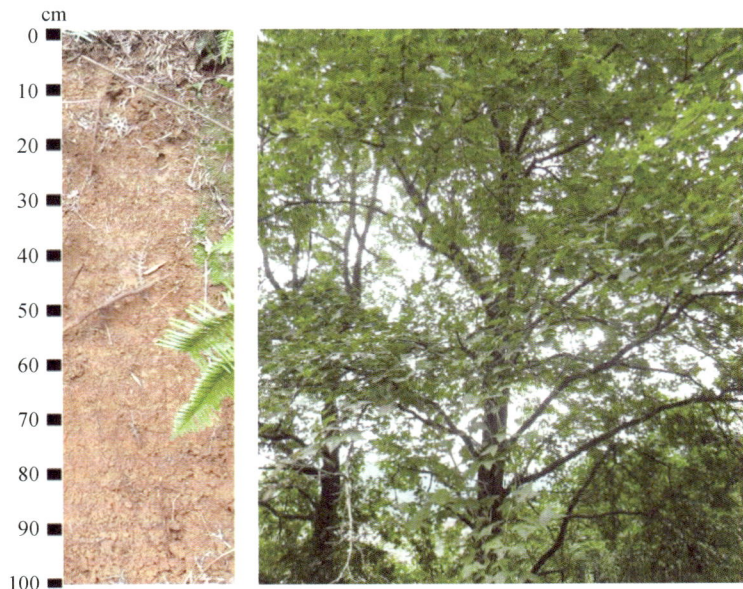

图 3-14　梅县区赤红壤剖面 3(左图)及植被(右图)

A 层：深度为 0~80cm，土层颜色为棕色，土壤干湿度为潮，松紧度为疏松，团粒结构，无新生体、侵入体和动物孔穴，具有少量植物根系。

B 层：深度为 80~100cm，土层颜色为暗棕色，土壤干湿度为湿，松紧度为疏松，团粒结构，无新生体、侵入体和动物孔穴，具有中量植物根系。

3. 主要性状

梅县区典型森林赤红壤剖面 3 的土壤理化性质如表 3-27、3-28 所示。

表 3-27　梅县区赤红壤剖面 3 pH 值及养分含量统计表

| 剖面 3 | pH | 有机质（SOM）（g/kg） | 全氮（N）（g/kg） | 全磷（P）（g/kg） | 全钾（K）（g/kg） |
|---|---|---|---|---|---|
| 赤红壤剖面 3 | 4.49 | 9.46 | 0.47 | 0.78 | 5.60 |
| 赤红壤剖面 3/全区赤红壤 | 0.78 | 0.87 | 0.73 | 1.80 | 0.26 |
| 赤红壤剖面 3/全市赤红壤 | 0.97 | 0.71 | 0.66 | 2.87 | 0.32 |
| 赤红壤剖面 3/全区林地土壤 | 0.96 | 0.68 | 0.67 | 2.05 | 0.33 |
| 赤红壤剖面 3/全市林地土壤 | 0.97 | 0.66 | 0.61 | 2.74 | 0.32 |

表 3-28　梅县区赤红壤剖面 3 重金属元素含量统计表

| 剖面 3 | 镉（Cd）（mg/kg） | 汞（Hg）（mg/kg） | 砷（As）（mg/kg） | 铅（Pb）（mg/kg） | 镍（Ni）（mg/kg） | 铜（Cu）（mg/kg） | 锌（Zn）（mg/kg） |
|---|---|---|---|---|---|---|---|
| 赤红壤剖面 3 | 0.09 | 0.07 | 3.71 | 25.20 | 未检出 | 18.00 | 100.00 |
| 赤红壤剖面 3/全区赤红壤 | 1.30 | 0.82 | 0.18 | 0.68 | — | 0.69 | 1.06 |
| 赤红壤剖面 3/全市赤红壤 | 1.91 | 1.00 | 0.36 | 0.53 | — | 1.04 | 1.54 |
| 赤红壤剖面 3/全区林地土壤 | 1.00 | 0.91 | 0.25 | 0.56 | — | 0.82 | 1.38 |
| 赤红壤剖面 3/全市林地土壤 | 2.05 | 0.87 | 0.32 | 0.51 | — | 1.05 | 1.52 |

土壤养分指标（表 3-27）包括有机质、全氮、全磷和全钾，其含量分别为 9.46g/kg、0.47g/kg、0.78g/kg 和 5.60g/kg，依据土壤养分分级标准，分别属于 V 级、VI 级、III 级和 V 级的水平。有机质、全氮和全钾含量均低于全区、全市赤红壤和全区、全市林地土壤养分各指标的平均水平；全磷含量高于全区、全市赤红壤和全区、全市林地土壤的平均水平。土壤 pH 值为 4.49，低于全区、全市赤红壤和全区、全市林地土壤的平均水平。

重金属元素（表 3-28）包括镉、汞、砷、铅、镍、铜、锌，其含量分别为 0.09mg/kg、0.07mg/kg、3.71mg/kg、25.20mg/kg、未检出、18.00mg/kg 和 100.00mg/kg，所有重金属元素均低于土壤污染风险筛选值。汞元素含量与全市赤红壤平均水平相当，低于全区赤红壤和全区、全市林地土壤重金属元素各指标的平均水平；铜元素含量低于全区赤红壤和全区林地土壤的平均水平，高于全市赤红壤和林地土壤的平均水平；砷和铅元素含量均低于全区、全市赤红壤和全区、全市林地土壤的平均水平；锌、镉各元素含量高于全区、全市赤红壤和全区、全市林地土壤的平均水平。

## 四、剖面 4：赤红壤亚类

1. 剖面位置

地籍号：441421014040000400412；

地理坐标：北纬 24.158923°，东经 116.003155°；

地区：广东省梅州市梅县区南口镇荷田村。

2. 剖面特征

梅县区典型森林土壤剖面 4（图 3-15，左图）土壤类型为赤红壤亚类、麻赤红壤土属、薄厚麻赤红壤土种，土壤母质为花岗岩坡积风化物。该剖面采自南口镇荷田村，海拔 210.2m，丘陵地貌，东坡向，坡度为 25°，下坡坡位，轻微侵蚀，凋落物层厚度为 2cm，腐殖质层厚度为 3cm，植被类型为针阔混交林与竹林（图 3-15，右图）。

图 3-15　梅县区赤红壤剖面 4（左图）及植被（右图）

A 层：深度为 0~8cm，土层颜色为红色，土壤干湿度为湿，松紧度为疏松，团粒结构，无新生体和侵入体，具有少量植物根系，有蚂蚁窝。

B 层：深度为 8~100cm，土层颜色为红色，土壤干湿度为湿，松紧度为疏松，团粒结构，无新生体、侵入体和动物孔穴，具有少量植物根系。

3. 主要性状

梅县区典型森林赤红壤剖面 4 的土壤理化性质如表 3-29、3-30 所示。

表 3-29　梅县区赤红壤剖面 4 pH 值及养分含量统计表

| 剖面 4 | pH | 有机质(SOM)(g/kg) | 全氮(N)(g/kg) | 全磷(P)(g/kg) | 全钾(K)(g/kg) |
|---|---|---|---|---|---|
| 赤红壤剖面 4 | 5.69 | 10.83 | 0.64 | 0.43 | 21.34 |
| 赤红壤剖面 4/全区赤红壤 | 1.00 | 0.99 | 0.99 | 0.99 | 1.00 |
| 赤红壤剖面 4/全市赤红壤 | 1.23 | 0.82 | 0.90 | 1.59 | 1.22 |
| 赤红壤剖面 4/全区林地土壤 | 1.21 | 0.77 | 0.92 | 1.14 | 1.26 |
| 赤红壤剖面 4/全市林地土壤 | 1.22 | 0.75 | 0.83 | 1.53 | 1.22 |

表 3-30　梅县区赤红壤剖面 4 重金属元素含量统计表

| 剖面 4 | 镉(Cd)(mg/kg) | 汞(Hg)(mg/kg) | 砷(As)(mg/kg) | 铅(Pb)(mg/kg) | 镍(Ni)(mg/kg) | 铜(Cu)(mg/kg) | 锌(Zn)(mg/kg) |
|---|---|---|---|---|---|---|---|
| 赤红壤剖面 4 | 未检出 | 0.09 | 7.17 | 14.80 | 未检出 | 4.00 | 38.00 |
| 赤红壤剖面 4/全区赤红壤 | — | 1.06 | 0.35 | 0.40 | — | 0.15 | 0.40 |
| 赤红壤剖面 4/全市赤红壤 | — | 1.23 | 0.70 | 0.31 | — | 0.23 | 0.59 |
| 赤红壤剖面 4/全区林地土壤 | — | 1.10 | 0.48 | 0.33 | — | 0.18 | 0.52 |
| 赤红壤剖面 4/全市林地土壤 | — | 1.05 | 0.63 | 0.30 | — | 0.23 | 0.58 |

　　土壤养分指标(表 3-29)包括有机质、全氮、全磷和全钾,其含量分别为 10.83g/kg、0.64g/kg、0.43g/kg 和 21.34g/kg,依据土壤养分分级标准,分别属于Ⅳ级、Ⅴ级、Ⅳ级和Ⅱ级的水平。有机质、全氮、全磷和全钾含量均与全区赤红壤养分各指标的平均水平相近;有机质、全氮含量均低于全区、全市赤红壤和全区、全市林地土壤的平均水平;全磷、全钾含量均高于全市赤红壤和全区、全市林地土壤的平均水平。土壤 pH 值为 5.69,高于全市赤红壤和全区、全市林地土壤的平均水平。

　　重金属元素(表 3-30)包括镉、汞、砷、铅、镍、铜、锌,其含量分别为未检出、0.09mg/kg、7.17mg/kg、14.80mg/kg、未检出、4.00mg/kg 和 38.00mg/kg,所有重金属均低于土壤污染风险筛选值。砷、铅、铜、锌各元素含量均低于全区、全市赤红壤和全区、全市林地土壤重金属元素各指标的平均水平;汞元素含量高于全区、全市赤红壤和全区、全市林地土壤的平均水平。

## 五、剖面 5：赤红壤亚类

1. 剖面位置

地籍号:4414210140370000100700;

地理坐标:北纬 24.177577°,东经 115.996183°;

地区:广东省梅州市梅县区南口镇石陂村。

2. 剖面特征

梅县区典型森林土壤剖面 5(图 3-16,左图)土壤类型为赤红壤亚类、麻赤红壤土属、薄厚麻赤红壤土种,土壤母质为花岗岩坡积残积物。该剖面采自南口镇石陂村,海拔252.7m,丘陵地貌,西坡向,坡度为 48°,中坡坡位,轻微侵蚀,凋落物层厚度为 1cm,

腐殖质层厚度为 3cm，植被类型为针阔混交林，优势树种为马尾松、木荷（图 3-16，右图）。

图 3-16 梅县区赤红壤剖面 5(左图)及植被(右图)

A 层：深度为 0~8cm，土层颜色为黄色，土壤干湿度为潮，松紧度为稍紧，块状结构，无新生体和侵入体，具有少量植物根系，有蚂蚁窝。

B 层：深度为 8~85cm，土层颜色为黄色，土壤干湿度为潮，松紧度为稍紧，块状结构，无新生体、侵入体、植物根系和动物孔穴。

BC 层：深度为 85~100cm，土层颜色为黄色，土壤干湿度为潮，松紧度为稍紧，块状结构，无新生体、侵入体、植物根系和动物孔穴。

3. 主要性状

梅县区典型森林赤红壤剖面 5 的土壤理化性质如表 3-31、3-32 所示。

表 3-31 梅县区赤红壤剖面 5 pH 值及养分含量统计表

| 剖面 5 | pH | 有机质(SOM)（g/kg） | 全氮(N)（g/kg） | 全磷(P)（g/kg） | 全钾(K)（g/kg） |
|---|---|---|---|---|---|
| 赤红壤剖面 5 | 4.71 | 7.62 | 0.46 | 0.18 | 22.09 |
| 赤红壤剖面 5/全区赤红壤 | 0.82 | 0.70 | 0.72 | 0.42 | 1.03 |
| 赤红壤剖面 5/全市赤红壤 | 1.02 | 0.57 | 0.65 | 0.67 | 1.26 |
| 赤红壤剖面 5/全区林地土壤 | 1.00 | 0.54 | 0.66 | 0.48 | 1.31 |
| 赤红壤剖面 5/全市林地土壤 | 1.01 | 0.53 | 0.60 | 0.64 | 1.27 |

**表 3-32　梅县区赤红壤剖面 5 重金属元素含量统计表**

| 剖面 5 | 镉（Cd）（mg/kg） | 汞（Hg）（mg/kg） | 砷（As）（mg/kg） | 铅（Pb）（mg/kg） | 镍（Ni）（mg/kg） | 铜（Cu）（mg/kg） | 锌（Zn）（mg/kg） |
|---|---|---|---|---|---|---|---|
| 赤红壤剖面 5 | 0.03 | 0.05 | 1.84 | 53.10 | 未检出 | 未检出 | 77.00 |
| 赤红壤剖面 5/全区赤红壤 | 0.43 | 0.59 | 0.09 | 1.44 | — | — | 0.82 |
| 赤红壤剖面 5/全市赤红壤 | 0.64 | 0.73 | 0.18 | 1.11 | — | — | 1.19 |
| 赤红壤剖面 5/全区林地土壤 | 0.33 | 0.66 | 0.12 | 1.17 | — | — | 1.06 |
| 赤红壤剖面 5/全市林地土壤 | 0.68 | 0.63 | 0.16 | 1.08 | — | — | 1.17 |

　　土壤养分（指标表 3-31）包括有机质、全氮、全磷和全钾，其含量分别为 7.62g/kg、0.46g/kg、0.18g/kg 和 22.09g/kg，依据土壤养分分级标准，分别属于 V 级、VI 级、VI 级和 II 级的水平。有机质、全氮、全磷含量均低于全区、全市赤红壤和全区、全市林地土壤的平均水平；全钾含量高于全区、全市赤红壤和全区、全市林地土壤的平均水平。土壤 pH 值为 4.71，高于全市赤红壤和全市林地土壤的平均水平。

　　重金属元素（表 3-32）包括镉、汞、砷、铅、镍、铜、锌，其含量分别为 0.03mg/kg、0.05mg/kg、1.84mg/kg、53.10mg/kg、未检出、未检出、77.00mg/kg，所有重金属均低于土壤污染风险筛选值。镉、汞和砷元素含量均低于全区、全市赤红壤和全区、全市林地土壤重金属元素各指标的平均水平；锌、铅元素含量均高于全市赤红壤和全区、全市林地土壤的平均水平。

## 六、剖面 6：赤红壤亚类

### 1. 剖面位置
地籍号：441421014032000100801；
地理坐标：北纬 24.227944°，东经 115.964472°；
地区：广东省梅州市梅县区南口镇东坑村。

### 2. 剖面特征
梅县区典型森林土壤剖面 6（图 3-17，左图）土壤类型为赤红壤亚类、麻赤红壤土属、薄厚麻赤红壤土种，土壤母质为花岗岩坡积、残积物。该剖面采自南口镇东坑村，海拔 268.5m，丘陵地貌，东坡向，坡度为 55°，中坡坡位，轻微侵蚀，凋落物层厚度为 1cm，腐殖质层厚度为 2cm，植被类型为针叶林，优势树种为湿地松（图 3-17，右图）。

A 层：深度为 0~8cm，土层颜色为红色，土壤干湿度为湿，松紧度为疏松，团粒结构，无新生体和侵入体，具有中量植物根系，有蚂蚁窝。

B 层：深度为 8~100cm，土层颜色为红色，土壤干湿度为湿，松紧度为疏松，团粒结构，无新生体和侵入体，具有少量植物根系，有蚂蚁窝。

### 3. 主要性状
梅县区典型森林赤红壤剖面 6 的土壤理化性质如表 3-33、3-34 所示。

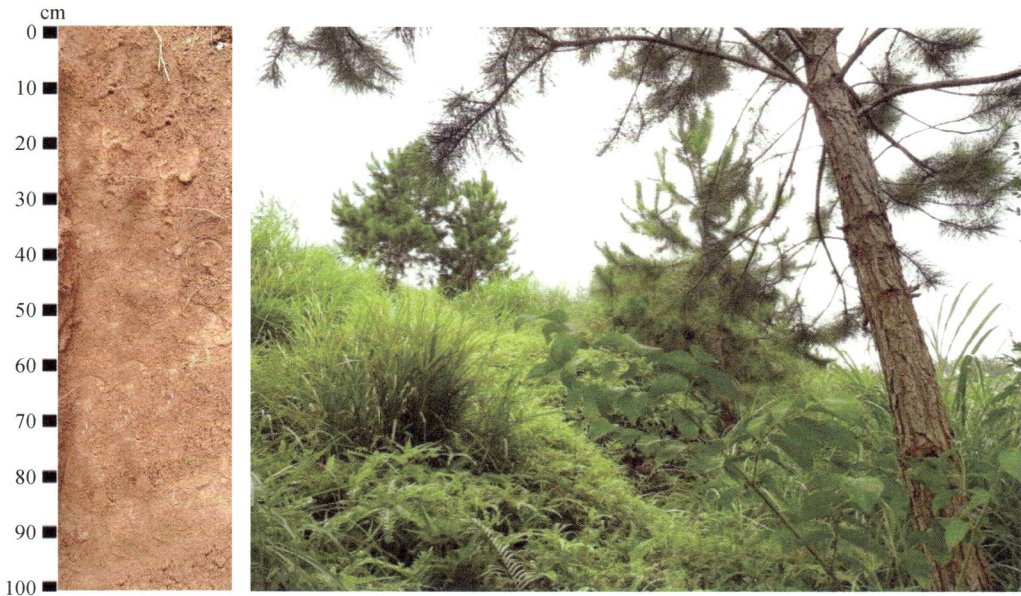

图 3-17 梅县区赤红壤剖面 6(左图)及植被(右图)

表 3-33 梅县区赤红壤剖面 6 pH 值及养分含量统计表

| 剖面 6 | pH | 有机质(SOM)<br>(g/kg) | 全氮(N)<br>(g/kg) | 全磷(P)<br>(g/kg) | 全钾(K)<br>(g/kg) |
|---|---|---|---|---|---|
| 赤红壤剖面 6 | 4.71 | 7.62 | 0.46 | 0.18 | 22.09 |
| 赤红壤剖面 6/全区赤红壤 | 0.82 | 0.70 | 0.72 | 0.41 | 1.04 |
| 赤红壤剖面 6/全市赤红壤 | 1.02 | 0.58 | 0.65 | 0.67 | 1.26 |
| 赤红壤剖面 6/全区土壤 | 1.00 | 0.54 | 0.66 | 0.48 | 1.31 |
| 赤红壤剖面 6/全市土壤 | 1.01 | 0.53 | 0.60 | 0.64 | 1.27 |

表 3-34 梅县区赤红壤剖面 6 重金属元素含量统计表

| 剖面 6 | 镉(Cd)<br>(mg/kg) | 汞(Hg)<br>(mg/kg) | 砷(As)<br>(mg/kg) | 铅(Pb)<br>(mg/kg) | 镍(Ni)<br>(mg/kg) | 铜(Cu)<br>(mg/kg) | 锌(Zn)<br>(mg/kg) |
|---|---|---|---|---|---|---|---|
| 赤红壤剖面 6 | 0.03 | 0.05 | 1.84 | 31.70 | 42.00 | 43.00 | 43.00 |
| 赤红壤剖面 6/全区赤红壤 | 0.43 | 0.59 | 0.09 | 0.86 | 1.74 | 1.65 | 0.46 |
| 赤红壤剖面 6/全市赤红壤 | 0.64 | 0.68 | 0.18 | 0.66 | 3.93 | 2.49 | 0.66 |
| 赤红壤剖面 6/全区土壤 | 0.33 | 0.63 | 0.12 | 0.70 | 2.15 | 1.95 | 0.59 |
| 赤红壤剖面 6/全市土壤 | 0.68 | 0.60 | 0.16 | 0.65 | 3.88 | 2.50 | 0.66 |

土壤养分指标(表 3-33)包括有机质、全氮、全磷和全钾,其含量分别为 7.62g/kg、0.46g/kg、0.18g/kg 和 22.09g/kg,依据土壤养分分级标准,分别属于 Ⅴ 级、Ⅵ 级、Ⅵ 级

和Ⅱ级的水平。有机质、全氮、全磷含量均低于全区、全市赤红壤和全区、全市林地土壤养分各指标的平均水平；全钾含量高于全区、全市赤红壤和全区、全市林地土壤的平均水平。土壤 pH 值为 4.71，低于全区赤红壤的平均水平，与全市赤红壤和全区、全市林地土壤的平均水平相近

重金属元素(表 3-34)包括镉、汞、砷、铅、镍、铜、锌，其含量分别为 0.03mg/kg、0.05mg/kg、1.84mg/kg、31.70mg/kg、42.00mg/kg、43.00mg/kg 和 43.00mg/kg，所有重金属元素均低于土壤污染风险筛选值。镉、汞、砷、铅、锌元素含量均低于全区、全市赤红壤和全区、全市林地土壤重金属元素各指标的平均水平；镍、铜元素含量均高于全区、全市赤红壤和全区、全市林地土壤的平均水平。

## 七、剖面 7：赤红壤亚类

1. 剖面位置

地籍号：441421018012000100100；

地理坐标：北纬 24.138464°，东经 116.017432°；

地区：广东省梅州市梅县区水车镇小立村。

2. 剖面特征

梅县区典型森林赤红壤剖面 7(图 3-18，左图)采自水车镇小立村，海拔 186.1m，丘陵地貌，东坡向，坡度为 30°，坡顶坡位，轻微侵蚀，凋落物层厚度为 2cm，腐殖质层厚度为 2cm，植被类型为常绿阔叶林，优势树种为榕树(图 3-18，右图)。

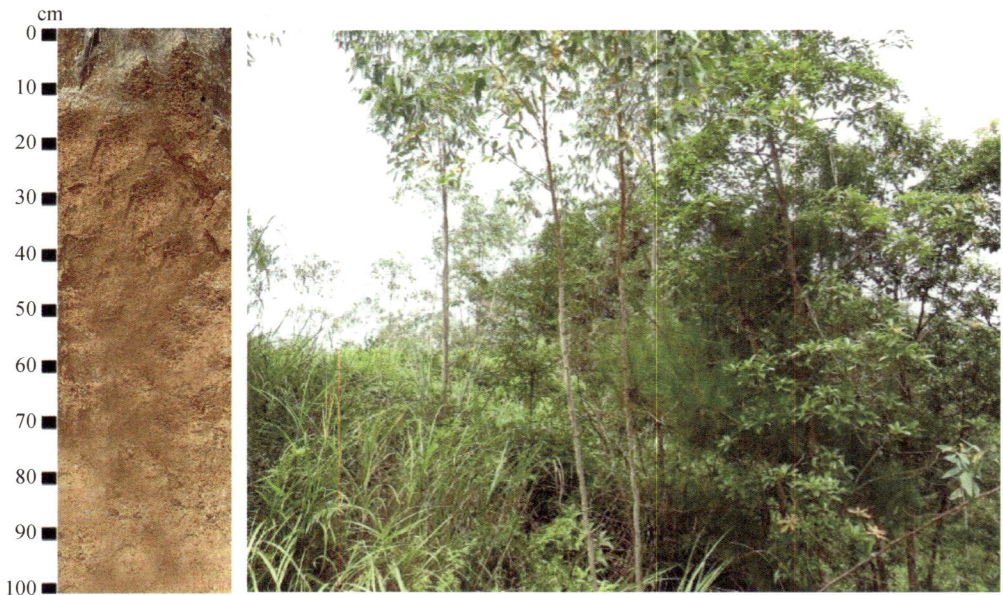

**图 3-18　梅县区赤红壤剖面 7(左图)及植被(右图)**

3. 主要性状

梅县区典型森林赤红壤剖面 7 的土壤理化性质如表 3-35、3-36 所示。

**表 3-35　梅县区赤红壤剖面 7 pH 值及养分含量统计表**

| 剖面 7 | pH | 有机质（SOM）（g/kg） | 全氮（N）（g/kg） | 全磷（P）（g/kg） | 全钾（K）（g/kg） |
|---|---|---|---|---|---|
| 赤红壤剖面 7 | 4.56 | 10.02 | 0.58 | 0.20 | 12.18 |
| 赤红壤剖面 7/全区赤红壤 | 0.80 | 0.92 | 0.90 | 0.46 | 0.57 |
| 赤红壤剖面 7/全市赤红壤 | 0.98 | 0.76 | 0.82 | 0.74 | 0.70 |
| 赤红壤剖面 7/全区林地土壤 | 0.97 | 0.72 | 0.83 | 0.53 | 0.72 |
| 赤红壤剖面 7/全市林地土壤 | 0.98 | 0.70 | 0.75 | 0.70 | 0.70 |

**表 3-36　梅县区赤红壤剖面 7 重金属元素含量统计表**

| 剖面 7 | 镉（Cd）（mg/kg） | 汞（Hg）（mg/kg） | 砷（As）（mg/kg） | 铅（Pb）（mg/kg） | 镍（Ni）（mg/kg） | 铜（Cu）（mg/kg） | 锌（Zn）（mg/kg） |
|---|---|---|---|---|---|---|---|
| 赤红壤剖面 7 | 0.10 | 0.10 | 7.80 | 62.50 | 未检出 | 2.00 | 58.00 |
| 赤红壤剖面 7/全区赤红壤 | 1.45 | 1.12 | 0.38 | 1.69 | — | 0.08 | 0.62 |
| 赤红壤剖面 7/全市赤红壤 | 2.13 | 1.30 | 0.76 | 1.31 | — | 0.12 | 0.90 |
| 赤红壤剖面 7/全区林地土壤 | 1.11 | 1.19 | 0.53 | 1.38 | — | 0.09 | 0.80 |
| 赤红壤剖面 7/全市林地土壤 | 2.27 | 1.13 | 0.68 | 1.27 | — | 0.12 | 0.88 |

　　土壤养分指标（表 3-35）包括有机质、全氮、全磷和全钾，其含量分别为 10.02g/kg、0.58g/kg、0.20g/kg 和 12.18g/kg，依据土壤养分分级标准，分别属于Ⅳ级、Ⅴ级、Ⅴ级和Ⅳ级的水平。有机质、全氮、全磷和全钾含量均低于全区、全市赤红壤和全区、全市林地土壤养分各指标的平均水平。土壤 pH 值为 4.56，低于全区、全市赤红壤和全区、全市林地土壤平均水平。

　　重金属元素（表 3-36）包括镉、汞、砷、铅、镍、铜、锌，其含量分别为 0.10mg/kg、0.10mg/kg、7.80mg/kg、62.50mg/kg、未检出、2.00mg/kg 和 58.00mg/kg，所有重金属元素均低于土壤污染风险筛选值。砷、铜和锌各元素含量均低于全区、全市赤红壤和全区、全市林地土壤重金属元素各指标的平均水平；镉、汞和铅各元素含量均高于全区、全市赤红壤和全区、全市林地土壤的平均水平。

## 八、剖面 8：赤红壤亚类

1. 剖面位置
地籍号：441421015002000100304；
地理坐标：北纬 24.166865°，东经 116.042757°；
地区：广东省梅州市梅县区程江镇横岗村。
2. 剖面特征
　　梅县区典型森林赤红壤剖面 8（图 3-19，左图）采自程江镇横岗村，海拔 149.6m，丘陵地貌，西坡向，坡度为 45°，中坡坡位，轻微侵蚀，凋落物层厚度为 2cm，腐殖质层厚度为 2cm，植被类型为暖性针叶林，优势树种为马尾松（图 3-19，右图）。

图 3-19　梅县区赤红壤剖面 8(左图)及植被(右图)

### 3. 主要性状

梅县区典型森林赤红壤剖面 8 的土壤理化性质如表 3-37、3-38 所示。

表 3-37　梅县区赤红壤剖面 8 pH 值及养分含量统计表

| 剖面 8 | pH | 有机质(SOM)(g/kg) | 全氮(N)(g/kg) | 全磷(P)(g/kg) | 全钾(K)(g/kg) |
|---|---|---|---|---|---|
| 赤红壤剖面 8 | 4.46 | 11.17 | 0.45 | 0.17 | 24.87 |
| 赤红壤剖面 8/全区赤红壤 | 0.78 | 1.03 | 0.70 | 0.39 | 1.17 |
| 赤红壤剖面 8/全市赤红壤 | 0.96 | 0.84 | 0.63 | 0.62 | 1.42 |
| 赤红壤剖面 8/全区林地土壤 | 0.95 | 0.80 | 0.64 | 0.44 | 1.47 |
| 赤红壤剖面 8/全市林地土壤 | 0.96 | 0.78 | 0.58 | 0.60 | 1.43 |

表 3-38　梅县区赤红壤剖面 8 重金属元素含量统计表

| 剖面 8 | 镉(Cd)(mg/kg) | 汞(Hg)(mg/kg) | 砷(As)(mg/kg) | 铅(Pb)(mg/kg) | 镍(Ni)(mg/kg) | 铜(Cu)(mg/kg) | 锌(Zn)(mg/kg) |
|---|---|---|---|---|---|---|---|
| 赤红壤剖面 8 | 0.03 | 0.06 | 0.65 | 94.30 | 未检出 | 13.00 | 76.00 |
| 赤红壤剖面 8/全区赤红壤 | 0.43 | 0.71 | 0.03 | 2.55 | — | 0.50 | 0.81 |
| 赤红壤剖面 8/全市赤红壤 | 0.64 | 0.82 | 0.06 | 1.98 | — | 0.75 | 1.17 |
| 赤红壤剖面 8/全区林地土壤 | 0.33 | 0.75 | 0.04 | 2.08 | — | 0.59 | 1.05 |
| 赤红壤剖面 8/全市林地土壤 | 0.68 | 0.71 | 0.06 | 1.92 | — | 0.76 | 1.16 |

土壤养分指标(表 3-37)包括有机质、全氮、全磷和全钾,其含量分别为 11.17g/kg、0.45g/kg、0.17g/kg 和 24.87g/kg,依据土壤养分分级标准,分别属于Ⅳ级、Ⅵ级、Ⅵ级

和Ⅱ级的水平。全氮、全磷含量均低于全区、全市赤红壤和全区、全市林地土壤养分各指标的平均水平；全钾含量高于全区、全市赤红壤和全区、全市林地土壤的平均水平；有机质含量高于全区赤红壤的平均水平，低于全区赤红壤和全区、全市林地土壤的平均水平。土壤pH值为4.46，低于全区、全市赤红壤和全区、全市林地土壤的平均水平。

重金属元素（表3-38）包括镉、汞、砷、铅、镍、铜、锌，其含量分别为0.03mg/kg、0.06mg/kg、0.65mg/kg、94.30mg/kg、未检出、13.00mg/kg和76.00mg/kg，镉、汞、砷、镍、铜、锌各元素均低于土壤污染风险筛选值，铅高于土壤污染风险筛选值。镉、汞、砷、镍、铜元素含量均低于全区、全市赤红壤和全区、全市林地土壤重金属元素各指标的平均水平；锌元素含量低于全区赤红壤的平均水平，高于全市赤红壤和全区/全市林地土壤的平均水平；铅元素含量高于全区、全市赤红壤和全区、全市林地土壤的平均水平。

## 九、剖面9：赤红壤亚类

### 1. 剖面位置

地籍号：441421008006000100800；

地理坐标：北纬24.389493°，东经116.166920°；

地区：广东省梅州市梅县区城东镇洽水村。

### 2. 剖面特征

梅县区典型森林赤红壤剖面9采自城东镇洽水村，海拔204.1m，丘陵地貌，东南坡向，坡度为42°，中坡坡位，轻微侵蚀，凋落物层厚度为2cm，腐殖质层厚度为2cm，植被类型为常绿阔叶林，优势树种为桉树（图3-20）。

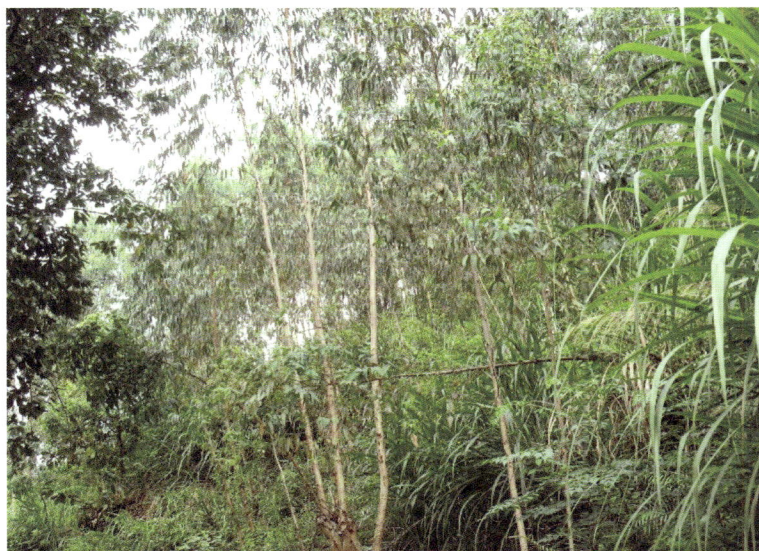

图3-20　梅县区赤红壤剖面9植被

### 3. 主要性状

梅县区典型森林赤红壤剖面9的土壤理化性质如表3-39、3-40所示。

表 3-39　梅县区赤红壤剖面 9 pH 值及养分含量统计表

| 剖面 9 | pH | 有机质(SOM)<br>(g/kg) | 全氮(N)<br>(g/kg) | 全磷(P)<br>(g/kg) | 全钾(K)<br>(g/kg) |
|---|---|---|---|---|---|
| 赤红壤剖面 9 | 4.44 | 6.64 | 0.33 | 0.33 | 27.57 |
| 赤红壤剖面 9/全区赤红壤 | 0.78 | 0.61 | 0.51 | 0.76 | 1.29 |
| 赤红壤剖面 9/全市赤红壤 | 0.96 | 0.50 | 0.46 | 1.22 | 1.58 |
| 赤红壤剖面 9/全区林地土壤 | 0.95 | 0.47 | 0.47 | 0.88 | 1.63 |
| 赤红壤剖面 9/全市林地土壤 | 0.95 | 0.46 | 0.42 | 1.17 | 1.58 |

表 3-40　梅县区赤红壤剖面 9 重金属元素含量统计表

| 剖面 9 | 镉(Cd)<br>(mg/kg) | 汞(Hg)<br>(mg/kg) | 砷(As)<br>(mg/kg) | 铅(Pb)<br>(mg/kg) | 镍(Ni)<br>(mg/kg) | 铜(Cu)<br>(mg/kg) | 锌(Zn)<br>(mg/kg) |
|---|---|---|---|---|---|---|---|
| 赤红壤剖面 9 | 0.04 | 0.02 | 4.66 | 41.70 | 32.00 | 44.00 | 78.00 |
| 赤红壤剖面 9/全区赤红壤 | 0.58 | 0.24 | 0.23 | 1.13 | 1.33 | 1.69 | 0.83 |
| 赤红壤剖面 9/全市赤红壤 | 0.85 | 0.27 | 0.46 | 0.87 | 3.00 | 2.55 | 1.20 |
| 赤红壤剖面 9/全区林地土壤 | 0.44 | 0.23 | 0.31 | 0.92 | 1.64 | 1.99 | 1.07 |
| 赤红壤剖面 9/全市林地土壤 | 0.91 | 0.21 | 0.41 | 0.85 | 2.95 | 2.56 | 1.19 |

　　土壤养分指标(表 3-39)包括有机质、全氮、全磷和全钾,其含量分别为 6.64g/kg、0.33g/kg、0.33g/kg 和 27.57g/kg,依据土壤养分分级标准,分别属于Ⅴ级、Ⅵ级、Ⅴ级和Ⅰ级的水平。有机质、全氮含量均低于全区、全市赤红壤和全区、全市林地土壤养分各指标的平均水平;全磷含量低于全区赤红壤和全区林地土壤的平均水平,高于全市赤红壤和林地土壤的平均水平;全钾含量高于全区、全市赤红壤和全区、全市林地土壤的平均水平。土壤 pH 值为 4.44,低于全区、全市赤红壤和全区、全市林地土壤的平均水平。

　　重金属元素(表 3-40)包括镉、汞、砷、铅、镍、铜、锌,其含量分别为 0.04mg/kg、0.02mg/kg、4.66mg/kg、41.70mg/kg、32.00mg/kg、44.00mg/kg 和 78.00mg/kg,所有重金属元素均低于土壤污染风险筛选值。其中镉、汞、砷元素含量均低于全区、全市赤红壤和全区、全市林地土壤重金属元素各指标的平均水平;镍、铜元素含量均高于全区、全市赤红壤和全区、全市林地土壤的平均水平;铅元素含量高于全区赤红壤的平均水平,低于全市赤红壤和全区、全市林地土壤的平均水平;锌元素含量低于全区赤红壤的平均水平,高于全市赤红壤和全区、全市林地土壤的平均水平。

## 十、剖面 10：红壤亚类

### 1. 剖面位置

地籍号：441421007012000200500；

地理坐标：北纬 24.414329°，东经 116.400950°；

地区：广东省梅州市梅县区雁洋镇南福村。

### 2. 剖面特征

梅县区典型森林土壤剖面 10(图 3-21,左图)土壤类型为红壤亚类、页红壤土属、厚厚页红壤土种，土壤母质为砂页岩坡积残积物。该剖面采自雁洋镇南福村，海拔608m，山地地貌，北坡向，坡度为31°，上坡坡位，轻微侵蚀，腐殖质层厚度为10cm，植被类型为硬叶常绿阔叶林(图3-21，右图)。

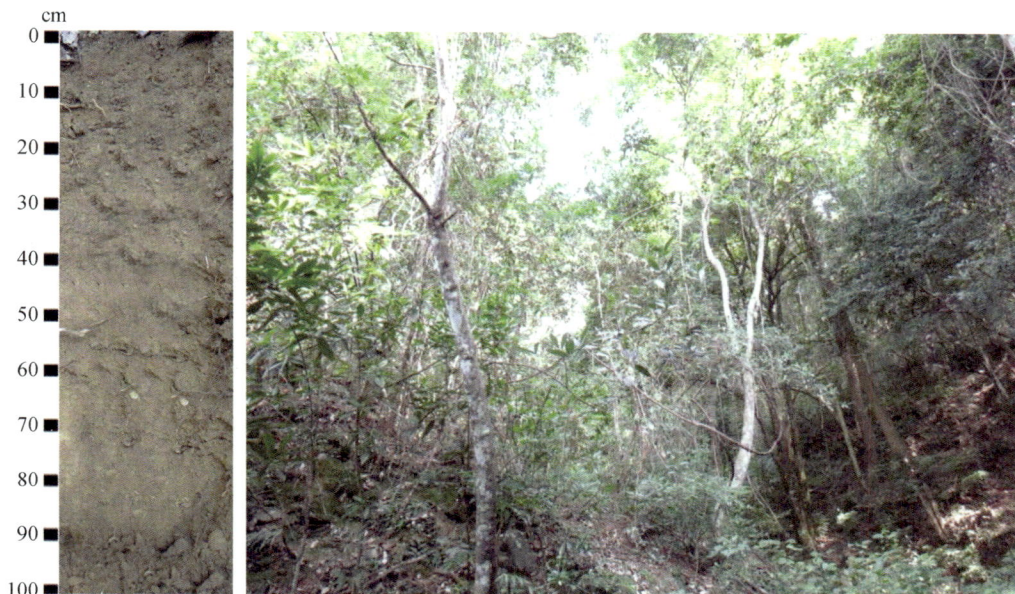

图 3-21 梅县区红壤剖面 10(左图)及植被(右图)

A 层：深度为 0~25cm，土层颜色为暗棕色，土壤干湿度为干，松紧度为散碎，团粒结构，无新生体和侵入体，具有少量植物根系，有蚂蚁窝。

B 层：深度为 25~100cm，土层颜色为棕色，土壤干湿度为干，松紧度为疏松，块状结构，无新生体、侵入体和植物根系，有蚂蚁窝。

3. 主要性状

梅县区典型森林红壤剖面 10 的土壤理化性质如表 3-41、3-42 所示。

表 3-41 梅县区红壤剖面 10 pH 值及养分含量统计表

| 剖面 10 | pH | 有机质(SOM)<br>(g/kg) | 全氮(N)<br>(g/kg) | 全磷(P)<br>(g/kg) | 全钾(K)<br>(g/kg) |
|---|---|---|---|---|---|
| 红壤剖面 10 | 4.86 | 13.63 | 0.66 | 0.16 | 28.99 |
| 红壤剖面 10/全区红壤 | 1.02 | 0.91 | 0.94 | 0.39 | 1.71 |
| 红壤剖面 10/全市红壤 | 1.04 | 0.84 | 0.76 | 0.53 | 1.70 |
| 红壤剖面 10/全区林地土壤 | 1.04 | 0.97 | 0.94 | 0.42 | 1.72 |
| 红壤剖面 10/全市林地土壤 | 1.05 | 0.95 | 0.85 | 0.57 | 1.66 |

表 3-42  梅县区红壤剖面 10 重金属元素含量统计表

| 剖面 10 | 镉(Cd)(mg/kg) | 汞(Hg)(mg/kg) | 砷(As)(mg/kg) | 铅(Pb)(mg/kg) | 镍(Ni)(mg/kg) | 铜(Cu)(mg/kg) | 锌(Zn)(mg/kg) |
|---|---|---|---|---|---|---|---|
| 红壤剖面 10 | 0.07 | 0.18 | 9.71 | 97.60 | 9.00 | 40.00 | 99.00 |
| 红壤剖面 10/全区红壤 | 1.01 | 2.12 | 0.48 | 2.64 | 0.37 | 1.53 | 1.05 |
| 红壤剖面 10/全市红壤 | 1.52 | 1.91 | 0.81 | 1.91 | 0.86 | 2.43 | 1.53 |
| 红壤剖面 10/全区林地土壤 | 0.78 | 2.25 | 0.65 | 2.15 | 0.46 | 1.81 | 1.36 |
| 红壤剖面 10/全市林地土壤 | 1.59 | 2.14 | 0.85 | 1.99 | 0.83 | 2.33 | 1.51 |

土壤养分指标(表 3-41)包括有机质、全氮、全磷和全钾,其含量分别为 13.63g/kg、0.66g/kg、0.16g/kg 和 28.99g/kg,依据土壤养分分级标准,分别属于Ⅳ级、Ⅴ级、Ⅵ级和Ⅰ级的水平。有机质、全氮、全磷含量均低于全区、全市红壤和全区、全市林地土壤养分各指标的平均水平;全钾含量高于全区、全市红壤和全区、全市林地土壤的平均水平。土壤 pH 为 4.86,高于全区、全市红壤和全区、全市林地土壤的平均水平。

重金属元素(表 3-42)包括镉、汞、砷、铅、镍、铜、锌,其含量分别为 0.07mg/kg、0.18mg/kg、9.71mg/kg、97.60mg/kg、9.00mg/kg、40.00mg/kg 和 99.00mg/kg,镉、汞、砷、镍、铜、锌元素均低于土壤污染风险筛选值,铅高于土壤污染风险筛选值。砷、镍元素含量均低于全区、全市红壤和全区、全市林地土壤重金属元素各指标的平均水平;汞、铅、铜、锌元素含量均高于全区、全市红壤和全区、全市林地土壤的平均水平;镉元素含量高于全市、全区红壤和全市林地土壤的平均水平,低于全区林地土壤的平均水平。

## 十一、剖面 11:红壤亚类

1. 剖面位置

地籍号:441421009012000200202;

地理坐标:北纬 24.417979°,东经 116.023415°;

地区:广东省梅州市梅县区石扇镇红南村。

2. 剖面特征

梅县区典型森林土壤剖面 11(图 3-22,左图)土壤类型为红壤亚类、麻红壤土属、薄厚麻红壤土种,土壤母质为花岗岩坡积风化物。该剖面采自石扇镇红南村,海拔 391.2m,山地地貌,东北坡向,坡度为 30°,上坡坡位,轻微侵蚀,凋落物层厚度为 1cm,腐殖质层厚度为 2cm,植被类型为针阔混交林,优势树种为黧蒴、马尾松、杉木人工林(图 3-22,右图)。

A 层:深度为 0~7cm,土层颜色为红色,土壤干湿度为湿,松紧度为稍紧,块状结构,无新生体、侵入体和动物孔穴,具有中量植物根系。

B 层:深度为 7~90cm,土层颜色为红色,土壤干湿度为湿,松紧度为稍紧,块状结构,无新生体、侵入体和动物孔穴,具有少量植物根系。

C 层:深度为 90~100cm,土层颜色为红色,土壤干湿度为湿,松紧度为稍紧,块状结构,无新生体、侵入体和动物孔穴,具有少量植物根系。

图 3-22　梅县区红壤剖面 11（左图）及植被（右图）

### 3. 主要性状

梅县区典型森林红壤剖面 11 的土壤理化性质如表 3-43、3-44 所示。

表 3-43　梅县区红壤剖面 11 pH 值及养分含量统计表

| 剖面 11 | pH | 有机质（SOM）（g/kg） | 全氮（N）（g/kg） | 全磷（P）（g/kg） | 全钾（K）（g/kg） |
|---|---|---|---|---|---|
| 红壤剖面 11 | 4.58 | 10.92 | 0.51 | 0.39 | 24.09 |
| 红壤剖面 11/全区红壤 | 0.96 | 0.73 | 0.72 | 0.95 | 1.42 |
| 红壤剖面 11/全市红壤 | 0.98 | 0.67 | 0.59 | 1.28 | 1.41 |
| 红壤剖面 11/全区林地土壤 | 0.98 | 0.78 | 0.73 | 1.01 | 1.43 |
| 红壤剖面 11/全市林地土壤 | 0.98 | 0.76 | 0.66 | 1.36 | 1.38 |

表 3-44　梅县区红壤剖面 11 重金属元素含量统计表

| 剖面 11 | 镉（Cd）（mg/kg） | 汞（Hg）（mg/kg） | 砷（As）（mg/kg） | 铅（Pb）（mg/kg） | 镍（Ni）（mg/kg） | 铜（Cu）（mg/kg） | 锌（Zn）（mg/kg） |
|---|---|---|---|---|---|---|---|
| 红壤剖面 11 | 0.02 | 0.09 | 10.30 | 20.60 | 未检出 | 4.30 | 38.00 |
| 红壤剖面 11/全区红壤 | 0.29 | 1.06 | 0.51 | 0.56 | — | 0.16 | 0.40 |
| 红壤剖面 11/全市红壤 | 0.43 | 0.96 | 0.86 | 0.40 | — | 0.26 | 0.59 |
| 红壤剖面 11/全区林地土壤 | 0.22 | 1.10 | 0.69 | 0.45 | — | 0.19 | 0.52 |
| 红壤剖面 11/全市林地土壤 | 0.45 | 1.05 | 0.90 | 0.42 | — | 0.25 | 0.58 |

土壤养分指标（表 3-43）包括有机质、全氮、全磷和全钾，其含量分别为 10.92g/kg、0.51g/kg、0.39g/kg 和 24.09g/kg，依据土壤养分分级标准，分别属于Ⅳ级、Ⅴ级、Ⅴ级

和Ⅱ级的水平。有机质、全氮含量均低于全区、全市红壤和全区、全市林地土壤养分各指标的平均水平；全钾含量高于全区、全市红壤和全区、全市林地土壤的平均水平；全磷含量低于全区红壤的平均水平，高于全市红壤和全市林地土壤的平均水平。土壤 pH 值为4.58，低于全区、全市红壤和全区、全市林地土壤的平均水平。

重金属元素(表 3-44)包括镉、汞、砷、铅、镍、铜、锌，其含量分别为 0.02mg/kg、0.09mg/kg、10.30mg/kg、20.60mg/kg、未检出、4.30mg/kg 和 38.00mg/kg，所有重金属元素均低于土壤污染风险筛选值。镉、砷、铅、镍、铜、锌元素含量均低于全区、全市红壤和全区、全市林地土壤重金属元素各指标的平均水平；汞元素含量与全区、全市红壤和全区、全市林地土壤的平均水平相近。

## 十二、剖面 12：红壤亚类

### 1. 剖面位置
地籍号：441424002002000300407；
地理坐标：北纬 24.659658°，东经 116.472335°；
地区：广东省梅州市梅县区桃尧镇桃源村。

### 2. 剖面特征
梅县区典型森林土壤剖面 12(图 3-23，左图)土壤类型为红壤亚类、页红壤土属、中厚页红壤土种，土壤母质为砂页岩坡积物。该剖面采自桃尧镇桃源村，海拔 275.6m，丘陵地貌，东南坡向，坡度为 28°，中坡坡位，中度侵蚀，凋落物层厚度为 1cm，腐殖质层厚度为 3cm，植被类型为木本果树林，优势树种为柚子树(图 3-23，右图)。

图 3-23　梅县区红壤剖面 12(左图)及植被(右图)

A 层：深度为 0~15cm，土层颜色为棕色，土壤干湿度为潮，松紧度为疏松，块状结构，无新生体和侵入体，具有中量植物根系，有蚂蚁窝。

B 层：深度为 15~100cm，土层颜色为红色，土壤干湿度为潮，松紧度为稍紧，块状结构，无新生体和侵入体，具有少量植物根系，有蚂蚁窝。

3. 主要性状

梅县区典型森林红壤剖面 12 的土壤理化性质如表 3-45、3-46 所示。

表 3-45　梅县区红壤剖面 12 pH 值及养分含量统计表

| 剖面 12 | pH | 有机质（SOM）（g/kg） | 全氮（N）（g/kg） | 全磷（P）（g/kg） | 全钾（K）（g/kg） |
|---|---|---|---|---|---|
| 红壤剖面 12 | 5.89 | 9.58 | 0.44 | 0.21 | 18.78 |
| 红壤剖面 12/全区红壤 | 1.23 | 0.64 | 0.62 | 0.51 | 1.11 |
| 红壤剖面 12/全市红壤 | 1.26 | 0.59 | 0.51 | 0.69 | 1.10 |
| 红壤剖面 12/全区林地土壤 | 1.26 | 0.68 | 0.63 | 0.55 | 1.11 |
| 红壤剖面 12/全市林地土壤 | 1.27 | 0.66 | 0.57 | 0.74 | 1.08 |

表 3-46　梅县区红壤剖面 12 重金属元素含量统计表

| 剖面 12 | 镉（Cd）（mg/kg） | 汞（Hg）（mg/kg） | 砷（As）（mg/kg） | 铅（Pb）（mg/kg） | 镍（Ni）（mg/kg） | 铜（Cu）（mg/kg） | 锌（Zn）（mg/kg） |
|---|---|---|---|---|---|---|---|
| 红壤剖面 12 | 未检出 | 0.07 | 5.91 | 82.10 | 41.00 | 53.00 | 193.00 |
| 红壤剖面 12/全区红壤 | — | 0.86 | 0.29 | 2.22 | 1.70 | 2.03 | 2.05 |
| 红壤剖面 12/全市红壤 | — | 0.78 | 0.49 | 1.61 | 3.90 | 3.22 | 2.98 |
| 红壤剖面 12/全区林地土壤 | — | 0.91 | 0.40 | 1.81 | 2.10 | 2.40 | 2.66 |
| 红壤剖面 12/全市林地土壤 | — | 0.87 | 0.52 | 1.67 | 3.78 | 3.09 | 2.94 |

土壤养分指标（表 3-45）包括有机质、全氮、全磷和全钾，其含量分别为 9.58g/kg、0.44g/kg、0.21g/kg 和 18.78g/kg，依据土壤养分分级标准，分别属于 V 级、Ⅵ 级、V 级和 Ⅲ 级的水平。其中有机质、全氮、全磷含量均低于全区、全市红壤和全区、全市林地土壤养分各指标的平均水平；全钾含量高于全区、全市红壤和全区、全市林地土壤的平均水平。土壤 pH 值为 5.89，高于全区、全市红壤和全区、全市林地土壤的平均水平。

重金属元素（表 3-46）包括镉、汞、砷、铅、镍、铜、锌，其含量分别为未检出、0.07mg/kg、5.91mg/kg、82.10mg/kg、41.00mg/kg、53.00mg/kg 和 193.00mg/kg，镉、汞、砷、镍、锌元素均低于土壤污染风险筛选值，铜、铅高于土壤污染风险筛选值。汞、砷元素含量均低于全区、全市红壤和全区、全市林地土壤重金属元素各指标的平均水平；铅、镍、铜、锌元素含量均高于全区、全市红壤和全区、全市林地土壤的平均水平。

## 十三、剖面 13：红壤亚类

1. 剖面位置

地籍号：441421011017000200601；

地理坐标：北纬 24.461191°，东经 115.823167°；

地区：广东省梅州市梅县区梅西镇胜塘村。

2. 剖面特征

梅县区典型森林红壤剖面 13（图 3-24，左图）采自梅西镇胜塘村，海拔 299m，丘陵地貌，东南坡向，坡度为 37°，中坡坡位，轻微侵蚀，凋落物层厚度为 5cm，腐殖质层厚度为 6cm，植被类型为针阔混交林，优势树种为杉木、木荷人工林（图 3-24，右图）。

图 3-24　梅县区红壤剖面 13（左图）及植被（右图）

3. 主要性状

梅县区典型森林红壤剖面 13 的土壤理化性质如表 3-47、3-48 所示。

表 3-47　梅县区红壤剖面 13 pH 值及养分含量统计表

| 剖面 13 | pH | 有机质（SOM）（g/kg） | 全氮（N）（g/kg） | 全磷（P）（g/kg） | 全钾（K）（g/kg） |
|---|---|---|---|---|---|
| 红壤剖面 13 | 4.64 | 19.01 | 0.94 | 0.79 | 5.34 |
| 红壤剖面 13/全区红壤 | 0.97 | 1.27 | 1.33 | 1.92 | 0.32 |
| 红壤剖面 13/全市红壤 | 0.99 | 1.17 | 1.09 | 2.61 | 0.31 |
| 红壤剖面 13/全区林地土壤 | 0.99 | 1.36 | 1.34 | 2.09 | 0.32 |
| 红壤剖面 13/全市林地土壤 | 1.00 | 1.32 | 1.22 | 2.79 | 0.31 |

表 3-48 梅县区红壤剖面 13 重金属元素含量统计表

| 剖面 13 | 镉（Cd）（mg/kg） | 汞（Hg）（mg/kg） | 砷（As）（mg/kg） | 铅（Pb）（mg/kg） | 镍（Ni）（mg/kg） | 铜（Cu）（mg/kg） | 锌（Zn）（mg/kg） |
|---|---|---|---|---|---|---|---|
| 红壤剖面 13 | 0.05 | 0.08 | 8.88 | 30.90 | 未检出 | 未检出 | 62.00 |
| 红壤剖面 13/全区红壤 | 0.72 | 0.94 | 0.44 | 0.84 | — | — | 0.66 |
| 红壤剖面 13/全市红壤 | 1.09 | 0.82 | 0.74 | 0.61 | — | — | 0.96 |
| 红壤剖面 13/全区林地土壤 | 0.56 | 0.96 | 0.60 | 0.68 | — | — | 0.85 |
| 红壤剖面 13/全市林地土壤 | 1.14 | 0.92 | 0.78 | 0.63 | — | — | 0.95 |

土壤养分指标（表 3-47）包括有机质、全氮、全磷和全钾，其含量分别为 19.01g/kg、0.94g/kg、0.79g/kg 和 5.34g/kg，依据土壤养分分级标准，分别属于Ⅳ级、Ⅳ级、Ⅲ级和 V 级的水平。有机质、全氮、全磷含量均高于全区、全市红壤和全区、全市林地土壤养分各指标的平均水平；全钾含量低于全区、全市红壤和全区、全市林地土壤的平均水平。土壤 pH 值为 4.64，与全区、全市红壤和全区、全市林地土壤的平均水平相近。

重金属元素（表 3-48）包括镉、汞、砷、铅、镍、铜、锌，其含量分别为 0.05mg/kg、0.08mg/kg、8.88mg/kg、30.90mg/kg、未检出、未检出和 62.00mg/kg，所有重金属元素均低于土壤污染风险筛选值。其中汞、砷、铅、镍、铜、锌元素含量均低于全区、全市红壤和全区、全市林地土壤重金属元素各指标的平均水平；镉元素含量低于全区红壤和全区林地土壤的平均水平，高于全市红壤和林地土壤的平均水平。

## 十四、剖面 14：红壤亚类

1. 剖面位置
地籍号：441421004040000400800；
地理坐标：北纬 24.429428°，东经 116.406463°；
地区：广东省梅州市梅县区松口镇径寨村。

2. 剖面特征
梅县区典型森林红壤剖面 14 采自松口镇径寨村，海拔 323m，山地地貌，西坡向，坡度为 30°，中坡坡位，轻微侵蚀，凋落物层厚度为 3cm，植被类型为常绿阔叶林，优势树种为红锥（图 3-25）。

3. 主要性状
梅县区典型森林红壤剖面 14 的土壤理化性质如表 3-49、3-50 所示。

图 3-25　梅县区红壤剖面 14 植被

表 3-49　梅县区红壤剖面 14 pH 值及养分含量统计表

| 剖面 14 | pH | 有机质(SOM)<br>(g/kg) | 全氮(N)<br>(g/kg) | 全磷(P)<br>(g/kg) | 全钾(K)<br>(g/kg) |
|---|---|---|---|---|---|
| 红壤剖面 14 | 4.54 | 35.96 | 1.16 | 0.58 | 8.35 |
| 红壤剖面 14/全区红壤 | 0.95 | 2.41 | 1.65 | 1.41 | 0.49 |
| 红壤剖面 14/全市红壤 | 0.97 | 2.21 | 1.34 | 1.90 | 0.49 |
| 红壤剖面 14/全区林地土壤 | 0.97 | 2.57 | 1.66 | 1.52 | 0.49 |
| 红壤剖面 14/全市林地土壤 | 0.98 | 2.50 | 1.51 | 2.03 | 0.48 |

表 3-50　梅县区红壤剖面 14 重金属元素含量统计表

| 剖面 14 | 镉(Cd)<br>(mg/kg) | 汞(Hg)<br>(mg/kg) | 砷(As)<br>(mg/kg) | 铅(Pb)<br>(mg/kg) | 镍(Ni)<br>(mg/kg) | 铜(Cu)<br>(mg/kg) | 锌(Zn)<br>(mg/kg) |
|---|---|---|---|---|---|---|---|
| 红壤剖面 14 | 未检出 | 0.08 | 12.80 | 15.20 | 未检出 | 40.00 | 98.00 |
| 红壤剖面 14/全区红壤 | — | 0.99 | 0.63 | 0.41 | — | 1.53 | 1.04 |
| 红壤剖面 14/全市红壤 | — | 0.89 | 1.07 | 0.30 | — | 2.43 | 1.51 |
| 红壤剖面 14/全区林地土壤 | — | 1.05 | 0.86 | 0.34 | — | 1.81 | 1.35 |
| 红壤剖面 14/全市林地土壤 | — | 1.00 | 1.12 | 0.31 | — | 2.33 | 1.49 |

　　土壤养分指标(表 3-49)包括有机质、全氮、全磷和全钾,其含量分别为 35.96g/kg、1.16g/kg、0.58g/kg 和 8.35g/kg,依据土壤养分分级标准,分别属于Ⅱ级、Ⅲ级、Ⅳ级和Ⅴ级的水平。其中有机质、全氮、全磷含量均高于全区、全市红壤和全区、全市林地土壤养

分各指标的平均水平；全钾含量低于全区、全市红壤和全区、全市林地土壤的平均水平。土壤 pH 值为 4.54，与全区、全市红壤和全区、全市林地土壤的平均水平相近。

　　重金属元素（表 3-50）包括镉、汞、砷、铅、镍、铜、锌，其含量分别为未检出、0.08mg/kg、12.80mg/kg、15.20mg/kg、未检出、40.00mg/kg 和 98.00mg/kg，所有重金属元素均低于土壤污染风险筛选值。镉、铅、镍元素含量均低于全区、全市红壤和全区、全市林地土壤重金属元素各指标的平均水平；汞元素含量低于全市红壤的平均水平；砷元素含量低于全区红壤和全区林地土壤的平均水平；铜、锌元素含量高于全区、全市红壤和全区、全市林地土壤的平均水平。

## 十五、剖面 15：红壤亚类

1. 剖面位置

地籍号：441421007026000200800；

地理坐标：北纬 24.374064°，东经 116.394748°；

地区：广东省梅州市梅县区雁洋镇四和村。

2. 剖面特征

梅县区典型森林红壤剖面 15（图 3-26，左图）采自雁洋镇四和村，海拔 442.8m，山地地貌，东南坡向，坡度为 44°，上坡坡位，轻微侵蚀，凋落物层厚度为 2cm，腐殖质层厚度为 2cm，植被类型为常绿阔叶林，优势树种为红锥（图 3-26，右图）。

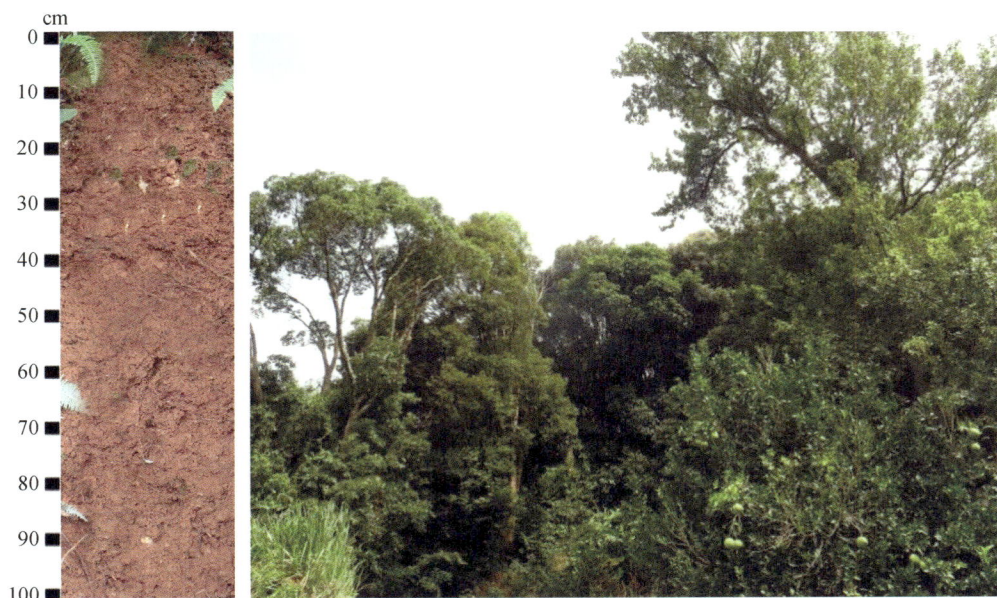

图 3-26　梅县区红壤剖面 15（左图）及植被（右图）

3. 主要性状

梅县区典型森林红壤剖面 15 的土壤理化性质如表 3-51、3-52 所示。

表 3-51　梅县区红壤剖面 15 pH 值及养分含量统计表

| 剖面 15 | pH | 有机质（SOM）（g/kg） | 全氮（N）（g/kg） | 全磷（P）（g/kg） | 全钾（K）（g/kg） |
|---|---|---|---|---|---|
| 红壤剖面 15 | 4.44 | 7.85 | 0.44 | 0.35 | 13.62 |
| 红壤剖面 15/全区红壤 | 0.93 | 0.52 | 0.62 | 0.85 | 0.81 |
| 红壤剖面 15/全市红壤 | 0.95 | 0.48 | 0.51 | 1.15 | 0.80 |
| 红壤剖面 15/全区林地土壤 | 0.95 | 0.56 | 0.63 | 0.92 | 0.81 |
| 红壤剖面 15/全市林地土壤 | 0.95 | 0.54 | 0.57 | 1.24 | 0.78 |

表 3-52　梅县区红壤剖面 15 重金属元素含量统计表

| 剖面 15 | 镉（Cd）（mg/kg） | 汞（Hg）（mg/kg） | 砷（As）（mg/kg） | 铅（Pb）（mg/kg） | 镍（Ni）（mg/kg） | 铜（Cu）（mg/kg） | 锌（Zn）（mg/kg） |
|---|---|---|---|---|---|---|---|
| 红壤剖面 15 | 未检出 | 0.01 | 21.40 | 30.20 | 7.00 | 15.00 | 52.00 |
| 红壤剖面 15/全区红壤 | — | 0.12 | 1.05 | 0.82 | 0.33 | 0.57 | 0.55 |
| 红壤剖面 15/全市红壤 | — | 0.11 | 1.78 | 0.59 | 0.67 | 0.91 | 0.80 |
| 红壤剖面 15/全区林地土壤 | — | 0.13 | 1.44 | 0.67 | 0.36 | 0.68 | 0.72 |
| 红壤剖面 15/全市林地土壤 | — | 0.12 | 1.87 | 0.61 | 0.65 | 0.87 | 0.79 |

　　土壤养分指标（表 3-51）包括有机质、全氮、全磷和全钾，其含量分别为 7.85g/kg、0.44g/kg、0.35g/kg 和 13.62g/kg，依据土壤养分分级标准，分别属于 V 级、Ⅵ级、V 级和Ⅳ级的水平。有机质、全氮和全钾含量均低于全区、全市红壤和全区、全市林地土壤养分各指标的平均水平；全磷含量低于全区红壤和全区林地土壤的平均水平，高于全市红壤和全市林地土壤的平均水平。土壤 pH 值为 4.44，低于全区、全市红壤和全区、全市林地土壤的平均水平。

　　重金属元素（表 3-52）包括镉、汞、砷、铅、镍、铜、锌，其含量分别为未检出、0.01mg/kg、21.40mg/kg、30.20mg/kg、7.00mg/kg、15.00mg/kg 和 52.00mg/kg，所有重金属元素均低于土壤污染风险筛选值。镉、汞、铅、镍、铜、锌元素含量均低于全区、全市红壤和全区、全市林地土壤重金属元素各指标的平均水平；砷元素含量高于全区、全市红壤和全区、全市林地土壤的平均水平。

## 十六、剖面 16：紫色土亚类

### 1. 剖面位置

地籍号：441421008011000100500；

地理坐标：北纬 24.366263°，东经 116.145563°；

地区：广东省梅州市梅县区城东镇书坑村。

### 2. 剖面特征

　　梅县区典型森林紫色土剖面 16（图 3-27，左图）采自城东镇书坑村，海拔 152.6m，山地地貌，东南坡向，坡度 55°，下坡坡位，轻微侵蚀，凋落物层厚度为 1cm，腐殖质层厚度为 1cm，植被类型为针阔混交林，优势树种为鸭脚木、马尾松人工林（图 3-27，右图）。

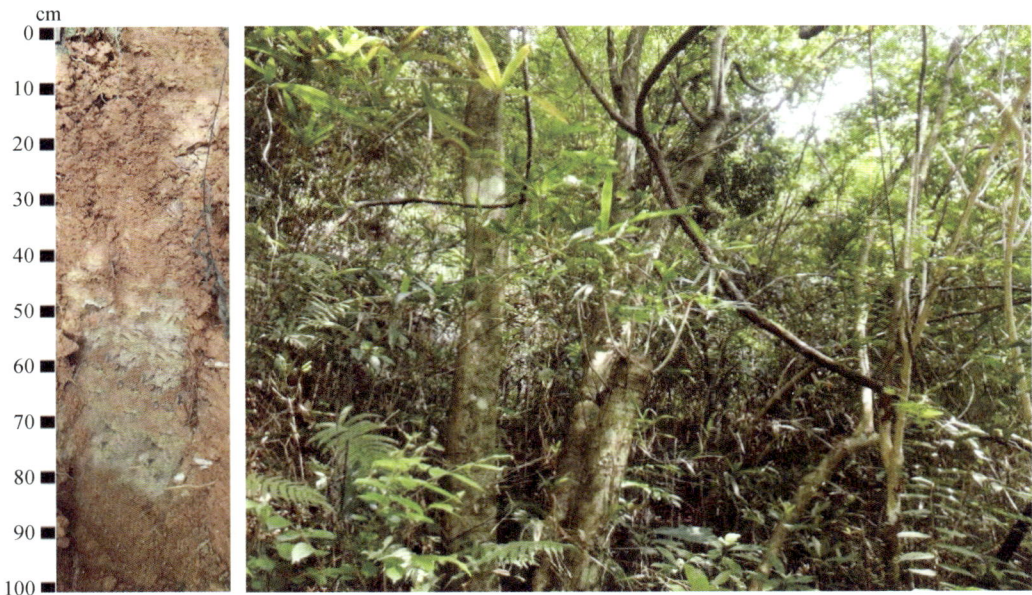

图 3-27　梅县区紫色土剖面 16(左图)及植被(右图)

**3. 主要性状**

梅县区典型森林紫色土剖面 16 的土壤理化性质如表 3-53、3-54 所示。

表 3-53　梅县区紫色土剖面 16 pH 值及养分含量统计表

| 剖面 16 | pH | 有机质(SOM)<br>(g/kg) | 全氮(N)<br>(g/kg) | 全磷(P)<br>(g/kg) | 全钾(K)<br>(g/kg) |
|---|---|---|---|---|---|
| 紫色土剖面 16 | 4.45 | 9.69 | 0.54 | 0.28 | 18.97 |
| 紫色土剖面 16/全区紫色土 | 1.00 | 1.00 | 1.00 | 1.00 | 1.00 |
| 紫色土剖面 16/全市紫色土 | 0.98 | 0.88 | 0.88 | 1.24 | 1.16 |
| 紫色土剖面 16/全区林地土壤 | 0.95 | 0.69 | 0.77 | 0.72 | 1.12 |
| 紫色土剖面 16/全市林地土壤 | 0.96 | 0.67 | 0.70 | 0.97 | 1.09 |

表 3-54　梅县区紫色土壤剖面 16 重金属元素含量统计表

| 剖面 16 | 镉(Cd)<br>(mg/kg) | 汞(Hg)<br>(mg/kg) | 砷(As)<br>(mg/kg) | 铅(Pb)<br>(mg/kg) | 镍(Ni)<br>(mg/kg) | 铜(Cu)<br>(mg/kg) | 锌(Zn)<br>(mg/kg) |
|---|---|---|---|---|---|---|---|
| 紫色土剖面 16 | 0.49 | 0.04 | 22.40 | 82.10 | 41.00 | 53.00 | 193.00 |
| 紫色土剖面 16/全区紫色土 | 1.00 | 1.00 | 1.00 | 1.00 | 1.00 | 1.00 | 1.00 |
| 紫色土剖面 16/全市紫色土 | 5.33 | 0.95 | 2.65 | 2.53 | 2.59 | 1.93 | 3.20 |
| 紫色土剖面 16/全区林地土壤 | 5.44 | 0.50 | 1.51 | 1.81 | 2.10 | 2.40 | 2.66 |
| 紫色土剖面 16/全市林地土壤 | 11.14 | 0.48 | 1.96 | 1.67 | 3.78 | 3.09 | 2.94 |

土壤养分指标(表 3-53)包括有机质、全氮、全磷和全钾,其含量分别为 9.69g/kg、0.54g/kg、0.28g/kg 和 18.97g/kg,依据土壤养分分级标准,分别属于 Ⅴ 级、Ⅴ 级、Ⅴ 级

和Ⅲ级的水平。有机质、全氮、全磷和全钾含量均与全区紫色土养分各指标的平均水平相当；有机质和全氮含量均低于全市紫色土和全区、全市林地土壤的平均水平；全钾含量高于全市紫色土和全区、全市林地土壤的平均水平；全磷含量高于全市紫色土平均水平，低于全区林地土壤平均水平，与全市林地土壤平均水平相近。土壤 pH 值为 4.45，低于全市紫色土、全区、全市林地土壤的平均水平。

重金属元素（表 3-54）包括镉、汞、砷、铅、镍、铜、锌，其含量分别为 0.49mg/kg、0.04mg/kg、22.40mg/kg、82.10mg/kg、41.00mg/kg、53.00mg/kg 和 193.00mg/kg，镉、铅元素高于土壤污染风险筛选值，汞、砷、镍、铜、锌元素低于土壤污染风险筛选值。所有元素含量均与全区紫色土重金属元素各指标的平均水平一致；镉、砷、铅、镍、铜、锌元素含量均高于全市紫色土和全区、全市林地土壤的平均水平；汞元素含量低于全区、全市林地土壤的平均水平。

# 第三节　丰顺县森林土壤剖面

丰顺县森林土壤养分指标（包括有机质、全氮、全磷和全钾）含量平均值分别为 13.83g/kg、0.77g/kg、0.21g/kg、17.02g/kg。不同类型土壤中的平均含量具体如下：赤红壤分别为 12.28g/kg、0.68g/kg、0.17g/kg、17.35g/kg，红壤为 16.28g/kg、0.87g/kg、0.27g/kg、16.28g/kg，黄壤为 20.90g/kg、0.99g/kg、0.14g/kg、22.20g/kg，石灰（岩）土为 17.24g/kg、1.04g/kg、0.27g/kg、18.47g/kg。

丰顺县森林土壤 pH 值为 4.65，不同土壤类型中分别为：赤红壤 4.65、红壤 4.65、黄壤 4.49、石灰（岩）土 4.49。

丰顺县森林土壤重金属元素（包括镍、铅、铜、锌、汞、镉、砷）平均含量分别为 5.27mg/kg、55.15mg/kg、10.15mg/kg、66.67mg/kg、0.09mg/kg、0.04mg/kg、16.48mg/kg。不同类型土壤中的平均含量具体如下：赤红壤分别为 4.19mg/kg、53.84mg/kg、9.90mg/kg、65.09mg/kg、0.09mg/kg、0.03mg/kg、13.94mg/kg，红壤为 7.14mg/kg、58.76mg/kg、10.63mg/kg、69.94mg/kg、0.09mg/kg、0.05mg/kg、20.66mg/kg，黄壤为未检出、33.10mg/kg、7.00mg/kg、42.50mg/kg、0.10mg/kg、0.01mg/kg、6.33mg/kg，石灰（岩）土为 3.20mg/kg、41.26mg/kg、9.80mg/kg、63.20mg/kg、0.10mg/kg、0.05mg/kg、13.38mg/kg。

## 一、剖面 1：赤红壤亚类

1. 剖面位置

地籍号：441423009022000600400；

地理坐标：北纬 23.931965°，东经 116.566708°；

地区：广东省梅州市丰顺县留隍镇大坪村。

2. 剖面特征

丰顺县典型森林土壤剖面 1（图 3-28，左图）土壤类型为赤红壤亚类、麻赤红壤土属、厚厚麻赤红壤土种，土壤母质为花岗岩坡积、残积物。该剖面采自大坪村，海拔306m，丘陵地貌，东南坡向，坡度为25°，中坡坡位，无侵蚀，凋落物层厚度为2cm，腐殖质层厚度为30cm，植被类型为木本果树林(图3-28，右图)。

图 3-28　丰顺县赤红壤剖面 1(左图)及植被(右图)

A 层：深度为 0~22cm，土层颜色为暗棕色，土壤干湿度为潮，松紧度为疏松，团粒结构，无新生体和侵入体，有少量植物根系、蚂蚁窝和蚯蚓孔。

AB 层：深度为 22~35cm，土层颜色为黄棕色，土壤干湿度为潮，松紧度为稍紧实，团粒结构，无新生体、侵入体和植物根系，有蚂蚁窝。

B 层：深度为 35~100cm，土层颜色为黄棕色，土壤干湿度为潮，松紧度为稍紧实，团粒结构，无新生体、侵入体和植物根系，有蚂蚁窝。

3. 主要性状

丰顺县典型森林赤红壤剖面 1 的土壤理化性质如表 3-55、3-56 所示。

表 3-55　丰顺县赤红壤剖面 1 pH 值及养分含量统计表

| 剖面 1 | pH | 有机质(SOM) (g/kg) | 全氮(N) (g/kg) | 全磷(P) (g/kg) | 全钾(K) (g/kg) |
|---|---|---|---|---|---|
| 赤红壤剖面 1 | 4.72 | 20.68 | 1.09 | 0.17 | 19.41 |
| 赤红壤剖面 1/全县赤红壤 | 1.01 | 1.68 | 1.59 | 0.98 | 1.12 |
| 赤红壤剖面 1/全市赤红壤 | 1.02 | 1.56 | 1.53 | 0.63 | 1.11 |
| 赤红壤剖面 1/全县林地土壤 | 1.01 | 1.50 | 1.41 | 0.80 | 1.14 |
| 赤红壤剖面 1/全市林地土壤 | 1.01 | 1.44 | 1.42 | 0.60 | 1.11 |

表 3-56　丰顺县赤红壤剖面 1 重金属元素含量统计表

| 剖面 1 | 镉（Cd）（mg/kg） | 汞（Hg）（mg/kg） | 砷（As）（mg/kg） | 铅（Pb）（mg/kg） | 镍（Ni）（mg/kg） | 铜（Cu）（mg/kg） | 锌（Zn）（mg/kg） |
|---|---|---|---|---|---|---|---|
| 赤红壤剖面 1 | 0.01 | 0.15 | 7.46 | 23.30 | 未检出 | 未检出 | 39.00 |
| 赤红壤剖面 1/全县赤红壤 | 0.36 | 1.74 | 0.54 | 0.43 | — | — | 0.60 |
| 赤红壤剖面 1/全市赤红壤 | 0.21 | 2.05 | 0.73 | 0.49 | — | — | 0.60 |
| 赤红壤剖面 1/全县林地土壤 | 0.29 | 1.67 | 0.45 | 0.42 | — | — | 0.58 |
| 赤红壤剖面 1/全市林地土壤 | 0.23 | 1.79 | 0.65 | 0.47 | — | — | 0.59 |

　　土壤养分指标（表 3-55）包括有机质、全氮、全磷、全钾，其含量分别为 20.68g/kg、1.09g/kg、0.17g/kg 和 19.41g/kg，依据土壤养分分级标准，分别属于Ⅲ级、Ⅲ级、Ⅵ级、Ⅲ级的水平。除全磷外，其他土壤养分指标含量均高于全县、全市赤红壤和全县、全市土壤养分各指标的平均水平。土壤 pH 值为 4.72，高于全县、全市赤红壤和全县、全市林地土壤 pH 值平均水平。

　　重金属元素指标（表 3-56）包括镉、汞、砷、铅、镍、铜、锌，其含量分别为 0.01mg/kg、0.15mg/kg、7.46mg/kg、23.30mg/kg、未检出、未检出和 39.00mg/kg，所有重金属元素均低于土壤污染风险筛选值。除汞外，其他元素含量均低于全县、全市赤红壤和全县、全市林地土壤重金属元素各指标的平均水平。

## 二、剖面 2：赤红壤亚类

　　1. 剖面位置
　　地籍号：441423012016000400102；
　　地理坐标：北纬 23.804674°，东经 116.246518°；
　　地区：广东省梅州市丰顺县汤坑镇下村。
　　2. 剖面特征
　　丰顺县典型森林赤红壤土壤剖面 2 采自汤坑镇下村，海拔 263.8m，丘陵地貌，南坡向，坡度为 23°，中坡坡位，无侵蚀，凋落物层厚度为 2cm，腐殖质层厚度为 2cm，植被类型为竹林。
　　3. 主要性状
　　丰顺县典型森林赤红壤剖面 2 的土壤理化性质如表 3-57、3-58 所示。

表 3-57　丰顺县赤红壤剖面 2 pH 值及养分含量统计表

| 剖面 2 | pH | 有机质（SOM）（g/kg） | 全氮（N）（g/kg） | 全磷（P）（g/kg） | 全钾（K）（g/kg） |
|---|---|---|---|---|---|
| 赤红壤剖面 2 | 4.41 | 10.49 | 0.52 | 0.23 | 23.85 |
| 赤红壤剖面 2/全县赤红壤 | 0.95 | 0.85 | 0.76 | 1.33 | 1.37 |
| 赤红壤剖面 2/全市赤红壤 | 0.95 | 0.79 | 0.73 | 0.85 | 1.36 |
| 赤红壤剖面 2/全县土壤 | 0.95 | 0.76 | 0.67 | 1.08 | 1.40 |
| 赤红壤剖面 2/全市土壤 | 0.95 | 0.73 | 0.68 | 0.81 | 1.37 |

表 3-58　丰顺县赤红壤剖面 2 重金属元素含量统计表

| 剖面 2 | 镉（Cd）<br>（mg/kg） | 汞（Hg）<br>（mg/kg） | 砷（As）<br>（mg/kg） | 铅（Pb）<br>（mg/kg） | 镍（Ni）<br>（mg/kg） | 铜（Cu）<br>（mg/kg） | 锌（Zn）<br>（mg/kg） |
|---|---|---|---|---|---|---|---|
| 赤红壤剖面 2 | 0.01 | 0.06 | 24.40 | 65.70 | 23.00 | 22.00 | 86.00 |
| 赤红壤剖面 2/全县赤红壤 | 0.36 | 0.70 | 1.75 | 1.22 | 5.48 | 2.22 | 1.32 |
| 赤红壤剖面 2/全市赤红壤 | 0.21 | 0.82 | 2.39 | 1.38 | 2.15 | 1.27 | 1.33 |
| 赤红壤剖面 2/全县林地土壤 | 0.29 | 0.67 | 1.48 | 1.19 | 4.36 | 2.17 | 1.29 |
| 赤红壤剖面 2/全市林地土壤 | 0.23 | 0.71 | 2.14 | 1.34 | 2.12 | 1.28 | 1.31 |

土壤养分指标（表 3-57）包括有机质、全氮、全磷、全钾，其含量分别为 10.49g/kg、0.52g/kg、0.23g/kg 和 23.85g/kg，依据土壤养分分级标准，分别属于Ⅳ级、Ⅴ级、Ⅴ级和Ⅱ级的水平。除全磷、全钾外，其他土壤养分指标含量均低于全县、全市赤红壤和全县、全市林地土壤养分各指标的平均水平。土壤 pH 值为 4.41，低于全县、全市赤红壤和全县、全市林地土壤 pH 值平均水平。

重金属元素（表 3-58）包括镉、汞、砷、铅、镍、铜、锌，其含量分别为 0.01mg/kg、0.06mg/kg、24.40mg/kg、65.70mg/kg、23.00mg/kg、22.00mg/kg 和 86.00mg/kg，所有重金属元素均低于土壤污染风险筛选值。除镉、汞外，其他元素含量均高于全县、全市赤红壤和全县、全市林地土壤重金属元素各指标的平均水平。

## 三、剖面 3：赤红壤亚类

1. 剖面位置

地籍号：441423005011000400700；

地理坐标：北纬 23.972202°，东经 116.261260°；

地区：广东省梅州市丰顺县龙岗镇新合村。

2. 剖面特征

丰顺县典型森林赤红壤剖面 3 采自龙岗镇新合村，海拔 275.7m，丘陵地貌，东南坡向，坡度为 22°，中坡坡位，无侵蚀，凋落物层厚度为 2cm，腐殖质层厚度为 2cm，植被类型为阔叶林（图 3-29）。

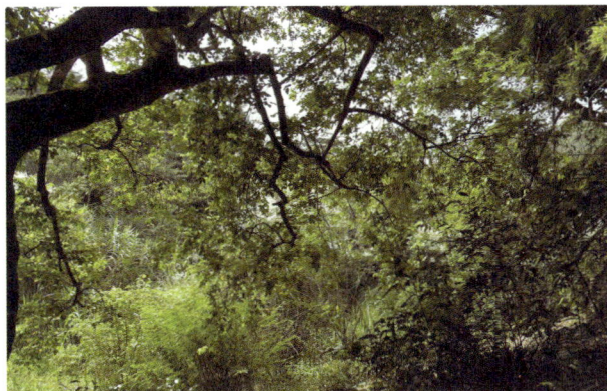

图 3-29　丰顺县赤红壤剖面 3 植被

### 3. 主要性状

丰顺县典型森林赤红壤剖面 3 的土壤理化性质如表 3-59、3-60 所示。

**表 3-59　丰顺县赤红壤剖面 3 pH 值及养分含量统计表**

| 剖面 3 | pH | 有机质（SOM）（g/kg） | 全氮（N）（g/kg） | 全磷（P）（g/kg） | 全钾（K）（g/kg） |
|---|---|---|---|---|---|
| 赤红壤剖面 3 | 4.36 | 19.12 | 1.02 | 0.10 | 15.72 |
| 赤红壤剖面 3／全县赤红壤 | 0.94 | 1.56 | 1.49 | 0.58 | 0.91 |
| 赤红壤剖面 3／全市赤红壤 | 0.94 | 1.44 | 1.43 | 0.37 | 0.90 |
| 赤红壤剖面 3／全县林地土壤 | 0.94 | 1.38 | 1.32 | 0.47 | 0.92 |
| 赤红壤剖面 3／全市林地土壤 | 0.94 | 1.33 | 1.32 | 0.35 | 0.90 |

**表 3-60　丰顺县赤红壤剖面 3 重金属元素含量统计表**

| 剖面 3 | 镉（Cd）（mg/kg） | 汞（Hg）（mg/kg） | 砷（As）（mg/kg） | 铅（Pb）（mg/kg） | 镍（Ni）（mg/kg） | 铜（Cu）（mg/kg） | 锌（Zn）（mg/kg） |
|---|---|---|---|---|---|---|---|
| 赤红壤剖面 3 | 0.01 | 0.18 | 4.66 | 25.00 | 未检出 | 未检出 | 45.00 |
| 赤红壤剖面 3／全县赤红壤 | 0.36 | 2.09 | 0.33 | 0.46 | — | — | 0.69 |
| 赤红壤剖面 3／全市赤红壤 | 0.21 | 2.47 | 0.46 | 0.52 | — | — | 0.69 |
| 赤红壤剖面 3／全县林地土壤 | 0.29 | 2.00 | 0.28 | 0.45 | — | — | 0.67 |
| 赤红壤剖面 3／全市林地土壤 | 0.23 | 2.14 | 0.41 | 0.51 | — | — | 0.69 |

土壤养分指标（表 3-59）包括有机质、全氮、全磷、全钾，其含量分别为 19.12g/kg、1.02g/kg、0.10g/kg 和 15.72g/kg，依据土壤养分分级标准，分别属于Ⅳ级、Ⅲ级、Ⅵ级和Ⅲ级的水平。除有机质、全氮外，其他土壤养分指标含量均低于全县、全市赤红壤和全县、全市林地土壤养分各指标的平均水平。土壤 pH 值为 4.36，低于全县、全市赤红壤和全县、全市林地土壤 pH 值的平均水平。

重金属元素（表 3-60）包括镉、汞、砷、铅、镍、铜、锌，其含量分别为 0.01mg/kg、0.18mg/kg、4.66mg/kg、25.00mg/kg、未检出、未检出和 45.00mg/kg，所有重金属元素均低于土壤污染风险筛选值。除汞外，其他元素含量均低于全县、全市赤红壤和全县、全市林地土壤重金属元素各指标的平均水平。

## 四、剖面 4：赤红壤亚类

### 1. 剖面位置

地籍号：441423009019000100600；

地理坐标：北纬 23.998564°，东经 11.496640°；

地区：广东省梅州市丰顺县留隍镇石九村。

### 2. 剖面特征

丰顺县典型森林赤红壤剖面 4（图 3-30，左图）采自留隍镇石九村，海拔 46m，丘陵地貌，东北坡向，坡度为 35°，中坡坡位，无侵蚀，凋落物层厚度为 1cm，腐殖质层厚度为 0cm，植被类型为针叶林(图 3-30，右图)。

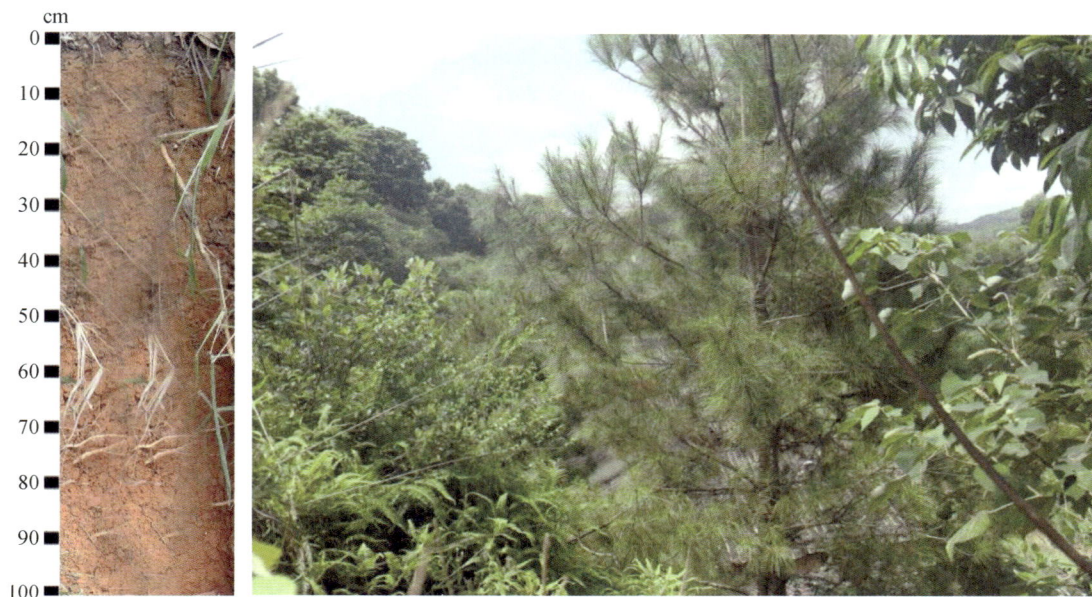

图 3-30　丰顺县赤红壤剖面 4(左图) 及植被(右图)

3. 主要性状

丰顺县典型森林赤红壤剖面 4 的土壤理化性质如表 3-61、3-62 所示。

表 3-61　丰顺县赤红壤剖面 4 pH 值及养分含量统计表

| 剖面 4 | pH | 有机质(SOM)<br>(g/kg) | 全氮(N)<br>(g/kg) | 全磷(P)<br>(g/kg) | 全钾(K)<br>(g/kg) |
|---|---|---|---|---|---|
| 赤红壤剖面 4 | 7.82 | 11.36 | 0.60 | 0.17 | 9.81 |
| 赤红壤剖面 4/全县赤红壤 | 1.68 | 0.93 | 0.88 | 0.98 | 0.57 |
| 赤红壤剖面 4/全市赤红壤 | 1.68 | 0.86 | 0.84 | 0.63 | 0.56 |
| 赤红壤剖面 4/全县林地土壤 | 1.68 | 0.82 | 0.78 | 0.80 | 0.58 |
| 赤红壤剖面 4/全市林地土壤 | 1.68 | 0.79 | 0.78 | 0.60 | 0.56 |

表 3-62　丰顺县赤红壤剖剖面 4 重金属元素含量统计表

| 剖面 4 | 镉(Cd)<br>(mg/kg) | 汞(Hg)<br>(mg/kg) | 砷(As)<br>(mg/kg) | 铅(Pb)<br>(mg/kg) | 镍(Ni)<br>(mg/kg) | 铜(Cu)<br>(mg/kg) | 锌(Zn)<br>(mg/kg) |
|---|---|---|---|---|---|---|---|
| 赤红壤剖面 4 | 0.07 | 0.06 | 5.20 | 36.00 | 未检出 | 未检出 | 49.00 |
| 赤红壤剖面 4/全县赤红壤 | 2.50 | 0.70 | 0.37 | 0.67 | — | — | 0.75 |
| 赤红壤剖面 4/全市赤红壤 | 1.49 | 0.82 | 0.51 | 0.76 | — | — | 0.76 |
| 赤红壤剖面 4/全县林地土壤 | 2.00 | 0.67 | 0.32 | 0.65 | — | — | 0.73 |
| 赤红壤剖面 4/全市林地土壤 | 1.59 | 0.71 | 0.46 | 0.73 | — | — | 0.75 |

土壤养分指标(表 3-61)包括有机质、全氮、全磷、全钾,含量分别为 11.36g/kg、0.60g/kg、0.17g/kg 和 9.81g/kg,依据土壤养分分级标准,分别属于Ⅳ级、Ⅴ级、Ⅵ级和Ⅴ级的水平。所有含量均低于全县、全市赤红壤和全县、全市林地土壤养分各指标的平均水平。土壤 pH 值为 7.82,高于全县、全市赤红壤 pH 值的平均水平,也高于全县、全市林地土壤 pH 值的平均水平。

重金属元素(表 3-62)包括镉、汞、砷、铅、镍、铜、锌,其含量分别为 0.07mg/kg、0.06mg/kg、5.20mg/kg、36.00mg/kg、未检出、未检出和 49.00mg/kg,所有重金属元素均低于土壤污染风险筛选值。除镉外,其他元素含量均低于全县、全市赤红壤和全县、全市林地土壤重金属元素各指标的平均水平。

## 五、剖面 5：赤红壤亚类

1. 剖面位置

地籍号：441423006006000100728；

地理坐标：北纬 24.024891°，东经 116.398513°；

地区：广东省梅州市丰顺县黄金镇双灵村。

2. 剖面特征

丰顺县典型森林赤红壤剖面 5 采自黄金镇双灵村,海拔 53m,地貌山地,西南坡向,坡度为 35°,中坡坡位,无侵蚀,凋落物层厚度为 1cm,腐殖质层厚度为 5cm,植被类型为暖性针阔混交林(图 3-31)。

图 3-31　丰顺县赤红壤剖面 5 植被

3. 主要性状

丰顺县典型森林赤红壤剖面 5 的土壤理化性质如表 3-63、3-64 所示。

### 表 3-63　丰顺县赤红壤剖面 5 pH 值及养分含量统计表

| 剖面 5 | pH | 有机质(SOM)(g/kg) | 全氮(N)(g/kg) | 全磷(P)(g/kg) | 全钾(K)(g/kg) |
|---|---|---|---|---|---|
| 赤红壤剖面 5 | 4.70 | 13.80 | 0.84 | 0.11 | 37.87 |
| 赤红壤剖面 5/全县赤红壤 | 1.01 | 1.12 | 1.23 | 0.64 | 2.18 |
| 赤红壤剖面 5/全市赤红壤 | 1.01 | 1.04 | 1.18 | 0.41 | 2.17 |
| 赤红壤剖面 5/全县林地土壤 | 1.01 | 1.00 | 1.09 | 0.52 | 2.23 |
| 赤红壤剖面 5/全市林地土壤 | 1.01 | 0.96 | 1.09 | 0.39 | 2.17 |

### 表 3-64　丰顺县赤红壤剖面 5 重金属元素含量统计表

| 剖面 5 | 镉(Cd)(mg/kg) | 汞(Hg)(mg/kg) | 砷(As)(mg/kg) | 铅(Pb)(mg/kg) | 镍(Ni)(mg/kg) | 铜(Cu)(mg/kg) | 锌(Zn)(mg/kg) |
|---|---|---|---|---|---|---|---|
| 赤红壤剖面 5 | 0.04 | 0.10 | 2.70 | 46.70 | 未检出 | 2.00 | 62.00 |
| 赤红壤剖面 5/全县赤红壤 | 1.43 | 1.16 | 0.19 | 0.87 | — | 0.20 | 0.95 |
| 赤红壤剖面 5/全市赤红壤 | 0.85 | 1.37 | 0.26 | 0.98 | — | 0.12 | 0.96 |
| 赤红壤剖面 5/全县林地土壤 | 1.14 | 1.11 | 0.16 | 0.85 | — | 0.20 | 0.93 |
| 赤红壤剖面 5/全市林地土壤 | 0.91 | 1.19 | 0.24 | 0.95 | — | 0.12 | 0.95 |

　　土壤养分指标(表 3-63)包括有机质、全氮、全磷、全钾,其含量分别为 13.80g/kg、0.84g/kg、0.11g/kg 和 37.87g/kg,依据土壤养分分级标准,分别属于Ⅳ级、Ⅳ级、Ⅵ级和Ⅰ级的水平。除全磷外,其他土壤养分指标含量均高于全县、全市赤红壤和全县林地土壤养分各指标的平均水平;除有机质、全磷外,其他土壤养分指标含量均高于全市林地土壤养分各指标的平均水平。土壤 pH 值为 4.70,高于全县、全市赤红壤 pH 值平均水平,同样也高于全县、全市林地土壤 pH 值平均水平。

　　重金属元素(表 3-64)包括镉、汞、砷、铅、镍、铜、锌,其含量分别为 0.04mg/kg、0.10mg/kg、2.70mg/kg、46.70mg/kg、未检出、2.00mg/kg 和 62.00mg/kg,所有重金属元素均低于土壤污染风险筛选值。除镉、汞外,其他元素含量均低于全县、全市赤红壤和全县、全市林地土壤重金属元素各指标的平均水平。

## 六、剖面 6：赤红壤亚类

1. 剖面位置
地籍号:441423008010000600600;
地理坐标:北纬 23.871038°,东经 116.363043°;
地区:广东省梅州市丰顺县潘田镇下吉村。

2. 剖面特征
丰顺县典型森林赤红壤剖面 6 采自潘田镇下吉村,海拔 268m,丘陵地貌,西坡向,坡度为 20°,中坡坡位,无侵蚀,凋落物层厚度为 0cm,腐殖质层厚度为 0cm,植被类型为针阔混交林(图 3-32)。

图 3-32　丰顺县赤红壤剖面 6 植被

### 3. 主要性状

丰顺县典型森林赤红壤剖面 6 的土壤理化性质如表 3-65、3-66 所示。

表 3-65　丰顺县赤红壤剖面 6 pH 值及养分含量统计表

| 剖面 6 | pH | 有机质(SOM)<br>(g/kg) | 全氮(N)<br>(g/kg) | 全磷(P)<br>(g/kg) | 全钾(K)<br>(g/kg) |
|---|---|---|---|---|---|
| 赤红壤剖面 6 | 5.14 | 11.57 | 0.56 | 0.19 | 4.14 |
| 赤红壤剖面 6/全县赤红壤 | 1.10 | 0.94 | 0.82 | 1.10 | 0.24 |
| 赤红壤剖面 6/全市赤红壤 | 1.11 | 0.87 | 0.79 | 0.70 | 0.24 |
| 赤红壤剖面 6/全县林地土壤 | 1.10 | 0.84 | 0.73 | 0.89 | 0.24 |
| 赤红壤剖面 6/全市林地土壤 | 1.10 | 0.80 | 0.73 | 0.67 | 0.24 |

表 3-66　丰顺县赤红壤剖面 6 重金属元素含量统计表

| 剖面 6 | 镉(Cd)<br>(mg/kg) | 汞(Hg)<br>(mg/kg) | 砷(As)<br>(mg/kg) | 铅(Pb)<br>(mg/kg) | 镍(Ni)<br>(mg/kg) | 铜(Cu)<br>(mg/kg) | 锌(Zn)<br>(mg/kg) |
|---|---|---|---|---|---|---|---|
| 赤红壤剖面 6 | 0.01 | 0.15 | 5.16 | 31.80 | 55.00 | 47.00 | 88.00 |
| 赤红壤剖面 6/全县赤红壤 | 0.36 | 1.74 | 0.37 | 0.59 | 13.11 | 4.75 | 1.35 |
| 赤红壤剖面 6/全市赤红壤 | 0.21 | 2.05 | 0.51 | 0.67 | 5.15 | 2.72 | 1.36 |
| 赤红壤剖面 6/全县林地土壤 | 0.29 | 1.67 | 0.31 | 0.58 | 10.44 | 4.63 | 1.32 |
| 赤红壤剖面 6/全市林地土壤 | 0.23 | 1.79 | 0.45 | 0.65 | 5.08 | 2.74 | 1.34 |

土壤养分指标(表 3-65)包括有机质、全氮、全磷、全钾,其含量分别为 11.57g/kg、0.56g/kg、0.19g/kg 和 4.14g/kg,依据土壤养分分级标准,分别属于Ⅳ级、Ⅴ级、Ⅵ级和Ⅵ级的水平。除全磷外,其他土壤养分指标含量均低于全县林地赤红壤养分各指标的平均

水平；所有养分含量均低于全市赤红壤和全县、全市林地土壤养分各指标的平均水平。土壤 pH 值为 5.14，高于全县、全市赤红壤 pH 值平均水平，同样也高于全县、全市林地土壤土壤 pH 值平均水平。

重金属元素（表 3-66）包括镉、汞、砷、铅、镍、铜、锌，其含量分别为 0.01mg/kg、0.15mg/kg、5.16mg/kg、31.80mg/kg、55.00mg/kg、47.00mg/kg 和 88.00mg/kg，所有重金属元素均低于土壤污染风险筛选值。除了镉、砷、铅外，其他元素含量均高于全县、全市赤红壤和全县、全市林地土壤重金属元素各指标的平均水平。

## 七、剖面 7：赤红壤亚类

### 1. 剖面位置

地籍号：441423014001100400300；

地理坐标：北纬 23.731644°，东经 116.080873°；

地区：广东省梅州市丰顺县汤西镇大罗村。

### 2. 剖面特征

丰顺县典型森林赤红壤剖面 7（图 3-33，左图）采自汤西镇大罗村，海拔 62m，丘陵地貌，西南坡向，坡度为 21°，下坡坡位，中度侵蚀，凋落物层厚度为 0cm，腐殖质层厚度为 0cm，植被类型为常绿落叶阔叶混交林（图 3-33，右图）。

图 3-33　丰顺县赤红壤剖面 7（左图）及植被（右图）

### 3. 主要性状

丰顺县典型森林赤红壤剖面 7 的土壤理化性质如表 3-67、3-68 所示。

### 表 3-67　丰顺县赤红壤剖面 7 pH 值及养分含量统计表

| 剖面 7 | pH | 有机质(SOM)(g/kg) | 全氮(N)(g/kg) | 全磷(P)(g/kg) | 全钾(K)(g/kg) |
|---|---|---|---|---|---|
| 赤红壤剖面 7 | 4.73 | 3.62 | 0.21 | 0.08 | 28.50 |
| 赤红壤剖面 7/全县赤红壤 | 1.02 | 0.29 | 0.31 | 0.46 | 1.64 |
| 赤红壤剖面 7/全市赤红壤 | 1.02 | 0.27 | 0.30 | 0.30 | 1.63 |
| 赤红壤剖面 7/全县林地土壤 | 1.02 | 0.26 | 0.27 | 0.38 | 1.67 |
| 赤红壤剖面 7/全市林地土壤 | 1.02 | 0.25 | 0.27 | 0.28 | 1.63 |

### 表 3-68　丰顺县赤红壤剖面 7 重金属元素含量统计表

| 剖面 7 | 镉(Cd)(mg/kg) | 汞(Hg)(mg/kg) | 砷(As)(mg/kg) | 铅(Pb)(mg/kg) | 镍(Ni)(mg/kg) | 铜(Cu)(mg/kg) | 锌(Zn)(mg/kg) |
|---|---|---|---|---|---|---|---|
| 赤红壤剖面 7 | 0.08 | 0.02 | 24.50 | 29.40 | 未检出 | 3.00 | 44.00 |
| 赤红壤剖面 7/全县赤红壤 | 2.86 | 0.23 | 1.76 | 0.55 | — | 0.30 | 0.68 |
| 赤红壤剖面 7/全市赤红壤 | 1.70 | 0.27 | 2.40 | 0.62 | — | 0.17 | 0.68 |
| 赤红壤剖面 7/全县林地土壤 | 2.29 | 0.22 | 1.49 | 0.53 | — | 0.30 | 0.66 |
| 赤红壤剖面 7/全市林地土壤 | 1.82 | 0.24 | 2.15 | 0.60 | — | 0.17 | 0.67 |

土壤养分指标(表 3-67)包括有机质、全氮、全磷、全钾,其含量分别为 3.62g/kg、0.21g/kg、0.08g/kg 和 28.50g/kg,依据土壤养分分级标准,分别属于Ⅵ级、Ⅵ级、Ⅵ级和Ⅰ级的水平。除全钾外,其他土壤养分指标含量均低于全县、全市赤红壤和全县、全市林地土壤养分各指标的平均水平。土壤 pH 值为 4.73,高于全县、全市赤红壤 pH 值的平均水平,同样也高于全县、全市林地土壤 pH 值的平均水平。

重金属元素(表 3-68)包括镉、汞、砷、铅、镍、铜、锌,其含量分别为 0.08mg/kg、0.02mg/kg、24.50mg/kg、29.40mg/kg、未检出、3.00mg/kg 和 44.00mg/kg,所有重金属元素均低于土壤污染风险筛选值。除镉、砷外,其他元素含量均低于全县、全市赤红壤和全县、全市林地土壤重金属元素各指标的平均水平。

## 八、剖面 8:赤红壤亚类

### 1.剖面位置

地籍号:441423007008000401000;

地理坐标:北纬 24.018408°,东经 116.180992°;

地区:广东省梅州市丰顺县丰良镇九龙村。

### 2.剖面特征

丰顺县典型森林赤红壤剖面 8(图 3-34,左图)采自丰良镇九龙村,海拔 266m,丘陵地貌,西南坡向,坡度为 19°,中坡坡位,无侵蚀,凋落物层厚度为 5cm,腐殖质层厚度为 0cm,植被类型为阔叶林(图 3-34,右图)。

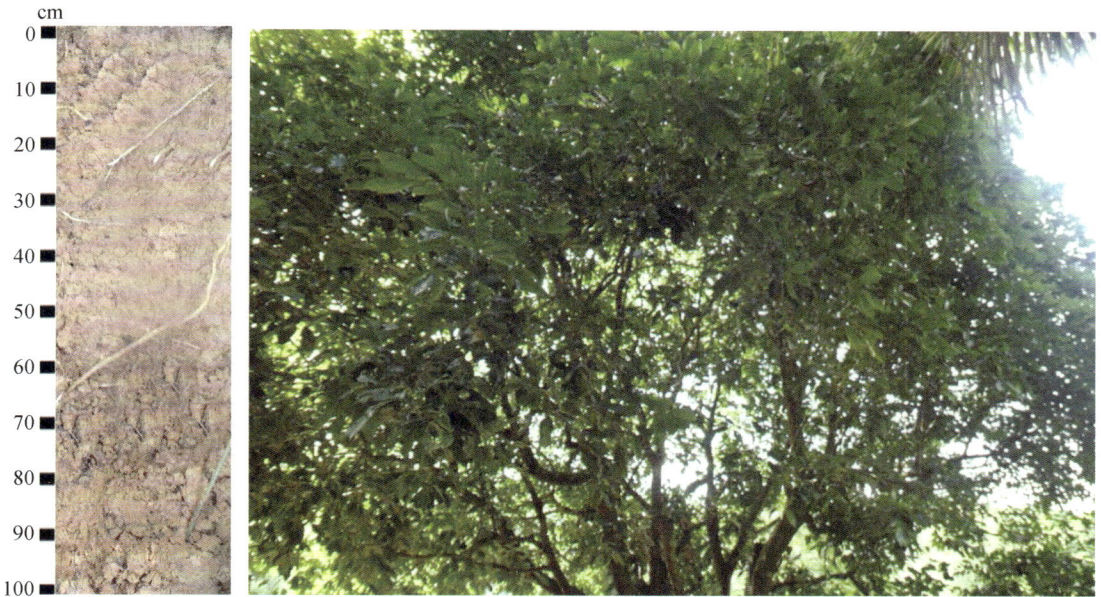

图 3-34　丰顺县赤红壤剖面 8( 左图 ) 及植被 ( 右图 )

## 3. 主要性状

丰顺县典型森林赤红壤亚类土剖面 8 的土壤理化性质如表 3-69、3-70 所示。

表 3-69　丰顺县赤红壤剖面 8 pH 值及养分含量统计表

| 剖面 8 | pH | 有机质（SOM）（g/kg） | 全氮（N）（g/kg） | 全磷（P）（g/kg） | 全钾（K）（g/kg） |
|---|---|---|---|---|---|
| 赤红壤剖面 8 | 4.63 | 15.43 | 1.12 | 0.35 | 16.48 |
| 赤红壤剖面 8/全县赤红壤 | 1.00 | 1.26 | 1.64 | 1.29 | 0.95 |
| 赤红壤剖面 8/全市赤红壤 | 1.00 | 1.16 | 1.58 | 1.64 | 0.94 |
| 赤红壤剖面 8/全县林地土壤 | 1.00 | 1.12 | 1.45 | 1.64 | 0.97 |
| 赤红壤剖面 8/全市林地土壤 | 1.00 | 1.07 | 1.45 | 1.23 | 0.95 |

表 3-70　丰顺县赤红壤剖面 8 重金属元素含量统计表

| 剖面 8 | 镉（Cd）（mg/kg） | 汞（Hg）（mg/kg） | 砷（As）（mg/kg） | 铅（Pb）（mg/kg） | 镍（Ni）（mg/kg） | 铜（Cu）（mg/kg） | 锌（Zn）（mg/kg） |
|---|---|---|---|---|---|---|---|
| 赤红壤剖面 8 | 0.02 | 0.10 | 6.73 | 22.10 | 未检出 | 12.00 | 72.00 |
| 赤红壤剖面 8/全县赤红壤 | 0.71 | 1.16 | 0.48 | 0.41 | — | 1.21 | 1.11 |
| 赤红壤剖面 8/全市赤红壤 | 0.43 | 1.37 | 0.66 | 0.46 | — | 0.69 | 1.11 |
| 赤红壤剖面 8/全县林地土壤 | 0.57 | 1.11 | 0.41 | 0.40 | — | 1.18 | 1.08 |
| 赤红壤剖面 8/全市林地土壤 | 0.45 | 1.19 | 0.59 | 0.45 | — | 0.70 | 1.10 |

　　土壤养分指标（表 3-69）包括有机质、全氮、全磷、全钾，其含量分别为 15.43g/kg、1.12g/kg、0.35g/kg 和 16.48g/kg，依据土壤养分分级标准，分别属于Ⅳ级、Ⅲ级、Ⅴ级

和Ⅲ级的水平。除全钾外，其他土壤养分指标含量均高于全县、全市林地土壤养分各指标的平均水平。土壤 pH 值为 4.63，与全县、全市赤红壤和全县、全市林地土壤 pH 值平均水平相当。

重金属元素（表 3-70）包括镉、汞、砷、铅、镍、铜、锌，其含量分别为 0.02mg/kg、0.10mg/kg、6.73mg/kg、22.10mg/kg、未检出、12.00mg/kg 和 72.00mg/kg，所有重金属元素均低于土壤污染风险筛选值。除汞、铜和锌外，其他元素含量均低于全县、全市赤红壤和全县、全市林地土壤重金属元素各指标的平均水平。

### 九、剖面 9：赤红壤亚类

**1. 剖面位置**
地籍号：441423005010000101325；
地理坐标：北纬 24.006235°，东经 116.274593°；
地区：广东省梅州市丰顺县龙岗镇吉溪村。

**2. 剖面特征**
丰顺县典型森林赤红壤剖面 9 采自龙岗镇吉溪村，海拔 85m，丘陵地貌，东南坡向，坡度为 24°，中坡坡位，无侵蚀，凋落物层厚度为 0cm，腐殖质层厚度为 0cm，植被类型为常绿阔叶林。

**3. 主要性状**
丰顺县典型森林赤红壤剖面 9 的土壤理化性质如表 3-71、3-72 所示。

表 3-71　丰顺县赤红壤剖面 9 pH 值及养分含量统计表

| 剖面 9 | pH | 有机质（SOM）（g/kg） | 全氮（N）（g/kg） | 全磷（P）（g/kg） | 全钾（K）（g/kg） |
|---|---|---|---|---|---|
| 赤红壤剖面 9 | 4.18 | 22.14 | 1.23 | 0.32 | 27.52 |
| 赤红壤剖面 9/全县赤红壤 | 0.90 | 1.80 | 1.80 | 1.85 | 1.59 |
| 赤红壤剖面 9/全市赤红壤 | 0.90 | 1.67 | 1.33 | 1.18 | 1.57 |
| 赤红壤剖面 9/全县林地土壤 | 0.90 | 1.60 | 1.60 | 1.50 | 1.62 |
| 赤红壤剖面 9/全市林地土壤 | 0.90 | 1.54 | 1.60 | 1.13 | 1.58 |

表 3-72　丰顺县赤红壤剖面 9 重金属元素含量统计表

| 剖面 9 | 镉（Cd）（mg/kg） | 汞（Hg）（mg/kg） | 砷（As）（mg/kg） | 铅（Pb）（mg/kg） | 镍（Ni）（mg/kg） | 铜（Cu）（mg/kg） | 锌（Zn）（mg/kg） |
|---|---|---|---|---|---|---|---|
| 赤红壤剖面 9 | 0.16 | 0.07 | 2.59 | 62.40 | 16.00 | 2.00 | 91.00 |
| 赤红壤剖面 9/全县赤红壤 | 5.71 | 0.81 | 0.19 | 1.16 | 3.81 | 0.20 | 1.40 |
| 赤红壤剖面 9/全市林地赤红壤 | 3.40 | 0.96 | 0.25 | 1.31 | 1.50 | 0.12 | 1.40 |
| 赤红壤剖面 9/全县林地土壤 | 4.57 | 0.78 | 0.16 | 1.13 | 3.04 | 0.20 | 1.36 |
| 赤红壤剖面 9/全市林地土壤 | 3.64 | 0.83 | 0.23 | 1.27 | 1.48 | 0.12 | 1.39 |

土壤养分指标（表 3-71）包括有机质、全氮、全磷、全钾，其含量分别为 22.14g/kg、

1.23g/kg、0.32g/kg 和 27.52g/kg，依据土壤养分分级标准，分别属于Ⅲ级、Ⅲ级、Ⅴ级和Ⅰ级的水平。所有养分含量均高于全县、全市赤红壤和全县、全市林地土壤养分各指标的平均水平。土壤 pH 值为 4.18，低于全县、全市赤红壤 pH 值的平均水平，同样也低于全县、全市林地土壤 pH 值的平均水平。

重金属元素（表 3-72）包括镉、汞、砷、铅、镍、铜、锌，其含量分别为 0.16mg/kg、0.07mg/kg、2.59mg/kg、62.40mg/kg、16.00mg/kg、2.00mg/kg 和 91.00mg/kg，所有重金属元素均低于土壤污染风险筛选值。除汞、砷、铜外，其他元素含量均高于全县、全市赤红壤和全县、全市林地土壤的平均水平。

## 十、剖面 10：赤红壤亚类

1. 剖面位置

地籍号：441423005005000200500；

地理坐标：北纬 24.027727°，东经 116.278823°；

地区：广东省梅州市丰顺县龙岗镇上林村。

2. 剖面特征

丰顺县典型森林赤红壤剖面 10（图 3-35，左图）采自龙岗镇上林村，海拔 179.3m，丘陵地貌，东南坡向，坡度为 20°，中坡坡位，无侵蚀，凋落物层厚度为 1cm，腐殖质层厚度为 0cm，植被类型为常绿阔叶林（图 3-35，右图）。

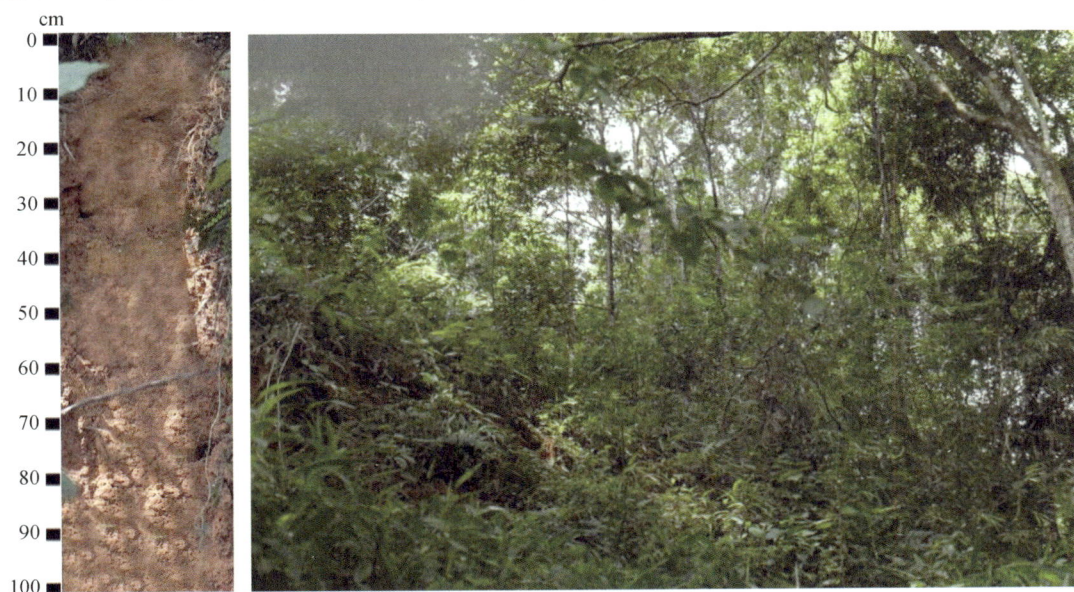

图 3-35　丰顺县赤红壤剖面 10（左图）及植被（右图）

3. 主要性状

丰顺县典型森林赤红壤剖面 10 的土壤理化性质如表 3-73、3-74 所示。

表 3-73　丰顺县赤红壤剖面 10 pH 值及养分含量统计表

| 剖面 10 | pH | 有机质（SOM）（g/kg） | 全氮（N）（g/kg） | 全磷（P）（g/kg） | 全钾（K）（g/kg） |
|---|---|---|---|---|---|
| 赤红壤剖面 10 | 4.21 | 12.99 | 0.78 | 0.19 | 17.57 |
| 赤红壤剖面 10/全县赤红壤 | 0.90 | 1.06 | 1.14 | 1.10 | 1.01 |
| 赤红壤剖面 10/全市赤红壤 | 0.91 | 0.98 | 1.10 | 0.70 | 1.01 |
| 赤红壤剖面 10/全县林地土壤 | 0.90 | 0.94 | 1.01 | 0.89 | 1.03 |
| 赤红壤剖面 10/全市林地土壤 | 0.90 | 0.90 | 1.01 | 0.67 | 1.01 |

表 3-74　丰顺县赤红壤剖面 10 重金属元素含量统计表

| 剖面 10 | 镉（Cd）（mg/kg） | 汞（Hg）（mg/kg） | 砷（As）（mg/kg） | 铅（Pb）（mg/kg） | 镍（Ni）（mg/kg） | 铜（Cu）（mg/kg） | 锌（Zn）（mg/kg） |
|---|---|---|---|---|---|---|---|
| 赤红壤剖面 10 | 0.03 | 0.10 | 7.24 | 51.90 | 未检出 | 未检出 | 46.00 |
| 赤红壤剖面 10/全县赤红壤 | 1.07 | 1.16 | 0.52 | 0.96 | — | — | 0.71 |
| 赤红壤剖面 10/全市赤红壤 | 1.64 | 1.37 | 0.71 | 1.09 | — | — | 0.71 |
| 赤红壤剖面 10/全县林地土壤 | 0.86 | 1.11 | 0.44 | 0.94 | — | — | 0.69 |
| 赤红壤剖面 10/全市林地土壤 | 0.68 | 1.19 | 0.63 | 1.06 | — | — | 0.70 |

　　土壤养分指标（表 3-73）包括有机质、全氮、全磷、全钾，其含量分别为 12.99g/kg、0.78g/kg、0.19g/kg 和 17.57g/kg，依据土壤养分分级标准，分别属于Ⅳ级、Ⅳ级、Ⅵ级和Ⅲ级的水平。所有养分含量均高于全县赤红壤养分各指标的平均水平；除有机质、全磷外，其他土壤养分指标含量均高于全市赤红壤和全县、全市林地土壤养分各指标的平均水平。土壤 pH 值为 4.21，低于全县、全市赤红壤 pH 值的平均水平，同样也低于全县、全市林地土壤 pH 值的平均水平。

　　重金属元素（表 3-74）包括镉、汞、砷、铅、镍、铜、锌，其含量分别为 0.03mg/kg、0.10mg/kg、7.24mg/kg、51.90mg/kg、未检出、未检出和 46.00mg/kg，所有重金属元素均低于土壤污染风险筛选值。除镉、汞外，其他元素含量均低于全县赤红壤重金属元素各指标的平均水平；除镉、汞、铅外，其他元素含量均低于全市赤红壤的平均水平；除汞外，其他元素含量均低于全县林地土壤重金属元素各指标的平均水平。

## 十一、剖面 11：赤红壤亚类

1. 剖面位置

地籍号：44142300902100020120；

地理坐标：北纬 23.938120°，东经 116.506688°；

地区：广东省梅州市丰顺县留隍镇仙丰村。

2. 剖面特征

丰顺县典型森林赤红壤剖面 11 采自留隍镇仙丰村，海拔 150m，丘陵地貌，东坡向，坡度为 20°，中坡坡位，无侵蚀，凋落物层厚度为 2cm，腐殖质层厚度为 0cm，植被类型为常绿阔叶林（图 3-36）。

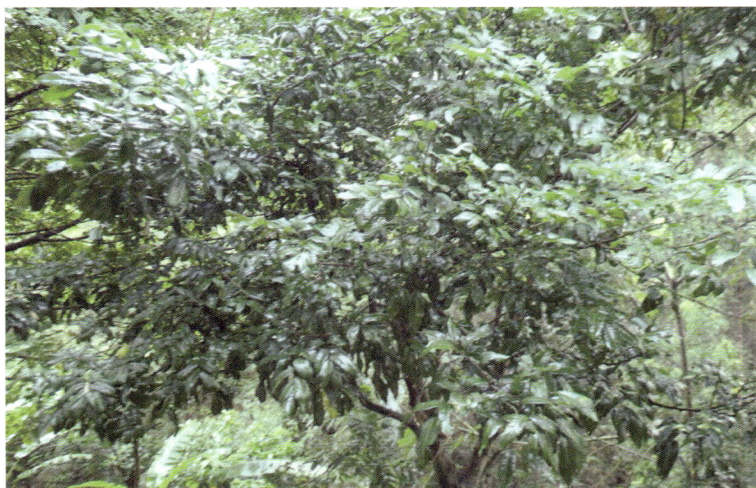

图 3-36　丰顺县赤红壤剖面 11 植被

3. 主要性状

丰顺县典型森林赤红壤剖面 11 的土壤理化性质如表 3-75、3-76 所示。

表 3-75　丰顺县赤红壤剖面 11 pH 值及养分含量统计表

| 剖面 11 | pH | 有机质(SOM)<br>(g/kg) | 全氮(N)<br>(g/kg) | 全磷(P)<br>(g/kg) | 全钾(K)<br>(g/kg) |
|---|---|---|---|---|---|
| 赤红壤剖面 11 | 4.69 | 14.95 | 0.98 | 0.30 | 11.38 |
| 赤红壤剖面 11／全县赤红壤 | 1.01 | 1.22 | 1.43 | 1.73 | 0.66 |
| 赤红壤剖面 11／全市赤红壤 | 1.01 | 1.13 | 1.38 | 1.11 | 0.65 |
| 赤红壤剖面 11／全县林地土壤 | 1.01 | 1.08 | 1.27 | 1.41 | 0.67 |
| 赤红壤剖面 11／全市林地土壤 | 1.01 | 1.04 | 1.27 | 1.06 | 0.65 |

表 3-76　丰顺县赤红壤剖面 11 重金属元素含量统计表

| 剖面 11 | 镉(Cd)<br>(mg/kg) | 汞(Hg)<br>(mg/kg) | 砷(As)<br>(mg/kg) | 铅(Pb)<br>(mg/kg) | 镍(Ni)<br>(mg/kg) | 铜(Cu)<br>(mg/kg) | 锌(Zn)<br>(mg/kg) |
|---|---|---|---|---|---|---|---|
| 赤红壤剖面 11 | 0.04 | 0.09 | 42.90 | 46.60 | 未检出 | 35.00 | 68.00 |
| 赤红壤剖面 11／全县赤红壤 | 1.43 | 1.05 | 3.08 | 0.87 | — | 3.54 | 1.04 |
| 赤红壤剖面 11／全市赤红壤 | 0.85 | 1.23 | 4.20 | 0.98 | — | 2.02 | 1.05 |
| 赤红壤剖面 11／全县林地土壤 | 1.14 | 1.00 | 2.60 | 0.84 | — | 3.45 | 1.02 |
| 赤红壤剖面 11／全市林地土壤 | 0.91 | 1.07 | 3.76 | 0.95 | — | 2.04 | 1.04 |

土壤养分指标(表 3-75)包括有机质、全氮、全磷、全钾,其含量分别为 14.95g/kg、0.98g/kg、0.30g/kg 和 11.38g/kg,依据土壤养分分级标准,分别属于Ⅳ级、Ⅳ级、Ⅴ级和Ⅳ级的水平。除全钾外,其他土壤养分指标含量均高于全县、全市赤红壤和全县、全市林地土壤养分各指标的平均水平。土壤 pH 值为 4.69,高于全县、全市赤红壤土

pH 值的平均水平，同样也高于全县、全市林地土壤 pH 值的平均水平。

重金属元素（表 3-76）包括镉、汞、砷、铅、镍、铜、锌，其含量分别为 0.04mg/kg、0.09mg/kg、42.90mg/kg、46.60mg/kg、未检出、35.00mg/kg 和 68.00mg/kg，砷元素含量高于土壤污染风险筛选值，其他元素均低于土壤污染风险筛选值。除铅和镍外，其他元素含量均高于全县赤红壤和全县林地土壤重金属元素各指标的平均水平；除镉、铅和镍外，其他元素含量均高于全市赤红壤和全市林地土壤土重金属元素各指标的平均水平。

## 十二、剖面 12：红壤亚类

### 1. 剖面位置
地籍号：441423007018000100500；
地理坐标：北纬 23.984239，东经 116.301728；
地区：广东省梅州市丰顺县丰良镇下山村。

### 2. 剖面特征
丰顺县典型森林红壤剖面 12 采自丰良镇下山村，海拔 369.1m，丘陵地貌，东南坡向，坡度为 20°，中坡坡位，无侵蚀，凋落物层厚度为 3cm，腐殖质层厚度为 0.5cm，植被类型为阔叶林（图 3-37）。

图 3-37　丰顺县红壤剖面 12 植被

### 3. 主要性状
丰顺县典型森林红壤剖面 12 的土壤理化性质如表 3-77、3-78 所示。

表 3-77　丰顺县红壤剖面 12 pH 值及养分含量统计表

| 剖面 12 | pH | 有机质（SOM）（g/kg） | 全氮（N）（g/kg） | 全磷（P）（g/kg） | 全钾（K）（g/kg） |
|---|---|---|---|---|---|
| 红壤剖面 12 | 4.46 | 17.29 | 0.86 | 0.23 | 9.31 |
| 红壤剖面 12/全县红壤 | 0.96 | 1.06 | 0.99 | 0.86 | 0.57 |
| 红壤剖面 12/全市红壤 | 0.95 | 1.06 | 1.00 | 0.76 | 0.55 |
| 红壤剖面 12/全县林地土壤 | 0.96 | 1.25 | 1.12 | 1.08 | 0.55 |
| 红壤剖面 12/全市林地土壤 | 0.96 | 1.20 | 1.12 | 0.81 | 0.53 |

表 3-78　丰顺县红壤剖面 12 重金属元素含量统计表

| 剖面 12 | 镉（Cd）（mg/kg） | 汞（Hg）（mg/kg） | 砷（As）（mg/kg） | 铅（Pb）（mg/kg） | 镍（Ni）（mg/kg） | 铜（Cu）（mg/kg） | 锌（Zn）（mg/kg） |
|---|---|---|---|---|---|---|---|
| 红壤剖面 12 | 0.07 | 0.12 | 25.80 | 16.00 | 7.00 | 56.00 | 30.00 |
| 红壤剖面 12/全县红壤 | 1.56 | 1.33 | 1.25 | 0.27 | 0.98 | 5.27 | 0.43 |
| 红壤剖面 12/全市红壤 | 1.52 | 1.28 | 2.15 | 0.31 | 0.67 | 3.41 | 0.44 |
| 红壤剖面 12/全县林地土壤 | 2.00 | 1.33 | 1.57 | 0.29 | 1.33 | 5.52 | 0.45 |
| 红壤剖面 12/全市林地土壤 | 1.59 | 1.43 | 2.26 | 0.33 | 0.65 | 3.26 | 0.46 |

　　土壤养分指标（表 3-77）包括有机质、全氮、全磷、全钾，其含量分别为 17.29g/kg、0.86g/kg、0.23g/kg 和 9.31g/kg，依据土壤养分分级标准，分别属于Ⅳ级、Ⅳ级、Ⅴ级、Ⅴ级的水平。除有机质外，其他土壤养分指标含量均低于全县红壤养分各指标的平均水平；除全钾外，其他土壤养分指标含量均高于全县林地土壤养分各指标的平均水平；除有机质和全氮外，其他土壤养分指标含量均低于全市林地土壤养分的平均水平。土壤 pH 值为 4.46，低于全县、全市红壤 pH 值平均水平，同样也低于全县、全市林地土壤 pH 值平均水平。

　　重金属元素（表 3-78）包括镉、汞、砷、铅、镍、铜、锌，其含量分别为 0.07mg/kg、0.12mg/kg、25.80mg/kg、16.00mg/kg、7.00mg/kg、56.00mg/kg 和 30.00mg/kg，铜元素含量高于土壤污染风险筛选值，其他元素均低于土壤污染风险筛选值。除铅、镍、锌外，其他元素含量均高于全县、全市红壤和全市林地土壤重金属元素各指标的平均水平；除铅、锌外，其他元素含量均高于全县林地土壤重金属元素各指标的平均水平。

## 十三、剖面 13：红壤亚类

1. 剖面位置

地籍号：441423008004000300600；

地理坐标：北纬 23.926615°，东经 116.301168°；

地区：广东省梅州市丰顺县潘田镇松木白村。

2. 剖面特征

丰顺县典型森林红壤剖面 13(图 3-38，左图)采自潘田镇松木白村，海拔 328.1m，丘陵地貌，西南坡向，坡度为 21°，下坡坡位，无侵蚀，凋落物层厚度为 0.5cm，腐殖质层厚度为 0cm，植被类型为阔叶混交林(图 3-38，右图)。

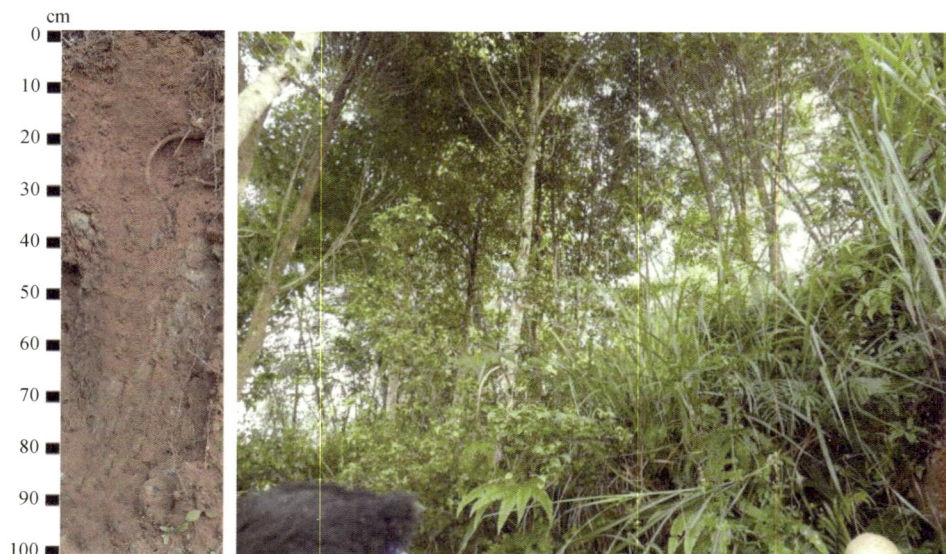

图 3-38　丰顺县红壤剖面 13(左图)及植被(右图)

3. 主要性状

丰顺县典型森林红壤剖面 13 的土壤理化性质如表 3-79、3-80 所示。

表 3-79　丰顺县红壤剖面 13 pH 值及养分含量统计表

| 剖面 13 | pH | 有机质(SOM)(g/kg) | 全氮(N)(g/kg) | 全磷(P)(g/kg) | 全钾(K)(g/kg) |
|---|---|---|---|---|---|
| 红壤剖面 13 | 5.05 | 10.42 | 0.56 | 0.57 | 8.65 |
| 红壤剖面 13/全县红壤 | 1.09 | 0.64 | 0.65 | 2.12 | 0.53 |
| 红壤剖面 13/全市红壤 | 1.08 | 0.64 | 0.65 | 1.88 | 0.51 |
| 红壤剖面 13/全县林地土壤 | 1.09 | 0.75 | 0.73 | 2.68 | 0.51 |
| 红壤剖面 13/全市林地土壤 | 1.09 | 0.72 | 0.73 | 2.01 | 0.50 |

表 3-80　丰顺县红壤剖面 13 重金属元素含量统计表

| 剖面 13 | 镉(Cd)(mg/kg) | 汞(Hg)(mg/kg) | 砷(As)(mg/kg) | 铅(Pb)(mg/kg) | 镍(Ni)(mg/kg) | 铜(Cu)(mg/kg) | 锌(Zn)(mg/kg) |
|---|---|---|---|---|---|---|---|
| 红壤剖面 13 | 0.01 | 0.13 | 63.20 | 17.80 | 32.00 | 23.00 | 114.00 |
| 红壤剖面 13/全县红壤 | 0.22 | 1.44 | 3.06 | 0.30 | 4.48 | 2.16 | 1.63 |
| 红壤剖面 13/全市红壤 | 0.22 | 1.38 | 5.26 | 0.35 | 3.04 | 1.40 | 1.68 |
| 红壤剖面 13/全县林地土壤 | 0.29 | 1.44 | 3.83 | 0.32 | 6.07 | 2.27 | 1.71 |
| 红壤剖面 13/全市林地土壤 | 0.23 | 1.55 | 5.53 | 0.36 | 2.95 | 1.34 | 1.74 |

　　土壤养分指标（表 3-79）包括有机质、全氮、全磷、全钾，其含量分别为 10.42g/kg、0.56g/kg、0.57g/kg 和 8.65g/kg，依据土壤养分分级标准，分别属于Ⅳ级、Ⅴ级、Ⅳ级和Ⅴ级的水平。除全磷外，其他养分指标含量均低于全县、全市红壤和全县、全市林地土壤养分各指标的平均水平。土壤 pH 值为 5.05，高于全县、全市红壤和全县、全市林地土壤 pH 值平均水平。

　　重金属元素（表 3-80）包括镉、汞、砷、铅、镍、铜、锌，其含量分别为 0.01mg/kg、0.13mg/kg、63.20mg/kg、17.80mg/kg、32.00mg/kg、23.00mg/kg 和 114.00mg/kg，其中砷元素含量高于土壤污染风险筛选值，其余元素均低于土壤污染风险筛选值。除镉、铅外，其他元素含量均高于全县、全市红壤和全县、全市林地土壤重金属元素各指标的平均水平。

## 十四、剖面 14：红壤亚类

1］. 剖面位置

地籍号：441423012023000101700；

地理坐标：北纬 23.861180°，东经 116.245750°；

地区：广东省梅州市丰顺县汤坑镇棋坪村。

2. 剖面特征

丰顺县典型森林红壤剖面 14（图 3-39，左图）采自汤坑镇棋坪村，海拔 421m，丘陵地貌，东南坡向，坡度为 35°，中坡坡位，无侵蚀，凋落物层厚度为 5cm，腐殖质层厚度为 0cm，植被类型为针阔混交林（图 3-39，右图）。

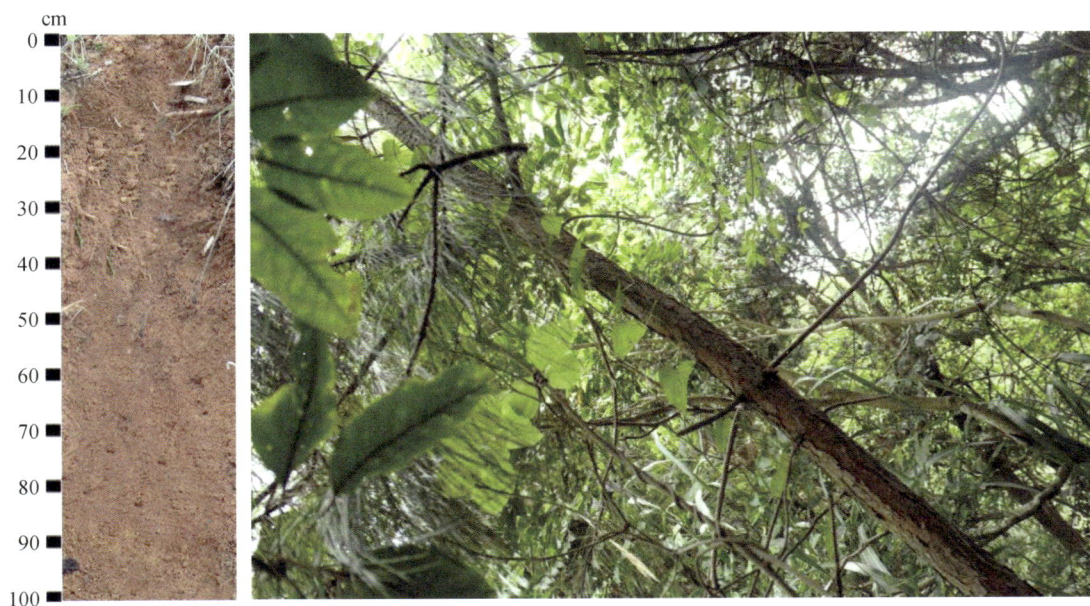

图 3-39　丰顺县红壤剖面 14（左图）及植被（右图）

### 3. 主要性状

丰顺县典型森林红壤剖面 14 的土壤理化性质如表 3-81、3-82 所示。

表 3-81　丰顺县红壤剖面 14 pH 值及养分含量统计表

| 剖面 14 | pH | 有机质(SOM)<br>(g/kg) | 全氮(N)<br>(g/kg) | 全磷(P)<br>(g/kg) | 全钾(K)<br>(g/kg) |
|---|---|---|---|---|---|
| 红壤剖面 14 | 5.25 | 8.40 | 0.49 | 0.32 | 7.24 |
| 红壤剖面 14/全县红壤 | 1.13 | 0.52 | 0.57 | 1.19 | 0.44 |
| 红壤剖面 14/全市红壤 | 1.12 | 0.52 | 0.57 | 1.05 | 0.42 |
| 红壤剖面 14/全县林地土壤 | 1.13 | 0.61 | 0.64 | 1.50 | 0.43 |
| 红壤剖面 14/全市林地土壤 | 1.13 | 0.58 | 0.64 | 1.13 | 0.42 |

表 3-82　丰顺县红壤剖面 14 重金属元素含量统计表

| 剖面 14 | 镉(Cd)<br>(mg/kg) | 汞(Hg)<br>(mg/kg) | 砷(As)<br>(mg/kg) | 铅(Pb)<br>(mg/kg) | 镍(Ni)<br>(mg/kg) | 铜(Cu)<br>(mg/kg) | 锌(Zn)<br>(mg/kg) |
|---|---|---|---|---|---|---|---|
| 红壤剖面 14 | 0.05 | 0.08 | 80.40 | 416.00 | 未检出 | 64.00 | 186.00 |
| 红壤剖面 14/全县红壤 | 1.11 | 0.89 | 3.89 | 7.08 | — | 6.02 | 2.66 |
| 红壤剖面 14/全市红壤 | 1.09 | 0.85 | 6.69 | 8.16 | — | 3.89 | 2.74 |
| 红壤剖面 14/全县林地土壤 | 1.43 | 0.89 | 4.88 | 7.54 | — | 6.31 | 2.79 |
| 红壤剖面 14/全市林地土壤 | 1.14 | 0.95 | 7.04 | 8.47 | — | 3.73 | 2.84 |

土壤养分指标(表 3-81)包括有机质、全氮、全磷、全钾,其含量分别为 8.40g/kg、0.49g/kg、0.32g/kg 和 7.24g/kg,依据土壤养分分级标准,分别属于 V 级、Ⅵ级、V 级和 V 级的水平。除全磷外,其他元素含量均低于全县、全市红壤和全县、全市林地土壤养分各指标的平均水平。土壤 pH 值为 5.25,高于全县、全市红壤和全县、全市林地土壤 pH 值平均水平。

重金属元素(表 3-82)包括镉、汞、砷、铅、镍、铜、锌,其含量分别为 0.05mg/kg、0.08mg/kg、80.40mg/kg、416.00mg/kg、未检出、64.00mg/kg 和 186.00mg/kg,其中砷、铅、铜元素含量高于土壤污染风险筛选值,其他元素均低于土壤污染风险筛选值。除汞、镍外,其他元素均高于全县、全市红壤和全县、全市林地土壤重金属元素各指标的平均水平。

## 十五、剖面 15：红壤亚类

### 1. 剖面位置

地籍号：441423007008000300300;

地理坐标：北纬 24.030793°,东经 116.166219°;

地区：广东省梅州市丰顺县丰良镇九龙村。

### 2. 剖面特征

丰顺县典型森林红壤剖面 15 采自丰良镇,海拔 426m,丘陵地貌,东南坡向,坡度为

30°，中坡坡位，无侵蚀，凋落物层厚度为0cm，腐殖质层厚度为0cm，植被类型为阔叶混交林（图3-40）。

图 3-40　丰顺县红壤剖面 15 植被

### 3. 主要性状

丰顺县典型森林红壤剖面 15 的土壤理化性质如表 3-83、3-84 所示。

表 3-83　丰顺县红壤剖面 15 pH 值及养分含量统计表

| 剖面 15 | pH | 有机质（SOM）<br>（g/kg） | 全氮（N）<br>（g/kg） | 全磷（P）<br>（g/kg） | 全钾（K）<br>（g/kg） |
|---|---|---|---|---|---|
| 红壤剖面 15 | 4.34 | 12.73 | 0.72 | 0.29 | 19.76 |
| 红壤剖面 15/全县红壤 | 0.93 | 0.78 | 0.83 | 1.08 | 1.21 |
| 红壤剖面 15/全市红壤 | 0.93 | 0.78 | 0.83 | 0.95 | 1.16 |
| 红壤剖面 15/全县林地土壤 | 0.93 | 0.92 | 0.93 | 1.36 | 1.16 |
| 红壤剖面 15/全市林地土壤 | 0.93 | 0.88 | 0.94 | 1.04 | 1.13 |

表 3-84　丰顺县红壤剖面 15 重金属元素含量统计表

| 剖面 15 | 镉（Cd）<br>（mg/kg） | 汞（Hg）<br>（mg/kg） | 砷（As）<br>（mg/kg） | 铅（Pb）<br>（mg/kg） | 镍（Ni）<br>（mg/kg） | 铜（Cu）<br>（mg/kg） | 锌（Zn）<br>（mg/kg） |
|---|---|---|---|---|---|---|---|
| 红壤剖面 15 | 0.01 | 0.08 | 34.60 | 52.90 | 8.00 | 24.00 | 41.00 |
| 红壤剖面 15/全县红壤 | 0.22 | 0.89 | 1.67 | 0.90 | 1.12 | 2.26 | 0.59 |
| 红壤剖面 15/全市红壤 | 0.22 | 0.85 | 2.88 | 1.04 | 0.76 | 1.46 | 0.60 |
| 红壤剖面 15/全县林地土壤 | 0.29 | 0.89 | 2.10 | 0.96 | 1.52 | 2.36 | 0.61 |
| 红壤剖面 15/全市林地土壤 | 0.23 | 0.95 | 3.03 | 1.08 | 0.74 | 1.40 | 0.63 |

土壤养分指标（表 3-83）包括有机质、全氮、全磷、全钾，其含量分别为 12.73g/kg、0.72g/kg、0.29g/kg 和 19.76g/kg，依据土壤养分分级标准，分别属于 Ⅳ 级、Ⅴ

级、V级和Ⅲ级的水平。除有机质、全氮外，其他元养分指标含量均高于全县红壤和全县、全市林地土壤养分各指标的平均水平；除全钾外，其他指标含量均低于全市红壤养分各指标的平均水平。土壤 pH 值为 4.34，低于全县、全市红壤和全县、全市林地土壤 pH 值平均水平。

重金属元素(表 3-84)包括镉、汞、砷、铅、镍、铜、锌，其含量分别为 0.01mg/kg、0.08mg/kg、34.60mg/kg、52.90mg/kg、8.00mg/kg、24.00mg/kg 和 41.00mg/kg，所有重金属元素均低于土壤污染风险筛选值。除砷、镍、铜外，其他元素含量均低于全县红壤和全县林地土壤重金属元素各指标的平均水平；除砷、铅、铜外，其他元素均低于全市红壤和全市林地土壤重金属元素各指标的平均水平。

### 十六、剖面 16：红壤亚类

1. 剖面位置

地籍号：441423002014000200800；

地理坐标：北纬 24.100796°，东经 116.389875°；

地区：广东省梅州市丰顺县大龙华镇长埔村。

2. 剖面特征

丰顺县典型森林红壤剖面 16(图 3-41，左图)采自大龙华镇长埔村，海拔 563.3m，丘陵地貌，南坡向，坡度为 30°，上坡坡位，无侵蚀，凋落物层厚度为 0cm，腐殖质层厚度为 10cm，植被类型为阔叶混交林(图 3-41，右图)。

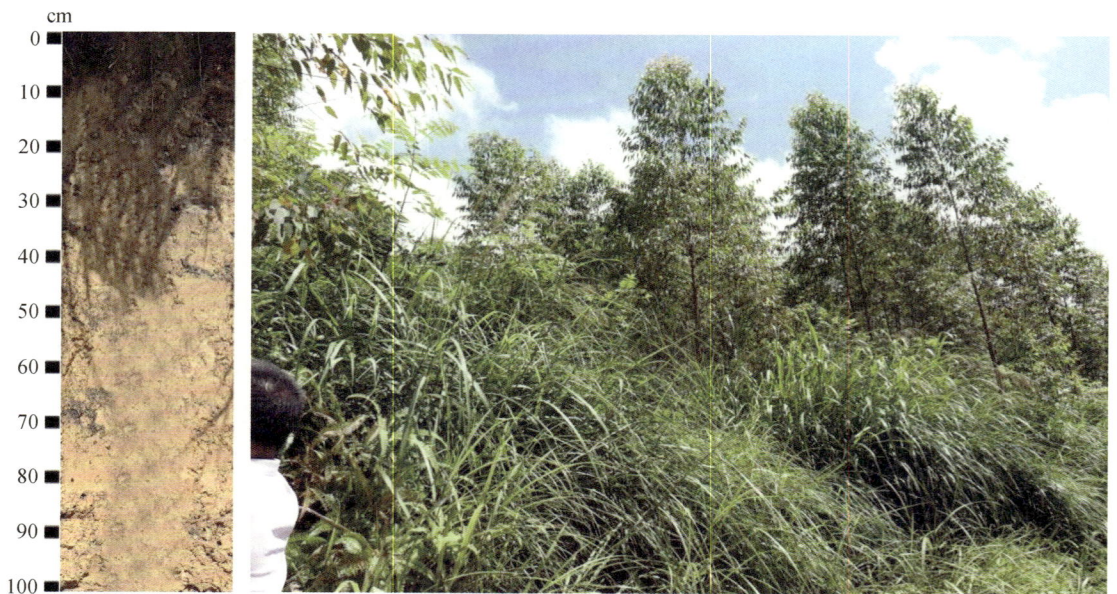

图 3-41　丰顺县红壤剖面 16(左图)及植被(右图)

3. 主要性状

丰顺县典型森林红壤剖面 16 的土壤理化性质如表 3-85、3-86 所示。

表 3-85　丰顺县红壤剖面 16 pH 值及养分含量统计表

| 剖面 16 | pH | 有机质（SOM）（g/kg） | 全氮（N）（g/kg） | 全磷（P）（g/kg） | 全钾（K）（g/kg） |
|---|---|---|---|---|---|
| 红壤剖面 16 | 4.24 | 19.92 | 0.89 | 0.12 | 10.94 |
| 红壤剖面 16/全县红壤 | 0.91 | 1.22 | 1.03 | 0.45 | 0.67 |
| 红壤剖面 16/全市红壤 | 0.91 | 1.23 | 1.03 | 0.39 | 0.64 |
| 红壤剖面 16/全县林地土壤 | 0.91 | 1.44 | 1.15 | 0.56 | 0.64 |
| 红壤剖面 16/全市林地土壤 | 0.91 | 1.38 | 1.16 | 0.42 | 0.63 |

表 3-86　丰顺县红壤剖面 16 重金属元素含量统计表

| 剖面 16 | 镉（Cd）（mg/kg） | 汞（Hg）（mg/kg） | 砷（As）（mg/kg） | 铅（Pb）（mg/kg） | 镍（Ni）（mg/kg） | 铜（Cu）（mg/kg） | 锌（Zn）（mg/kg） |
|---|---|---|---|---|---|---|---|
| 红壤剖面 16 | 0.02 | 0.08 | 7.84 | 18.50 | 未检出 | 未检出 | 39.00 |
| 红壤剖面 16/全县红壤 | 0.44 | 0.89 | 0.38 | 0.31 | — | — | 0.56 |
| 红壤剖面 16/全市红壤 | 0.43 | 0.85 | 0.65 | 0.36 | — | — | 0.57 |
| 红壤剖面 16/全县林地土壤 | 0.57 | 0.89 | 0.48 | 0.34 | — | — | 0.58 |
| 红壤剖面 16/全市林地土壤 | 0.45 | 0.95 | 0.69 | 0.38 | — | — | 0.59 |

土壤养分指标（表 3-85）包括有机质、全氮、全磷、全钾，其含量分别为 19.92g/kg、0.89g/kg、0.12g/kg 和 10.94g/kg，依据土壤养分分级标准，分别属于Ⅳ级、Ⅳ级、Ⅵ级、Ⅳ级的水平。除有机质、全氮外，其他指标含量均低于全县、全市红壤和全县、全市林地土壤养分各指标的平均水平。土壤 pH 值为 4.24，低于全县、全市红壤和全县、全市林地土壤 pH 值的平均水平。

重金属元素（表 3-86）包括镉、汞、砷、铅、镍、铜、锌，其含量分别为 0.02mg/kg、0.08mg/kg、7.84mg/kg、18.50mg/kg、未检出、未检出和 39.00mg/kg，所有重金属元素均低于土壤污染风险筛选值。所有元素均低于全县、全市红壤和全县、全市林地土壤重金属元素各指标的平均水平。

## 十七、剖面 17：红壤亚类

1. 剖面位置

地籍号：441423011003000500800；

地理坐标：北纬 23.856600°，东经 116.081215°；

地区：广东省梅州市丰顺县北斗镇拾荷村。

2. 剖面特征

丰顺县典型森林红壤剖面 17（图 3-42，左图）采自北斗镇拾荷村，海拔 335m，丘陵地貌，东坡向，坡度为 31°，中坡坡位，无侵蚀，凋落物层厚度为 2cm，腐殖质层厚度为 0cm，植被类型为阔叶混交林（图 3-42，右图）。

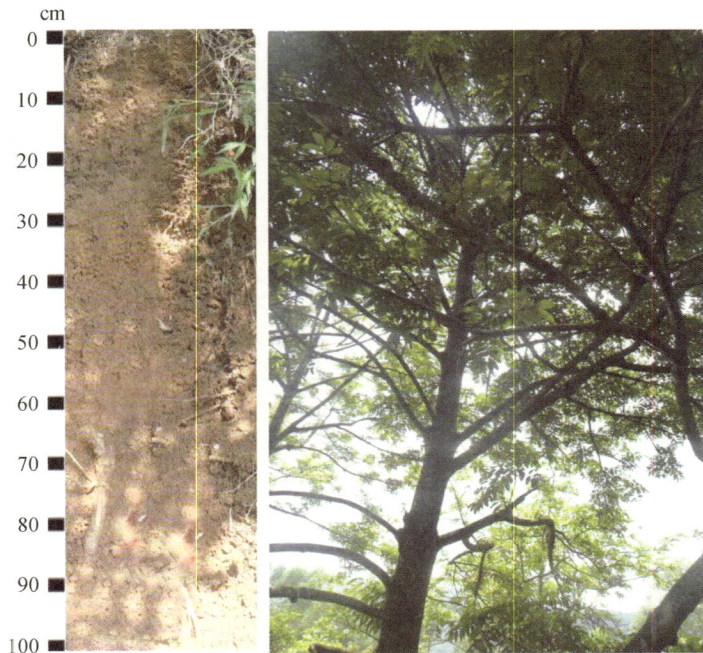

图 3-42　丰顺县红壤剖面 17(左图)及植被(右图)

### 3. 主要性状

丰顺县典型森林红壤剖面 17 的土壤理化性质如表 3-87、3-88 所示。

表 3-87　丰顺县红壤剖面 17 pH 值及养分含量统计表

| 剖面 17 | pH | 有机质(SOM)<br>(g/kg) | 全氮(N)<br>(g/kg) | 全磷(P)<br>(g/kg) | 全钾(K)<br>(g/kg) |
|---|---|---|---|---|---|
| 红壤剖面 17 | 4. 39 | 25. 56 | 1. 52 | 0. 39 | 17. 26 |
| 红壤剖面 17/全县红壤 | 0. 94 | 1. 57 | 1. 75 | 1. 45 | 1. 06 |
| 红壤剖面 17/全市红壤 | 0. 94 | 1. 57 | 1. 76 | 1. 28 | 1. 01 |
| 红壤剖面 17/全县林地土壤 | 0. 94 | 1. 85 | 1. 97 | 1. 83 | 1. 01 |
| 红壤剖面 17/全市林地土壤 | 0. 94 | 1. 77 | 1. 97 | 1. 37 | 0. 99 |

表 3-88　丰顺县红壤剖面 17 重金属元素含量统计表

| 剖面 17 | 镉(Cd)<br>(mg/kg) | 汞(Hg)<br>(mg/kg) | 砷(As)<br>(mg/kg) | 铅(Pb)<br>(mg/kg) | 镍(Ni)<br>(mg/kg) | 铜(Cu)<br>(mg/kg) | 锌(Zn)<br>(mg/kg) |
|---|---|---|---|---|---|---|---|
| 红壤剖面 17 | 0. 01 | 0. 12 | 4. 94 | 33. 60 | 未检出 | 4. 00 | 74. 00 |
| 红壤剖面 17/全县红壤 | 0. 22 | 1. 33 | 0. 24 | 0. 57 | — | 0. 38 | 1. 06 |
| 红壤剖面 17/全市红壤 | 0. 22 | 1. 28 | 0. 41 | 0. 66 | — | 0. 24 | 1. 09 |
| 红壤剖面 17/全县林地土壤 | 0. 29 | 1. 33 | 0. 30 | 0. 61 | — | 0. 39 | 1. 11 |
| 红壤剖面 17/全市林地土壤 | 0. 23 | 1. 43 | 0. 43 | 0. 68 | — | 0. 23 | 1. 13 |

土壤养分指标(表 3-87)包括有机质、全氮、全磷、全钾。其含量分别为 25.56g/kg、1.52g/kg、0.39g/kg 和 17.26g/kg，依据土壤养分分级标准，分别属于 Ⅲ 级、Ⅱ 级、Ⅴ 级和Ⅲ级的水平。所有指标含量均高于全县、全市红壤和全县林地土壤养分各指标的平均水平；除全钾外，其他指标含量均高于全市林地土壤养分各指标的平均水平。土壤 pH 值为 4.39，低于全县、全市红壤和全县、全市林地土壤 pH 值的平均水平。

重金属元素(表 3-88)包括镉、汞、砷、铅、镍、铜、锌，其含量分别为 0.01mg/kg、0.12mg/kg、4.94mg/kg、33.60mg/kg、未检出、4.00mg/kg 和 74.00mg/kg，所有重金属元素均低于土壤污染风险筛选值。除汞、锌外，其他元素均低于全县、全市红壤和全县、全市林地土壤重金属元素各指标的平均水平。

## 十八、剖面 18：红壤亚类

1. 剖面位置

地籍号：441423013003000100200；

地理坐标：北纬 23.718359°，东经 115.962237°；

地区：广东省梅州市丰顺县八乡山镇滩良村。

2. 剖面特征

丰顺县典型森林红壤剖面 18(图 3-43，左图)采自八乡山镇滩良村，海拔 321m，山地地貌，西北坡向，坡度 23°，中坡坡位，无侵蚀，凋落物层厚度为 3cm，腐殖质层厚度为 0cm，植被类型为阔叶混交林(图 3-43，右图)。

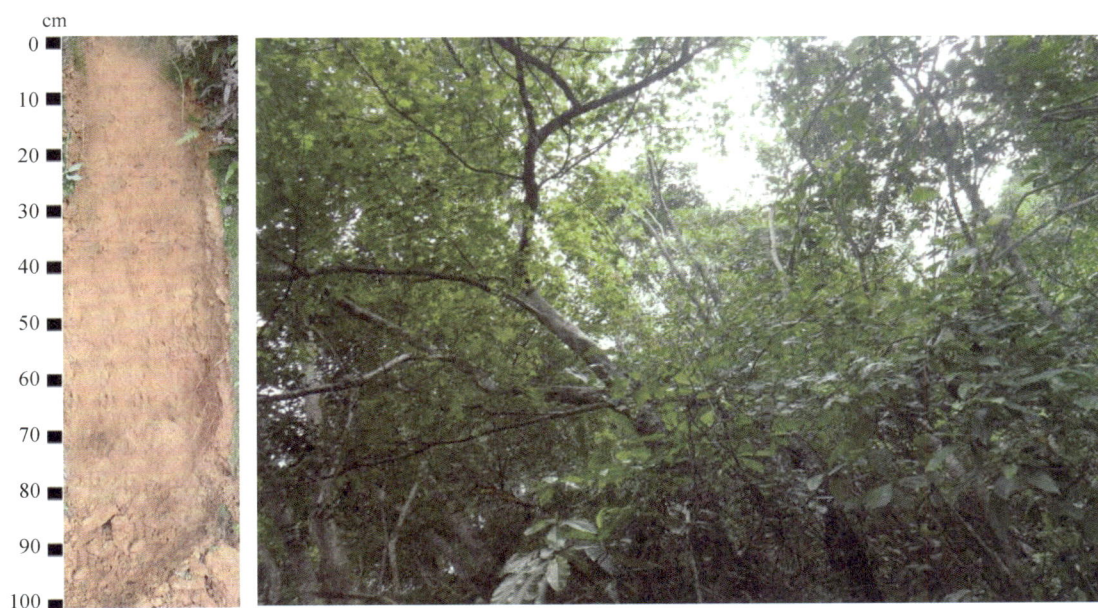

图 3-43　丰顺县红壤剖面 18(左图)及植被(右图)

3. 主要性状

丰顺县典型森林红壤剖面 18 的土壤理化性质如表 3-89、3-90 所示。

表 3-89　　丰顺县红壤剖面 18 pH 值及养分含量统计表

| 剖面 18 | pH | 有机质（SOM）（g/kg） | 全氮（N）（g/kg） | 全磷（P）（g/kg） | 全钾（K）（g/kg） |
|---|---|---|---|---|---|
| 红壤剖面 18 | 4.73 | 3.27 | 0.21 | 0.54 | 13.62 |
| 红壤剖面 18/全县红壤 | 1.02 | 0.20 | 0.24 | 2.01 | 0.84 |
| 红壤剖面 18/全市红壤 | 1.01 | 0.20 | 0.24 | 1.78 | 0.80 |
| 红壤剖面 18/全县林地土壤 | 1.02 | 0.24 | 0.27 | 2.54 | 0.80 |
| 红壤剖面 18/全市林地土壤 | 1.02 | 0.23 | 0.27 | 1.90 | 0.78 |

表 3-90　　丰顺县红壤剖面 18 重金属元素含量统计表

| 剖面 18 | 镉（Cd）（mg/kg） | 汞（Hg）（mg/kg） | 砷（As）（mg/kg） | 铅（Pb）（mg/kg） | 镍（Ni）（mg/kg） | 铜（Cu）（mg/kg） | 锌（Zn）（mg/kg） |
|---|---|---|---|---|---|---|---|
| 红壤剖面 18 | 0.17 | 0.01 | 3.67 | 101.00 | 178.00 | 63.00 | 104.00 |
| 红壤剖面 18/全县红壤 | 3.78 | 0.11 | 0.18 | 1.72 | 24.93 | 5.93 | 1.49 |
| 红壤剖面 18/全市红壤 | 3.70 | 0.11 | 0.31 | 1.98 | 16.92 | 3.83 | 1.53 |
| 红壤剖面 18/全县林地土壤 | 4.86 | 0.11 | 0.22 | 1.83 | 33.78 | 6.21 | 1.56 |
| 红壤剖面 18/全市林地土壤 | 3.86 | 0.12 | 0.32 | 2.06 | 16.43 | 3.67 | 1.59 |

　　土壤养分指标（表 3-89）包括有机质、全氮、全磷、全钾，其含量分别为 3.27g/kg、0.21g/kg、0.54g/kg 和 13.62g/kg，依据土壤养分分级标准，分别属于Ⅵ级、Ⅵ级、Ⅳ级和Ⅳ级的水平。除全磷外，其他元素均低于全县、全市林地红壤和全县、全市林地土壤养分各指标的平均水平。土壤 pH 值为 5.29，高于全县、全市红壤和全县、全市林地土壤 pH 值的平均水平。

　　重金属元素（表 3-90）包括镉、汞、砷、铅、镍、铜、锌，其含量分别为 0.17mg/kg、0.17mg/kg、3.67mg/kg、101.00mg/kg、178.00mg/kg、63.00mg/kg 和 104.00mg/kg，其中铅、镍、铜元素含量高于土壤污染风险筛选值，其他元素均低于土壤污染风险筛选值。除汞、砷外，其他元素均高于全县、全市红壤和全县、全市林地土壤重金属元素各指标的平均水平。

## 十九、剖面 19：红壤亚类

1. 剖面位置

地籍号：441423004019000200600；

地理坐标：北纬 24.044582°，东经 116.671570°；

地区：广东省梅州市丰顺县谭江镇社畬村。

2. 剖面特征

　　丰顺县典型森林红壤剖面 19（图 3-44，左图）采自谭江镇社畬村，海拔 519.8m，山地地貌，南坡向，坡度为 30°，中坡坡位，中度侵蚀，凋落物层厚度为 0cm，腐殖质层厚度为 3cm，植被类型为木本果树林（图 3-44，右图）。

图 3-44　丰顺县红壤剖面 19(左图)及植被(右图)

## 3. 主要性状

丰顺县典型森林红壤剖面 19 的土壤理化性质如表 3-91、3-92 所示。

表 3-91　丰顺县红壤剖面 19 pH 值及养分含量统计表

| 剖面 19 | pH | 有机质(SOM)(g/kg) | 全氮(N)(g/kg) | 全磷(P)(g/kg) | 全钾(K)(g/kg) |
|---|---|---|---|---|---|
| 红壤剖面 19 | 4.44 | 19.96 | 1.08 | 0.15 | 10.70 |
| 红壤剖面 19/全县红壤 | 0.95 | 1.23 | 1.25 | 0.56 | 0.66 |
| 红壤剖面 19/全市红壤 | 0.95 | 1.23 | 1.25 | 0.49 | 0.63 |
| 红壤剖面 19/全县林地土壤 | 0.95 | 1.44 | 1.40 | 0.70 | 0.63 |
| 红壤剖面 19/全市林地土壤 | 0.95 | 1.39 | 1.40 | 0.53 | 0.61 |

表 3-92　丰顺县红壤剖面 19 重金属元素含量统计表

| 剖面 19 | 镉(Cd)(mg/kg) | 汞(Hg)(mg/kg) | 砷(As)(mg/kg) | 铅(Pb)(mg/kg) | 镍(Ni)(mg/kg) | 铜(Cu)(mg/kg) | 锌(Zn)(mg/kg) |
|---|---|---|---|---|---|---|---|
| 红壤剖面 19 | 0.01 | 0.10 | 9.80 | 37.10 | 未检出 | 14.00 | 59.00 |
| 红壤剖面 19/全县红壤 | 0.22 | 1.11 | 0.47 | 0.63 | — | 1.32 | 0.84 |
| 红壤剖面 19/全市红壤 | 0.22 | 1.06 | 0.82 | 0.73 | — | 0.85 | 0.87 |
| 红壤剖面 19/全县林地土壤 | 0.29 | 1.11 | 0.59 | 0.67 | — | 1.38 | 0.88 |
| 红壤剖面 19/全市林地土壤 | 0.23 | 1.19 | 0.86 | 0.76 | — | 0.82 | 0.90 |

土壤养分指标(表 3-91)包括有机质、全氮、全磷、全钾,其含量分别为 19.96g/kg、1.08g/kg、0.15g/kg 和 10.70g/kg,依据土壤养分分级标准,分别属于 Ⅳ级、Ⅲ级、Ⅵ级

和Ⅳ级的水平。除有机质、全氮外，其他指标含量均低于全县、全市红壤和全县、全市林地土壤养分各指标的平均水平。土壤 pH 值为 4.44，低于全县、全市红壤和全县、全市林地土壤 pH 值的平均水平。

重金属元素(表 3-92)包括镉、汞、砷、铅、镍、铜、锌，其含量分别为 0.01mg/kg、0.10mg/kg、9.80mg/kg、37.10mg/kg、未检出、14.00mg/kg 和 59.00mg/kg，所有重金属元素均低于土壤污染风险筛选值。汞和铜均高于全县红壤重金属元素各指标的平均水平；除汞外，其他元素均低于全市红壤重金属元素各指标的平均水平；除汞、铜外，其他元素均低于全县林地土壤重金属元素各指标的平均水平；除汞外，其他元素均低于全市林地土壤重金属元素各指标的平均水平。

## 二十、剖面 20：黄壤亚类

1. 剖面位置

地籍号：441423004012000500100；

地理坐标：北纬 23.990840°，东经 116.620512°；

地区：广东省梅州市丰顺县谭江镇银溪村。

2. 剖面特征

丰顺县典型森林黄壤剖面 20(图 3-45，左图)采自谭江镇银溪村，海拔 759m，山地地貌，西坡向，坡度为 31°，上坡坡位，中度侵蚀，凋落物层厚度为 0cm，腐殖质层厚度为 0cm，植被类型为针阔混交林(图 3-45，右图)。

图 3-45　丰顺县黄壤剖面 20(左图)及植被(右图)

3. 主要性状

丰顺县典型森林黄壤剖面 20 的土壤理化性质如表 3-93、3-94 所示。

表 3-93　丰顺县黄壤剖面 20 pH 值及养分含量统计表

| 剖面 20 | pH | 有机质(SOM)<br>(g/kg) | 全氮(N)<br>(g/kg) | 全磷(P)<br>(g/kg) | 全钾(K)<br>(g/kg) |
|---|---|---|---|---|---|
| 黄壤剖面 20 | 4.53 | 21.84 | 0.21 | 0.54 | 13.62 |
| 黄壤剖面 20/全县黄壤 | 1.01 | 1.04 | 0.21 | 3.88 | 0.61 |
| 黄壤剖面 20/全市黄壤 | 1.03 | 1.04 | 0.18 | 3.05 | 0.65 |
| 黄壤剖面 20/全县林地土壤 | 0.97 | 1.58 | 0.27 | 2.54 | 0.80 |
| 黄壤剖面 20/全市林地土壤 | 0.97 | 1.52 | 0.27 | 1.90 | 0.78 |

表 3-94　丰顺县黄壤剖面 20 重金属元素含量统计表

| 剖面 20 | 镉(Cd)<br>(mg/kg) | 汞(Hg)<br>(mg/kg) | 砷(As)<br>(mg/kg) | 铅(Pb)<br>(mg/kg) | 镍(Ni)<br>(mg/kg) | 铜(Cu)<br>(mg/kg) | 锌(Zn)<br>(mg/kg) |
|---|---|---|---|---|---|---|---|
| 黄壤剖面 20 | 0.01 | 0.09 | 2.86 | 29.10 | 未检出 | 未检出 | 26.00 |
| 黄壤剖面 20/全县黄壤 | 1.00 | 0.94 | 0.45 | 0.88 | — | — | 0.61 |
| 黄壤剖面 20/全市黄壤 | 0.50 | 0.81 | 0.40 | 0.89 | — | — | 0.58 |
| 黄壤剖面 20/全县林地土壤 | 0.29 | 1.00 | 0.17 | 0.53 | — | — | 0.39 |
| 黄壤剖面 20/全市林地土壤 | 0.23 | 1.07 | 0.25 | 0.59 | — | — | 0.40 |

土壤养分指标(表 3-93)包括有机质、全氮、全磷、全钾,其含量分别为 21.84g/kg、0.91g/kg、0.13g/kg 和 33.74g/kg,依据土壤养分分级标准,分别属于 Ⅲ级、Ⅵ级、Ⅳ级和Ⅳ级的水平。除全氮、全钾外,其他指标含量均高于全县、全市黄壤和全县、全市林地土壤养分各指标的平均水平。土壤 pH 值为 4.53,高于全县和全市黄壤 pH 值的平均水平,低于全县和全市林地土壤 pH 值的平均水平。

重金属元素(表 3-94)包括镉、汞、砷、铅、镍、铜、锌,其含量分别为 0.01mg/kg、0.09mg/kg、2.86mg/kg、29.10mg/kg、未检出、未检出和 26.00mg/kg,所有重金属元素均低于土壤污染风险筛选值。除镉外,其他元素均低于全县黄壤重金属元素各指标的平均水平;除汞外,其他元素均低于全县和全市林地土壤重金属元素各指标的平均水平。

# 第四节　平远县森林土壤剖面

平远县森林土壤养分指标(包括有机质、全氮、全磷和全钾)平均含量分别为 17.98g/kg、1.03g/kg、0.27g/kg、16.88g/kg。不同类型土壤中的平均含量具体如下：赤红壤分别为 19.92g/kg、1.04g/kg、0.27g/kg、14.59g/kg,红壤为 17.08g/kg、0.89g/kg、0.25g/kg、16.88g/kg,黄壤为 19.05g/kg、0.98g/kg、0.13g/kg、21.43g/kg。

平远县森林土壤 pH 值平均值为 4.81,不同类型土壤中分别为赤红壤 4.74、红壤

4.83、黄壤 4.91。

　　平远县森林土壤重金属元素(包括镍、铅、铜、锌、汞、镉、砷)平均含量分别为 10.72mg/kg、46.11mg/kg、15.13mg/kg、66.67mg/kg、0.13mg/kg、0.06mg/kg、7.64mg/kg。不同类型土壤中的平均含量具体如下:赤红壤分别为 12.34mg/kg、38.76mg/kg、14.03mg/kg、71.90mg/kg、0.15mg/kg、0.06mg/kg、5.38mg/kg,红壤为 7.11mg/kg、54.01mg/kg、12.83mg/kg、72.57mg/kg、0.14mg/kg、0.05mg/kg、6.22mg/kg,黄壤为 1.36mg/kg、62.78mg/kg、3.21mg/kg、63.93mg/kg、0.11mg/kg、0.06mg/kg、3.91mg/kg。

## 一、剖面 1:赤红壤亚类

### 1. 剖面位置
地籍号:441426010007000100200;
地理坐标:北纬 24.461579°,东经 115.984618°;
地区:广东省梅州市平远县长田镇长庆村。

### 2. 剖面特征
　　平远县典型森林土壤剖面 1 土壤类型为赤红壤亚类、麻赤红壤土属、中厚麻赤红壤土种,土壤母质为花岗岩坡积、残积物。该剖面采自长田镇庆村,海拔 170.6m,山地地貌,西南坡向,坡度为25°,中坡坡位,无侵蚀,凋落物层厚度为 3cm,腐殖质层厚度为 3cm,植被类型为针阔混交林,优势树种为马尾松(图 3-46)。

　　A 层:深度为 0~17cm,土层颜色为砖红色,土壤干湿度为湿,松紧度为疏松,团粒结构,无新生体、侵入体和动物孔穴,具有少量植物根系。

　　B 层:深度为 17~100cm,土层颜色为砖红色,土壤干湿度为潮润,松紧度为疏松,团粒结构,无新生体、侵入体和动物孔穴,具有少量植物根系。

### 3. 主要性状
　　平远县典型森林赤红壤剖面 1 的土壤理化性质如表 3-95、3-96 所示。

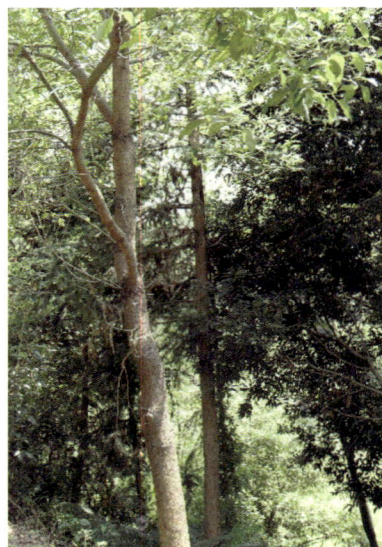

图 3-46　平远县赤红壤剖面 1 植被

表 3-95　平远县赤红壤剖面 1 pH 值及养分含量统计表

| 剖面 1 | pH | 有机质(SOM)（g/kg） | 全氮(N)（g/kg） | 全磷(P)（g/kg） | 全钾(K)（g/kg） |
|---|---|---|---|---|---|
| 赤红壤剖面 1 | 4.55 | 10.63 | 0.55 | 0.11 | 21.68 |
| 赤红壤剖面 1/全县赤红壤 | 0.96 | 0.53 | 0.53 | 0.41 | 1.49 |
| 赤红壤剖面 1/全市赤红壤 | 0.98 | 0.80 | 0.77 | 0.41 | 1.24 |
| 赤红壤剖面 1/全县林地土壤 | 0.95 | 0.59 | 0.53 | 0.41 | 1.28 |
| 赤红壤剖面 1/全市林地土壤 | 0.98 | 0.74 | 0.71 | 0.39 | 1.24 |

表 3-96　平远县赤红壤剖面 1 重金属元素含量统计表

| 剖面 1 | 镉（Cd）<br>（mg/kg） | 汞（Hg）<br>（mg/kg） | 砷（As）<br>（mg/kg） | 铅（Pb）<br>（mg/kg） | 镍（Ni）<br>（mg/kg） | 铜（Cu）<br>（mg/kg） | 锌（Zn）<br>（mg/kg） |
|---|---|---|---|---|---|---|---|
| 赤红壤剖面 1 | 0.03 | 0.03 | 3.13 | 35.60 | 4.00 | 8.00 | 51.00 |
| 赤红壤剖面 1/全县赤红壤 | 0.50 | 0.28 | 0.58 | 0.92 | 0.32 | 0.57 | 0.71 |
| 赤红壤剖面 1/全市赤红壤 | 0.64 | 0.41 | 0.31 | 0.75 | 0.37 | 0.46 | 0.79 |
| 赤红壤剖面 1/全县林地土壤 | 0.50 | 0.23 | 0.41 | 0.77 | 0.37 | 0.53 | 0.76 |
| 赤红壤剖面 1/全市林地土壤 | 0.68 | 0.36 | 0.27 | 0.72 | 0.37 | 0.47 | 0.78 |

土壤养分指标（表 3-95）包括有机质、全氮、全磷和全钾，其含量分别为 10.63g/kg、0.55g/kg、0.11g/kg 和 21.68g/kg，依据土壤养分分级标准，分别属于Ⅳ级、Ⅴ级、Ⅵ级和Ⅱ级的水平。除全钾外，其他指标含量均低于全县、全市赤红壤和全县、全市林地土壤养分各指标的平均水平。土壤 pH 值为 4.55，低于全县、全市赤红壤和全县、全市林地土壤 pH 值的平均水平。

重金属元素（表 3-96）包括镉、汞、砷、铅、镍、铜、锌，其含量分别为 0.03mg/kg、0.03mg/kg、3.13mg/kg、35.60mg/kg、4.00mg/kg、8.00mg/kg 和 51.00mg/kg，所有重金属元素均低于土壤污染风险筛选值。各重金属元素指标含量均低于全县、全市赤红壤和全县、全市林地土壤重金属元素各指标的平均水平。

## 二、剖面 2：赤红壤亚类

1. 剖面位置

地籍号：441426009014000100800；

地理坐标：北纬 24.596992°，东经 115.838820°；

地区：广东省梅州市平远县大柘镇岭下村。

2. 剖面特征

平远县典型森林土壤剖面 2（图 3-47，左图）土壤类型为赤红壤亚类、麻赤红壤土属、薄厚麻赤红壤土种，土壤母质为花岗岩坡积、残积物。该剖面采自大柘镇岭下村，海拔 198.3m，丘陵地貌，东南坡向，坡度为 28°，中坡坡位，无侵蚀，凋落物层厚度为 0cm，腐殖质层厚度为 0cm，植被类型为阔叶混交林，优势树种为枫树（图 3-47，右图）。

A 层：深度为 0~5cm，土层颜色为砖红色，土壤干湿度为湿，松紧度为疏松，团粒结构，无新生体和侵入体，有少量植物根系和蚯蚓孔。

B 层：深度为 5~100cm，土层颜色为砖红色，土壤干湿度为潮，松紧度为疏松，团粒结构，无新生体、侵入体和动物孔穴，具有少量植物根系。

3. 主要性状

平远县典型森林赤红壤剖面 2 的土壤理化性质如表 3-97、3-98 所示。

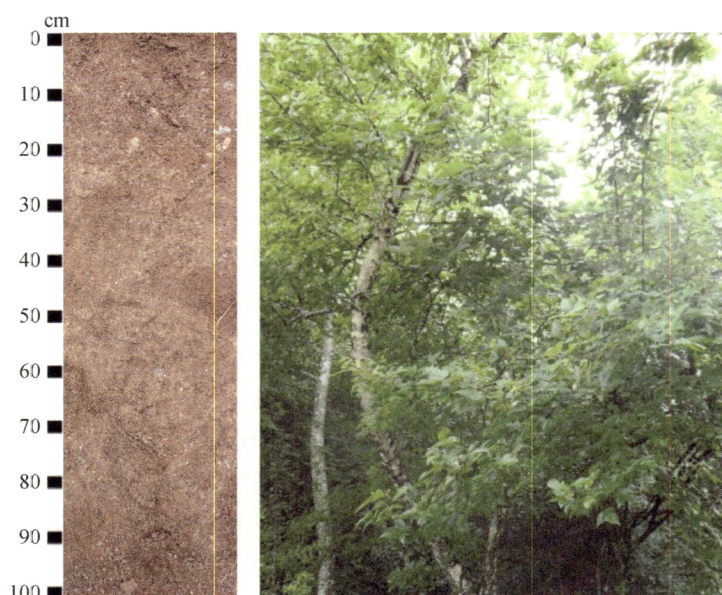

图 3-47　平远县赤红壤剖面 2( 左图 ) 及植被( 右图 )

表 3-97　平远县赤红壤剖面 2 pH 值及养分含量统计表

| 剖面 2 | pH | 有机质(SOM)<br>( g/kg ) | 全氮(N)<br>( g/kg ) | 全磷(P)<br>( g/kg ) | 全钾(K)<br>( g/kg ) |
|---|---|---|---|---|---|
| 赤红壤剖面 2 | 5. 23 | 42. 10 | 2. 14 | 0. 22 | 27. 53 |
| 赤红壤剖面 2/全县赤红壤 | 1. 10 | 2. 11 | 2. 06 | 0. 81 | 1. 89 |
| 赤红壤剖面 2/全市赤红壤 | 1. 13 | 3. 18 | 3. 01 | 0. 81 | 1. 57 |
| 赤红壤剖面 2/全县林地土壤 | 1. 09 | 2. 34 | 2. 08 | 0. 81 | 1. 63 |
| 赤红壤剖面 2/全市林地土壤 | 1. 12 | 2. 92 | 2. 78 | 0. 77 | 1. 58 |

表 3-98　平远县赤红壤剖面 2 重金属元素含量统计表

| 剖面 2 | 镉(Cd)<br>( mg/kg ) | 汞(Hg)<br>( mg/kg ) | 砷(As)<br>( mg/kg ) | 铅(Pb)<br>( mg/kg ) | 镍(Ni)<br>( mg/kg ) | 铜(Cu)<br>( mg/kg ) | 锌(Zn)<br>( mg/kg ) |
|---|---|---|---|---|---|---|---|
| 赤红壤剖面 2 | 0. 22 | 0. 07 | 0. 01 | 44. 30 | 6. 00 | 4. 00 | 74. 00 |
| 赤红壤剖面 2/全县赤红壤 | 3. 67 | 0. 66 | 0. 00 | 1. 14 | 0. 49 | 0. 29 | 1. 03 |
| 赤红壤剖面 2/全市赤红壤 | 4. 68 | 0. 96 | 0. 00 | 0. 93 | 0. 56 | 0. 23 | 1. 14 |
| 赤红壤剖面 2/全县林地土壤 | 3. 67 | 0. 54 | 0. 00 | 0. 96 | 0. 56 | 0. 26 | 1. 11 |
| 赤红壤剖面 2/全市林地土壤 | 5. 00 | 0. 83 | 0. 00 | 0. 90 | 0. 55 | 0. 23 | 1. 13 |

　　土壤养分指标( 表 3-97) 包括有机质、全氮、全磷和全钾,其含量分别为 42.10g/kg、2.14g/kg、0.22g/kg 和 27.53g/kg,依据土壤养分分级标准,分别属于Ⅰ级、Ⅰ级、Ⅴ级和Ⅰ级的水平。除全磷外,其他指标含量均高于全县、全市赤红壤和全县、全市林地土壤养分各指标的平均水平。土壤 pH 值为 5.23,高于全县、全市赤红壤和全县、全

市林地土壤 pH 值的平均水平。

　　重金属元素（表 3-98）包括镉、汞、砷、铅、镍、铜、锌，其含量分别为 0.22mg/kg、0.07mg/kg、0.01mg/kg、44.30mg/kg、6.00mg/kg、4.00mg/kg 和 74.00mg/kg，所有重金属元素均低于土壤污染风险筛选值。除镉、铅、锌外，其他元素均低于全县赤红壤重金属元素各指标的平均水平；除镉、锌外，其他元素均低于全市赤红壤和全县、全市林地土壤重金属元素各指标的平均水平。

### 三、剖面 3：赤红壤亚类

1. 剖面位置

地籍号：441426009001003000200；

地理坐标：北纬 24.628390°，东经 115.007700°；

地区：广东省梅州市平远县大杯镇东兴村。

2. 剖面特征

平远县典型森林土壤剖面 3（图 3-48，左图）土壤类型为赤红壤亚类、麻赤红壤土属、厚厚麻赤红壤土种，土壤母质为花岗岩坡积、残积物。该剖面采自大杯镇东兴村，海拔 226.0m，丘陵地貌，东坡向，坡度为 23°，上坡坡位，无侵蚀，凋落物层厚度为 1cm，腐殖质层厚度为 0cm，植被类型为针阔混交林，优势树种为马尾松（图 3-48，右图）。

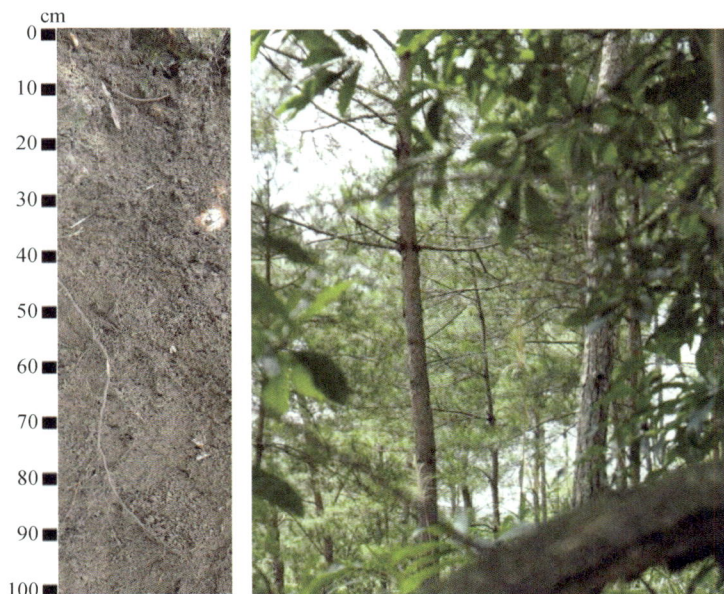

图 3-48　平远县赤红壤剖面 3（左图）及植被（右图）

　　A 层：深度为 0～30cm，土层颜色为砖红色，土壤干湿度为潮，松紧度为疏松，团粒结构，无新生体、侵入体和动物孔穴，具有少量植物根系。

　　B 层：深度为 30～100cm，土层颜色为砖红色，土壤干湿度为潮，松紧度为疏松，团粒结构，无新生体、侵入体和动物孔穴，具有少量植物根系。

### 3. 主要性状

平远县典型森林赤红壤剖面 3 的土壤理化性质如表 3-99、3-100 所示。

**表 3-99　平远县赤红壤剖面 3 pH 值及养分含量统计表**

| 剖面 3 | pH | 有机质（SOM）（g/kg） | 全氮（N）（g/kg） | 全磷（P）（g/kg） | 全钾（K）（g/kg） |
|---|---|---|---|---|---|
| 赤红壤剖面 3 | 4.77 | 29.51 | 1.49 | 0.91 | 16.11 |
| 赤红壤剖面 3/全县赤红壤 | 1.01 | 1.48 | 1.43 | 3.36 | 1.10 |
| 赤红壤剖面 3/全市赤红壤 | 1.03 | 2.23 | 2.09 | 3.36 | 0.92 |
| 赤红壤剖面 3/全县林地土壤 | 0.99 | 1.64 | 1.44 | 3.37 | 0.95 |
| 赤红壤剖面 3/全市林地土壤 | 1.03 | 2.05 | 1.93 | 3.20 | 0.92 |

**表 3-100　平远县赤红壤剖面 3 重金属元素含量统计表**

| 剖面 3 | 镉（Cd）（mg/kg） | 汞（Hg）（mg/kg） | 砷（As）（mg/kg） | 铅（Pb）（mg/kg） | 镍（Ni）（mg/kg） | 铜（Cu）（mg/kg） | 锌（Zn）（mg/kg） |
|---|---|---|---|---|---|---|---|
| 赤红壤剖面 3 | 0.09 | 0.10 | 1.36 | 23.70 | 未检出 | 24.00 | 56.00 |
| 赤红壤剖面 3/全县赤红壤 | 1.50 | 0.94 | 0.25 | 0.61 | — | 1.71 | 0.78 |
| 赤红壤剖面 3/全市赤红壤 | 1.91 | 1.37 | 0.13 | 0.50 | — | 1.39 | 0.86 |
| 赤红壤剖面 3/全县林地土壤 | 1.50 | 0.77 | 0.18 | 0.51 | — | 1.59 | 0.84 |
| 赤红壤剖面 3/全市林地土壤 | 2.05 | 1.19 | 0.12 | 0.48 | — | 1.40 | 0.85 |

土壤养分指标（表 3-99）包括有机质、全氮、全磷和全钾，其含量分别为 29.51g/kg、1.49g/kg、0.91g/kg 和 16.11g/kg，依据土壤养分分级标准，分别属于 Ⅲ 级、Ⅲ 级、Ⅱ 级和Ⅲ级的水平。所有养分指标含量均高于全县赤红壤养分各指标的平均水平；除全钾外，其他指标含量均高于全市赤红壤和全县、全市林地土壤养分各指标的平均水平。土壤 pH 值为 4.77，高于全县、全市赤红壤和全市林地土壤 pH 值的平均水平，低于全县林地土壤 pH 值的平均水平。

重金属元素（表 3-100）包括镉、汞、砷、铅、镍、铜、锌，其含量分别为 0.09mg/kg、0.10mg/kg、1.36mg/kg、23.70mg/kg、未检出、24.00mg/kg 和 56.00mg/kg，所有重金属元素均低于土壤污染风险筛选值。除镉、铜外，其他元素均低于全县赤红壤和全县林地土壤重金属元素各指标的平均水平；除镉、汞、铜外，其他元素均低于全市赤红壤和全市林地土壤重金属元素各指标的平均水平。

## 四、剖面 4：赤红壤亚类

### 1. 剖面位置
地籍号：441426011003000300700；
地理坐标：北纬 24.545081°，东经 115.992998°；
地区：广东省梅州市平远县热柘镇热柘村。

### 2. 剖面特征
平远县典型森林土壤剖面 4 土壤类型为赤红壤亚类、页赤红壤土属、厚厚赤红壤土种，土壤母质为砂页岩坡积、残积物。该剖面采自热柘镇热柘村，海拔 142.5m，丘陵地貌，西北坡向，坡度为 15°，中坡坡位，无侵蚀，凋落物层厚度为 5cm，腐殖质层厚度为 0cm，植被类型为针叶混交林，优势树种为杉木（图 3-49）。

A 层：深度为 0~26cm，土层颜色为棕色，土壤干湿度为湿，松紧度为稍紧实，块状结构，新生体为铁锰淀积物，无侵入体和动物孔穴，具有少量植物根系。

B 层：深度为 26~100cm，土层颜色为棕色，土壤干湿度为潮润，松紧度为疏松，团粒结构，新生体为铁锰淀积物，无侵入体和动物空穴，具有少量植物根系。

3. 主要性状

平远县典型森林赤红壤剖面 4 的土壤理化性质如表 3-101、3-102 所示。

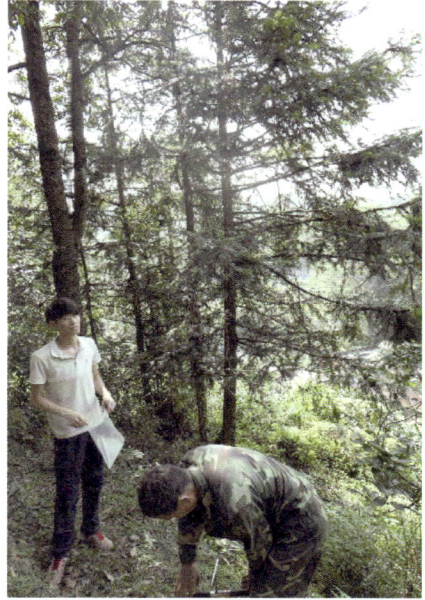

图 3-49　平远县赤红壤剖面 4 植被

表 3-101　平远县赤红壤剖面 4 pH 值及养分含量统计表

| 剖面 4 | pH | 有机质（SOM）（g/kg） | 全氮（N）（g/kg） | 全磷（P）（g/kg） | 全钾（K）（g/kg） |
|---|---|---|---|---|---|
| 赤红壤剖面 4 | 4.48 | 14.32 | 0.74 | 0.27 | 15.30 |
| 赤红壤剖面 4/全县赤红壤 | 0.95 | 0.72 | 0.71 | 1.00 | 1.05 |
| 赤红壤剖面 4/全市赤红壤 | 0.96 | 1.08 | 1.04 | 1.00 | 0.88 |
| 赤红壤剖面 4/全县林地土壤 | 0.93 | 0.80 | 0.72 | 1.00 | 0.91 |
| 赤红壤剖面 4/全市林地土壤 | 0.96 | 0.99 | 0.96 | 0.95 | 0.88 |

表 3-102　平远县赤红壤剖面 4 重金属元素含量统计表

| 剖面 4 | 镉（Cd）（mg/kg） | 汞（Hg）（mg/kg） | 砷（As）（mg/kg） | 铅（Pb）（mg/kg） | 镍（Ni）（mg/kg） | 铜（Cu）（mg/kg） | 锌（Zn）（mg/kg） |
|---|---|---|---|---|---|---|---|
| 赤红壤剖面 4 | 0.01 | 0.06 | 10.10 | 22.40 | 未检出 | 4.00 | 112.00 |
| 赤红壤剖面 4/全县赤红壤 | 0.17 | 0.57 | 1.88 | 0.58 | — | 0.29 | 1.56 |
| 赤红壤剖面 4/全市赤红壤 | 0.21 | 0.82 | 0.99 | 0.47 | — | 0.23 | 1.73 |
| 赤红壤剖面 4/全县林地土壤 | 0.17 | 0.46 | 1.32 | 0.49 | — | 0.26 | 1.68 |
| 赤红壤剖面 4/全市林地土壤 | 0.23 | 0.71 | 0.88 | 0.46 | — | 0.23 | 1.71 |

土壤养分指标（表 3-101）包括有机质、全氮、全磷和全钾，含量分别为 14.32g/kg、0.74g/kg、0.27g/kg 和 15.30g/kg，依据土壤养分分级标准，分别属于 Ⅳ 级、Ⅴ 级、Ⅴ 级和 Ⅲ 级的水平。除全磷、全钾外，其他指标含量均低于全县赤红壤养分各指标的平均水平；除全钾外，其他元素均高于全市赤红壤养分各指标的平均水平；除全磷外，其他元素均低

于全县和全市林地土壤养分各指标的平均水平。土壤 pH 值为 4.48，低于全县、全市赤红壤和全县、全市林地土壤 pH 值的平均水平。

重金属元素（表 3-102）包括镉、汞、砷、铅、镍、铜、锌，其含量分别为 0.01mg/kg、0.06mg/kg、10.10mg/kg、22.40mg/kg、未检出、4.00mg/kg 和 112.00mg/kg，所有重金属元素均低于土壤污染风险筛选值。除砷、锌外，其他元素均低于全县赤红壤重金属元素各指标的平均水平；除锌外，其他元素均低于全市赤红壤和全市林地土壤重金属元素各指标的平均水平；除砷、锌外，其他元素均低于全县林地土壤重金属元素各指标的平均水平。

## 五、剖面 5：赤红壤亚类

1. 剖面位置

地籍号：441426005004000600200；

地理坐标：北纬 24.663622°，东经 115.826482°；

地区：广东省梅州市平远县中行镇中行村。

2. 剖面特征

平远县典型森林土壤剖面 5（图 3-50，左图）土壤类型为赤红壤亚类、麻赤红壤土属、薄厚麻赤红壤土种，土壤母质为花岗岩坡积、残积物。该剖面采自中行镇中行村，海拔 247.3m，丘陵地貌，南坡向，坡度为 13°，中坡坡位，轻微侵蚀，凋落物层厚度为 0cm，腐殖质层厚度为 0cm，植被类型为灌木林（人工农林间作），优势树种为油茶（图 3-50，右图）。

图 3-50　平远县赤红壤剖面 5（左图）及植被（右图）

A 层：深度为 0~8cm，土层颜色为红色，土壤干湿度为潮，团粒结构，无新生体、侵入体、植物根系和动物孔穴。

B 层：深度为 8~100cm，土层颜色为红色，土壤干湿度为潮，松紧度为稍紧实，团粒结构，无新生体、侵入体、植物根系和动物孔穴。

3. 主要性状

平远县典型森林赤红壤剖面 5 的土壤理化性质如表 3-103、3-104 所示。

表 3-103　平远县赤红壤剖面 5 pH 值及养分含量统计表

| 剖面 5 | pH | 有机质（SOM）（g/kg） | 全氮（N）（g/kg） | 全磷（P）（g/kg） | 全钾（K）（g/kg） |
|---|---|---|---|---|---|
| 赤红壤剖面 5 | 4.68 | 25.15 | 1.29 | 0.41 | 20.39 |
| 赤红壤剖面 5/全县赤红壤 | 0.99 | 1.26 | 1.24 | 1.51 | 1.40 |
| 赤红壤剖面 5/全市赤红壤 | 1.01 | 1.90 | 1.81 | 1.51 | 1.17 |
| 赤红壤剖面 5/全县林地土壤 | 0.97 | 1.40 | 1.25 | 1.52 | 1.21 |
| 赤红壤剖面 5/全市林地土壤 | 1.01 | 1.75 | 1.68 | 1.44 | 1.17 |

表 3-104　平远县赤红壤剖面 5 重金属元素含量

| 剖面 5 | 镉（Cd）（mg/kg） | 汞（Hg）（mg/kg） | 砷（As）（mg/kg） | 铅（Pb）（mg/kg） | 镍（Ni）（mg/kg） | 铜（Cu）（mg/kg） | 锌（Zn）（mg/kg） |
|---|---|---|---|---|---|---|---|
| 赤红壤剖面 5 | 0.16 | 0.04 | 7.56 | 74.30 | 12.00 | 29.00 | 114.00 |
| 赤红壤剖面 5/全县赤红壤 | 2.67 | 0.38 | 1.41 | 1.92 | 0.97 | 2.07 | 1.59 |
| 赤红壤剖面 5/全市赤红壤 | 3.40 | 0.55 | 0.74 | 1.56 | 1.12 | 1.68 | 1.76 |
| 赤红壤剖面 5 全县林地土壤 | 2.67 | 0.31 | 0.99 | 1.61 | 1.12 | 1.92 | 1.71 |
| 赤红壤剖面 5 全市林地土壤 | 3.64 | 0.48 | 0.66 | 1.51 | 1.11 | 1.69 | 1.74 |

土壤养分指标（表 3-103）含量包括有机质、全氮、全磷和全钾，含量分别 25.15g/kg、1.29g/kg、0.41g/kg 和 20.39g/kg，依据土壤养分分级标准，分别属于Ⅲ级、Ⅲ级、Ⅳ级和Ⅱ级的水平。所有元素均高于全县、全市赤红壤和全县、全市林地土壤养分各指标的平均水平。土壤 pH 值为 4.68，低于全县赤红壤和全县林地土壤 pH 值的平均水平，高于全市赤红壤 和全市林地土壤 pH 值的平均水平。

重金属元素（表 3-104）包括镉、汞、砷、铅、镍、铜、锌，其含量分别为 0.16mg/kg、0.04mg/kg、7.56mg/kg、74.30mg/kg、12.00mg/kg、29.00mg/kg 和 114.00mg/kg，所有重金属元素均低于土壤污染风险筛选值。除汞、镍外，其他元素均高于全县赤红壤重金属元素各指标的平均水平；除汞、砷外，其他元素均高于全市赤红壤和全县、全市林地土壤重金属元素各指标的平均水平。

## 六、剖面 6：赤红壤亚类

1. 剖面位置

地籍号：441426003000200500；

地理坐标：北纬 24.713998°，东经 115.821227°；

地区：广东省梅州市平远县八尺镇樟田村。

2. 剖面特征

平远县典型森林土壤剖面 6(图 3-51，左图)为赤红壤亚类、麻红壤土属、厚厚麻红壤土种，土壤母质为花岗岩坡积、残积物。该剖面采自八尺镇樟田村，海拔 303.4m，低山地貌，北坡向，坡度为 25°，中坡坡位，无侵蚀，凋落物层厚度为 1cm，腐殖质层厚度为0cm，植被类型为针叶混交林，优势树种为杉木和马尾松(图 3-51，右图)。

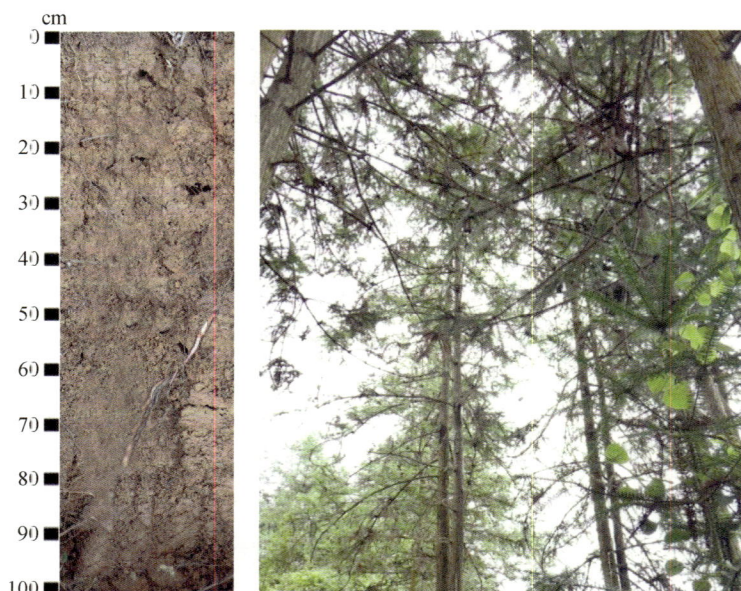

图 3-51　平远县赤红壤剖面 6(左图)及植被(右图)

A 层：深度为 0~13cm，土层颜色为砖红色，土壤干湿度为潮，松紧度为疏松，团粒结构，无新生体、侵入体和动物孔穴，有少量植物根系。

B 层：深度为 13~100cm，土层颜色为棕色，土壤干湿度为潮，松紧度为疏松，团粒结构，无新生体、侵入体和动物孔穴，有少量植物根系。

3. 主要性状

平远县典型森林赤红壤剖面 6 的土壤理化性质如表 3-105、3-106 所示。

表 3-105　平远县赤红壤剖面 6 pH 值及养分含量统计表

| 剖面 6 | pH | 有机质(SOM) (g/kg) | 全氮(N) (g/kg) | 全磷(P) (g/kg) | 全钾(K) (g/kg) |
|---|---|---|---|---|---|
| 赤红壤剖面 6 | 4.48 | 23.10 | 1.18 | 0.17 | 6.54 |
| 赤红壤剖面 6/全县赤红壤 | 0.95 | 1.16 | 1.14 | 0.63 | 0.45 |
| 赤红壤剖面 6/全市赤红壤 | 0.96 | 1.74 | 1.66 | 0.63 | 0.37 |
| 赤红壤剖面 6/全县林地土壤 | 0.93 | 1.28 | 1.15 | 0.63 | 0.39 |
| 赤红壤剖面 6/全市林地土壤 | 0.96 | 1.60 | 1.53 | 0.60 | 0.38 |

表 3-106　平远县赤红壤剖面 6 重金属元素含量统计表

| 剖面 6 | 镉（Cd）（mg/kg） | 汞（Hg）（mg/kg） | 砷（As）（mg/kg） | 铅（Pb）（mg/kg） | 镍（Ni）（mg/kg） | 铜（Cu）（mg/kg） | 锌（Zn）（mg/kg） |
|---|---|---|---|---|---|---|---|
| 赤红壤剖面 6 | 0.01 | 0.10 | 1.50 | 25.50 | 12.00 | 10.00 | 48.00 |
| 赤红壤剖面 6/全县赤红壤 | 0.17 | 0.94 | 0.28 | 0.66 | 0.97 | 0.71 | 0.67 |
| 赤红壤剖面 6/全市赤红壤 | 0.21 | 1.37 | 0.15 | 0.53 | 1.12 | 0.58 | 0.74 |
| 赤红壤剖面 6/全县林地土壤 | 0.17 | 0.77 | 0.20 | 0.55 | 1.12 | 0.66 | 0.72 |
| 赤红壤剖面 6/全市林地土壤 | 0.23 | 1.19 | 0.13 | 0.52 | 1.11 | 0.58 | 0.73 |

土壤养分指标（表 3-105）包括有机质、全氮、全磷和全钾，其含量分别为 23.10g/kg、1.18g/kg、0.17g/kg 和 6.54g/kg，依据土壤养分分级标准，分别属于Ⅲ级、Ⅲ级、Ⅵ级和Ⅴ级的水平。除全磷、全钾外，其他元素均低于全县和全市赤红壤养分各指标的平均水平，除全磷、全钾外，其他元素均低于全县和全市林地土壤养分各指标的平均水平。土壤 pH 值为 4.48，低于全县、全市赤红壤和全县、全市林地土壤 pH 值的平均水平。

重金属元素（表 3-106）包括镉、汞、砷、铅、镍、铜、锌，其含量分别为 0.01mg/kg、0.10mg/kg、1.50mg/kg、25.50mg/kg、12.00mg/kg、10.00mg/kg 和 48.00mg/kg，其中镍高于土壤污染风险筛选值，其他元素均低于土壤污染风险筛选值。所有元素均低于全县赤红壤重金属元素各指标的平均水平；除汞、镍外，其他元素均低于全市赤红壤和全市林地土壤重金属元素各指标的平均水平；除镍外，其他元素坆低于全县林地土壤重金属元素各指标的平均水平。

## 七、剖面 7：赤红壤亚类

1. 剖面位置

地籍号：441426011007000200600；

地理坐标：北纬 24.571756°、东经 116.004915°；

地区：广东省梅州市平远县热柘镇上山村。

2. 剖面特征

平远县典型森林土壤剖面 7 土壤类型为赤红壤亚类、页赤红壤土属、厚厚页赤红壤土种，土壤母质为砂页岩坡积、残积物。该剖面采自热柘镇上山村，海拔 182.7m，丘陵地貌，东南坡向，坡度为 20°，中坡坡位，无土壤侵蚀，凋落物层厚度为 0cm，腐殖质层厚度为 0cm，植被类型为针阔混交林（图 3-52）。

A 层：深度为 0~30cm，土层颜色为棕色，土壤干湿度为湿润，松紧度为稍紧实，团粒结构，新生体为石灰质新生体，无侵入体和动物孔穴，有少量植物根系。

B 层：深度为 30~100cm，土层颜色为棕色，土壤干湿度为湿，松紧度为稍紧实，团粒结构，新生体为石灰质新生体，无侵入体、动物孔穴和植物根系。

3. 主要性状

平远县典型森林赤红壤剖面 7 的土壤理化性质如表 3-107、3-108 所示。

图 3-52　平远县赤红壤剖面 7 植被

表 3-107　平远县赤红壤剖面 7 pH 值及养分含量统计表

| 剖面 7 | pH | 有机质(SOM)<br>(g/kg) | 全氮(N)<br>(g/kg) | 全磷(P)<br>(g/kg) | 全钾(K)<br>(g/kg) |
|---|---|---|---|---|---|
| 赤红壤剖面 7 | 5.03 | 8.84 | 0.53 | 0.71 | 7.83 |
| 赤红壤剖面 7/全县赤红壤 | 1.06 | 0.44 | 0.51 | 2.62 | 0.54 |
| 赤红壤剖面 7/全市赤红壤 | 1.08 | 0.67 | 0.75 | 2.62 | 0.45 |
| 赤红壤剖面 7/全县林地土壤 | 1.05 | 0.49 | 0.51 | 2.63 | 0.46 |
| 赤红壤剖面 7/全市林地土壤 | 1.08 | 0.61 | 0.69 | 2.50 | 0.45 |

表 3-108　平远县赤红壤剖面 7 重金属元素含量统计表

| 剖面 7 | 镉(Cd)<br>(mg/kg) | 汞(Hg)<br>(mg/kg) | 砷(As)<br>(mg/kg) | 铅(Pb)<br>(mg/kg) | 镍(Ni)<br>(mg/kg) | 铜(Cu)<br>(mg/kg) | 锌(Zn)<br>(mg/kg) |
|---|---|---|---|---|---|---|---|
| 赤红壤剖面 7 | 0.02 | 0.15 | 5.08 | 14.00 | 未检出 | 20.00 | 84.00 |
| 赤红壤剖面 7/全县赤红壤 | 0.33 | 1.42 | 0.94 | 0.36 | — | 1.43 | 1.17 |
| 赤红壤剖面 7/全市赤红壤 | 0.43 | 2.05 | 0.50 | 0.29 | — | 1.16 | 1.30 |
| 赤红壤剖面 7/全县林地土壤 | 0.33 | 1.15 | 0.66 | 0.30 | — | 1.32 | 1.26 |
| 赤红壤剖面 7/全市林地土壤 | 0.45 | 1.79 | 0.44 | 0.29 | — | 1.17 | 1.28 |

　　土壤养分指标(表 3-107)包括有机质、全氮、全磷和全钾,其含量分别为 8.84g/kg、0.53g/kg、0.71g/kg 和 7.83g/kg,依据土壤养分分级标准,分别属于Ⅴ级、Ⅴ级、Ⅲ级和Ⅴ级的水平。除全磷外,其他指标含量均低于全县、全市赤红壤和全县、全市林地土壤养分各指标的平均水平。土壤 pH 值为 5.03,高于全县、全市赤红壤和全县、全市林地土壤 pH 值的平均水平。

　　重金属元素(表 3-108)包括镉、汞、砷、铅、镍、铜、锌,其含量分别为 0.02mg/kg、0.15mg/kg、5.08mg/kg、14.00mg/kg、未检出、20.00mg/kg 和 84.00mg/kg,所有重

金属元素均低于土壤污染风险筛选值。除汞、铜、锌外，其他元素均低于全县、全市赤红壤和全县、全市林地土壤重金属元素各指标的平均水平。

## 八、剖面8：赤红壤亚类

### 1. 剖面位置
地籍号：441426012006000200400；
地理坐标：北纬24.520672°，东经115.847388°；
地区：广东省梅州市平远县石乡镇东台村。

### 2. 剖面特征
平远县典型森林赤红壤剖面8采自石乡镇东台村，海拔208.0m，丘陵地貌，东南坡向，坡度为20°，坡位中坡，轻微侵蚀，凋落物层厚度为3cm，腐殖质层厚度为0cm，植被类型为针叶林，优势树种为马尾松（图3-53）。

### 3. 主要性状
平远县典型森林赤红壤剖面8的土壤理化性质如表3-109、3-110所示。

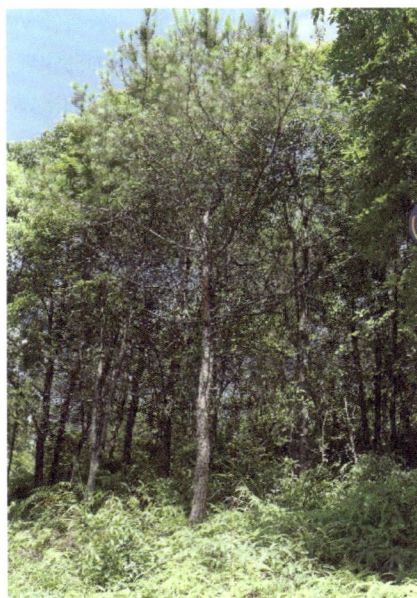

图3-53　平远县赤红壤剖面8植被

表3-109　平远县赤红壤剖面8 pH值及养分含量统计表

| 剖面8 | pH | 有机质（SOM）（g/kg） | 全氮（N）（g/kg） | 全磷（P）（g/kg） | 全钾（K）（g/kg） |
|---|---|---|---|---|---|
| 赤红壤剖面8 | 4.73 | 4.36 | 0.25 | 0.11 | 18.10 |
| 赤红壤剖面8/全县赤红壤 | 1.00 | 0.22 | 0.24 | 0.41 | 1.24 |
| 赤红壤剖面8/全市赤红壤 | 1.02 | 0.33 | 0.35 | 0.41 | 1.04 |
| 赤红壤剖面8/全县林地土壤 | 0.98 | 0.24 | 0.24 | 0.41 | 1.07 |
| 赤红壤剖面8/全市林地土壤 | 1.02 | 0.30 | 0.32 | 0.39 | 1.04 |

表3-110　平远县赤红壤剖面8重金属元素含量统计表

| 剖面8 | 镉（Cd）（mg/kg） | 汞（Hg）（mg/kg） | 砷（As）（mg/kg） | 铅（Pb）（mg/kg） | 镍（Ni）（mg/kg） | 铜（Cu）（mg/kg） | 锌（Zn）（mg/kg） |
|---|---|---|---|---|---|---|---|
| 赤红壤剖面8 | 0.02 | 0.14 | 5.20 | 40.80 | 7.00 | 5.00 | 46.00 |
| 赤红壤剖面8/全县赤红壤 | 0.33 | 1.32 | 0.97 | 1.05 | 0.57 | 0.36 | 0.64 |
| 赤红壤剖面8/全市赤红壤 | 0.43 | 1.92 | 0.51 | 0.86 | 0.66 | 0.29 | 0.71 |
| 赤红壤剖面8/全县林地土壤 | 0.33 | 1.08 | 0.68 | 0.88 | 0.65 | 0.33 | 0.69 |
| 赤红壤剖面8/全市林地土壤 | 0.45 | 1.67 | 0.46 | 0.83 | 0.65 | 0.29 | 0.70 |

土壤养分指标（表3-109）包括有机质、全氮、全磷和全钾，其含量分别为4.36g/kg、0.25g/kg、0.11g/kg和18.10g/kg，依据土壤养分分级标准，分别属于Ⅵ级、Ⅵ

级、Ⅵ级和Ⅲ级的水平。除全钾外，其他指标含量均低于全县、全市赤红壤和全县、全市林地土壤养分各指标的平均水平。土壤 pH 值为 4.73，低于全县赤红壤和全县林地土壤 pH 值的平均水平，高于全市赤红壤和全市林地土壤 pH 值的平均水平。

重金属元素(表 3-110)包括镉、汞、砷、铅、镍、铜、锌，其含量分别为 0.02mg/kg、0.14mg/kg、5.20mg/kg、40.80mg/kg、7.00mg/kg、5.00mg/kg 和 46.00mg/kg，所有重金属元素均低于土壤污染风险筛选值。除汞外，其他元素均低于全县、全市赤红壤和全县、全市林地重金属元素各指标的平均水平。

### 九、剖面 9：红壤亚类

1. 剖面位置

地籍号：441426007001000100300；

地理坐标：北纬 24.777900°，东经 113.022500°；

地区：广东省梅州市平远县泗水镇泗水村。

2. 剖面特征

平远县典型森林土壤剖面 9(图 3-54，左图)土壤类型为红壤亚类、页红壤土属、中中页红壤土种，土壤母质为砂页岩坡积风化物。该剖面采自泗水镇泗水村，海拔 473.1m，丘陵地貌，东坡向，坡度为 28°，中坡坡位，无侵蚀，凋落物层厚度为 1cm，腐殖质层厚度为 0cm，植被类型为阔叶混交林(图 3-54，右图)。

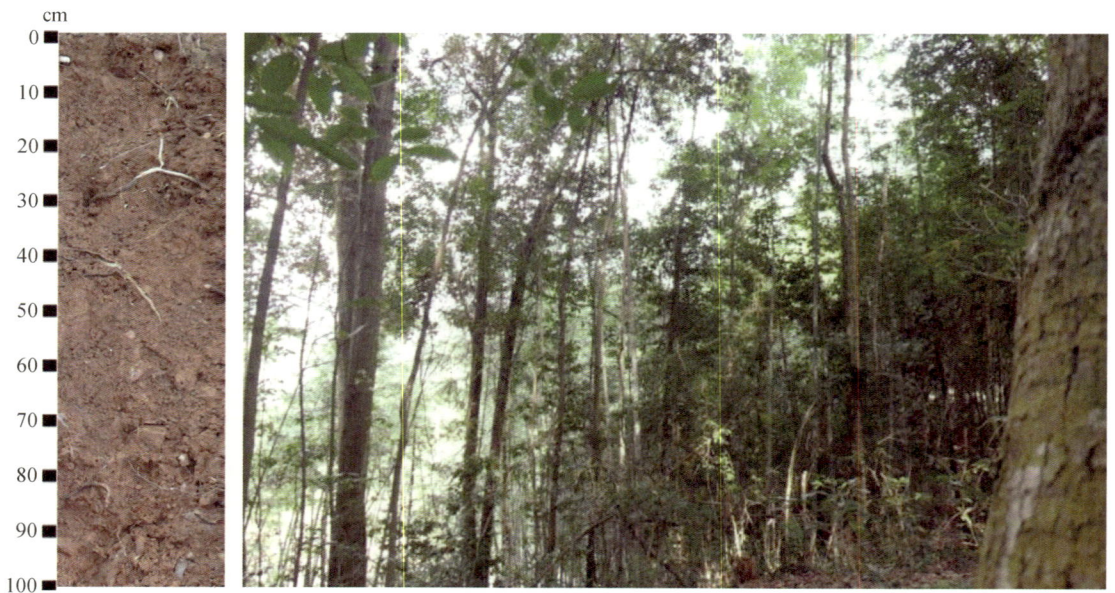

图 3-54　平远县赤红壤剖面 9(左图)及植被(右图)

A 层：深度为 0~13cm，土层颜色为红色，土壤干湿度为潮，松紧度为疏松，团粒结构，无新生体及动物孔穴，有少量植物根系。

　　B 层：深度为 13~72cm，土层颜色为砖红色，土壤干湿度为潮，松紧度为疏松，团粒结构，无新生体、侵入体及动物孔穴，有少量植物根系。

　　BC 层：深度为 72~100cm，土层颜色为砖红色，土壤干湿度为潮，松紧度为疏松，团粒结构，无新生体、侵入体及动物孔穴，有少量植物根系。

　　3. 主要性状

　　平远县典型森林红壤剖面 9 的土壤理化性质如表 3-111、3-112 所示。

表 3-111　平远县红壤剖面 9 pH 值及养分含量统计表

| 剖面 9 | pH | 有机质（SOM）（g/kg） | 全氮（N）（g/kg） | 全磷（P）（g/kg） | 全钾（K）（g/kg） |
|---|---|---|---|---|---|
| 红壤剖面 9 | 4.38 | 19.90 | 1.05 | 0.29 | 17.39 |
| 红壤剖面 9/全县红壤 | 0.91 | 1.17 | 1.18 | 1.16 | 1.03 |
| 红壤剖面 9/全市红壤 | 0.94 | 1.22 | 1.22 | 0.95 | 1.02 |
| 红壤剖面 9/全县林地土壤 | 0.91 | 1.11 | 1.02 | 1.07 | 1.03 |
| 红壤剖面 9/全市林地土壤 | 0.94 | 1.38 | 1.36 | 1.02 | 1.00 |

表 3-112　平远县红壤剖面 9 重金属元素含量统计表

| 剖面 9 | 镉（Cd）（mg/kg） | 汞（Hg）（mg/kg） | 砷（As）（mg/kg） | 铅（Pb）（mg/kg） | 镍（Ni）（mg/kg） | 铜（Cu）（mg/kg） | 锌（Zn）（mg/kg） |
|---|---|---|---|---|---|---|---|
| 红壤剖面 9 | 0.03 | 0.18 | 2.21 | 35.80 | 13.00 | 25.00 | 44.00 |
| 红壤剖面 9/全县红壤 | 0.59 | 1.29 | 0.36 | 0.66 | 1.83 | 1.95 | 0.61 |
| 红壤剖面 9/全市红壤 | 0.65 | 1.91 | 0.18 | 0.70 | 1.24 | 1.52 | 0.65 |
| 红壤剖面 9/全县林地土壤 | 0.50 | 1.38 | 0.29 | 0.78 | 1.21 | 1.65 | 0.66 |
| 红壤剖面 9/全市林地土壤 | 0.68 | 2.14 | 0.19 | 0.73 | 1.20 | 1.46 | 0.67 |

　　土壤养分指标（表 3-111）包括有机质、全氮、全磷和全钾，其含量分别为 19.90g/kg、1.05g/kg、0.29g/kg 和 17.39g/kg，依据土壤养分分级标准，分别属于 Ⅳ 级、Ⅲ 级、Ⅴ 级和Ⅲ级的水平。所有指标含量均不低于全县红壤和全县、全市林地土壤养分各指标的平均水平；除全磷外，其他指标含量均高于全市红壤养分各指标的平均水平。土壤 pH 值为 4.38，低于全县、全市红壤和全县、全市林地土壤 pH 值的平均水平。

　　重金属元素（表 3-112）包括镉、汞、砷、铅、镍、铜、锌，其含量分别为 0.03mg/kg、0.18mg/kg、2.21mg/kg、35.80mg/kg、13.00mg/kg、25.00mg/kg 和 44.00mg/kg，所有重金属元素均低于土壤污染风险筛选值。除汞、镍、铜外，其他元素均低于全县、全市红壤和全县、全市林地土壤重金属元素各指标的平均水平。

## 十、剖面 10：红壤亚类

　　1. 剖面位置

　　地籍号：441426008007000200201；

　　地理坐标：北纬 24.745189°，东经 115.937717°；

地区：广东省梅州市平远县东石镇洋背村。

2. 剖面特征

平远县典型森林土壤剖面 10(图 3-55，左图)土壤类型为红壤亚类、麻红壤土属、薄厚麻红壤土种，土壤母质为花岗岩坡积风化物。该剖面采自东石镇洋背村，海拔 434.40m，山地地貌，西南坡向，坡度为 27°，中坡坡位，无侵蚀，凋落物层厚度为 0cm，腐殖质层厚度为 0cm，植被类型为针阔混交林，优势树种为荷树和马尾松(图 3-55，右图)。

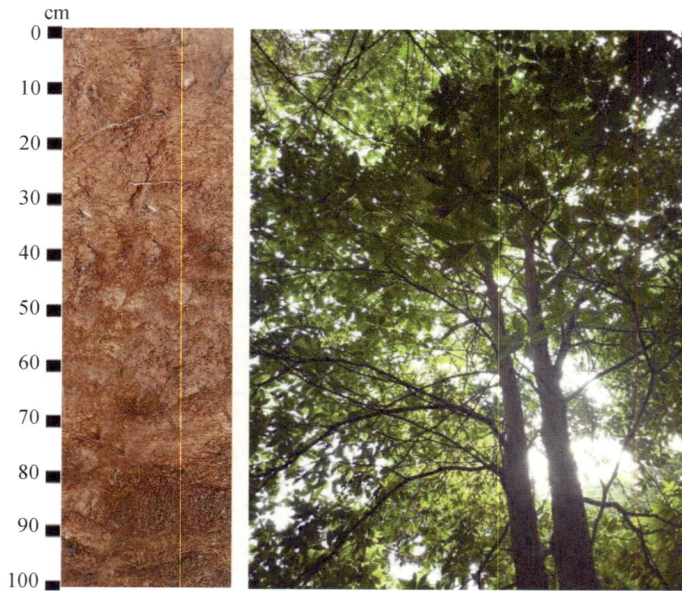

图 3-55　平远县红壤剖面 10(左图)及植被(右图)

3. 主要性状

平远县典型森林红壤剖面 10 的土壤理化性质如表 3-113、3-114 所示。

表 3-113　平远县红壤剖面 10 pH 值及养分含量统计表

| 剖面 10 | pH | 有机质(SOM)<br>(g/kg) | 全氮(N)<br>(g/kg) | 全磷(P)<br>(g/kg) | 全钾(K)<br>(g/kg) |
|---|---|---|---|---|---|
| 红壤剖面 10 | 4.9 | 13.10 | 0.73 | 0.56 | 7.61 |
| 红壤剖面 10/全县红壤 | 1.01 | 0.77 | 0.82 | 2.25 | 0.45 |
| 红壤剖面 10/全市红壤 | 1.05 | 0.81 | 0.84 | 1.84 | 0.45 |
| 红壤剖面 10/全县林地土壤 | 1.02 | 0.73 | 0.71 | 2.07 | 0.45 |
| 红壤剖面 10/全市林地土壤 | 1.05 | 0.91 | 0.95 | 1.97 | 0.44 |

表 3-114　平远县红壤剖面 10 重金属元素含量统计表

| 剖面 10 | 镉（Cd）（mg/kg） | 汞（Hg）（mg/kg） | 砷（As）（mg/kg） | 铅（Pb）（mg/kg） | 镍（Ni）（mg/kg） | 铜（Cu）（mg/kg） | 锌（Zn）（mg/kg） |
|---|---|---|---|---|---|---|---|
| 红壤剖面 10 | 0.09 | 0.13 | 5.41 | 24.00 | 29.00 | 23.00 | 129.00 |
| 红壤剖面 10/全县红壤 | 1.76 | 0.93 | 0.87 | 0.44 | 4.08 | 1.79 | 1.78 |
| 红壤剖面 10/全市红壤 | 1.96 | 1.38 | 0.45 | 0.47 | 2.76 | 1.40 | 1.90 |
| 红壤剖面 10/全县林地土壤 | 1.50 | 1.00 | 0.71 | 0.52 | 2.71 | 1.52 | 1.93 |
| 红壤剖面 10/全市林地土壤 | 2.05 | 1.55 | 0.47 | 0.49 | 2.68 | 1.34 | 1.97 |

　　土壤养分指标（表 3-113）包括有机质、全氮、全磷和全钾，其含量分别为 13.10g/kg、0.73g/kg、0.56g/kg 和 7.61g/kg，依据土壤养分分级标准，分别属于Ⅳ级、Ⅴ级、Ⅳ级和Ⅴ级的水平。除全磷外，其他指标含量均低于全县、全市红壤和全县、全市林地土壤养分各指标的平均水平。土壤 pH 值为 4.87，高于全县、全市红壤和全县、全市林地土壤 pH 值的平均水平。

　　重金属元素（表 3-114）包括镉、汞、砷、铅、镍、铜、锌，其含量分别为 0.09mg/kg、0.13mg/kg、5.41mg/kg、24.00mgkg、29.00mg/kg、23.0mg/kg 和 129.00mg/kg，所有重金属元素均低于土壤污染风险筛选值。除汞、砷、铅外，其他元素均高于全县红壤重金属元素各指标的平均水平；除砷、铅外，其他元素均高于或等于全市红壤和全县、全市林地土壤重金属元素各指标的平均水平。

## 十一、剖面 11：红壤亚类

### 1. 剖面位置

地籍号：441426004003000501000；

地理坐标：北纬 24.683500°，东经 115.895300°；

地区：广东省梅州市平远县河头镇梓坑村。

### 2. 剖面特征

　　平远县典型森林土壤剖面 11（图 3-56，左图）为红壤亚类、页红壤土属、中厚页红壤土种，土壤母质为砂页岩坡积风化物。该剖面采自河头镇梓坑村，海拔 269.4m，丘陵地貌，西北坡向，坡度为 25°，中坡坡位，无侵蚀，凋落物层厚度为 1cm，腐殖质层厚度为 0cm，植被类型为针阔混交林，优势树种为杉木（图 3-56，右图）。

　　A 层：深度为 0~14cm，土层颜色为砖红色，土壤干湿度为湿，松紧度为散碎，团粒结构，无新生体和侵入体，有蚂蚁窝和少量植物根系。

　　B 层：深度为 14~100cm，土层颜色为砖红色，土壤干湿度为湿，松紧度为疏松，团粒结构，无新生体和无侵入体，有蚂蚁窝和少量植物根系。

### 3. 主要性状

　　平远县典型森林红壤剖面 11 的土壤理化性质如表 3-115、3-116 所示。

图3-56　平远县红壤剖面11(左图)及植被(右图)

表3-115　平远县红壤剖面11 pH 值及养分含量统计表

| 剖面11 | pH | 有机质(SOM)<br>(g/kg) | 全氮(N)<br>(g/kg) | 全磷(P)<br>(g/kg) | 全钾(K)<br>(g/kg) |
|---|---|---|---|---|---|
| 红壤剖面11 | 4.73 | 27.24 | 1.37 | 14.71 | 25.26 |
| 红壤剖面11/全县红壤 | 0.98 | 1.59 | 1.54 | 59.08 | 1.50 |
| 红壤剖面11/全市红壤 | 1.01 | 1.68 | 1.59 | 48.39 | 1.48 |
| 红壤剖面11/全县林地土壤 | 0.98 | 1.52 | 1.33 | 54.48 | 1.50 |
| 红壤剖面11/全市林地土壤 | 1.02 | 1.89 | 1.78 | 51.80 | 1.45 |

表3-116　平远县壤剖面11 重金属元素含量统计表

| 剖面11 | 镉(Cd)<br>(mg/kg) | 汞(Hg)<br>(mg/kg) | 砷(As)<br>(mg/kg) | 铅(Pb)<br>(mg/kg) | 镍(Ni)<br>(mg/kg) | 铜(Cu)<br>(mg/kg) | 锌(Zn)<br>(mg/kg) |
|---|---|---|---|---|---|---|---|
| 红壤剖面11 | 0.07 | 0.08 | 5.84 | 27.70 | 31.00 | 37.00 | 66.00 |
| 红壤剖面11/全县红壤 | 1.37 | 0.57 | 0.94 | 0.51 | 4.36 | 2.88 | 0.91 |
| 红壤剖面11/全市红壤 | 1.52 | 0.85 | 0.49 | 0.54 | 2.95 | 2.25 | 0.97 |
| 红壤剖面11/全县林地土壤 | 1.17 | 0.62 | 0.76 | 0.60 | 2.89 | 2.45 | 0.99 |
| 红壤剖面11/全市林地土壤 | 1.59 | 0.95 | 0.51 | 0.56 | 2.86 | 2.16 | 1.01 |

　　土壤养分指标(表3-115)包括有机质、全氮、全磷和全钾,其含量分别为27.24g/kg、1.37g/kg、14.71g/kg 和25.26g/kg,依据土壤养分分级标准,分别属于Ⅲ级、Ⅲ级、Ⅰ级和Ⅰ级的水平。所有指标含量均高于全县、全市红壤和全县、全市林地土壤养分各指标的平均水平。土壤 pH 值为4.73,低于全县红壤和全县林地土壤 pH 值的平均水平,

高于全市红壤和全市林地土壤 pH 值的平均水平。

重金属元素（表 3-116）包括镉、汞、砷、铅、镍、铜、锌，其含量分别为 0.07mg/kg、0.08mg/kg、5.84mg/kg、27.70mg/kg、31.00mg/kg、37.00mg/kg 和 66.00mg/kg，所有重金属元素均低于土壤污染风险筛选值。除镉、镍、铜外，其他元素均低于全县、全市红壤和全县林地土壤重金属元素各指标的平均水平。

## 十二、剖面 12：红壤亚类

1. 剖面位置

地籍号：441426008005000100201；

地理坐标：北纬 24.672826°，东经 116.011778°；

地区：广东省梅州市平远县东石镇黄地村。

2. 剖面特征

平远县典型森林土壤剖面 12（图 3-57，左图）土壤类型为红壤亚类、麻红壤土属、厚厚麻红壤土种，土壤母质为花岗岩坡积、残积物。该剖面采自东石镇黄地村，海拔 593.6m，丘陵地貌，西南坡向，坡度为 20°，上坡坡位，无侵蚀，凋落物层厚度为 2cm，腐殖质层厚度为 0cm，植被类型为针叶混交林，优势树种为杉木（图 3-57，右图）。

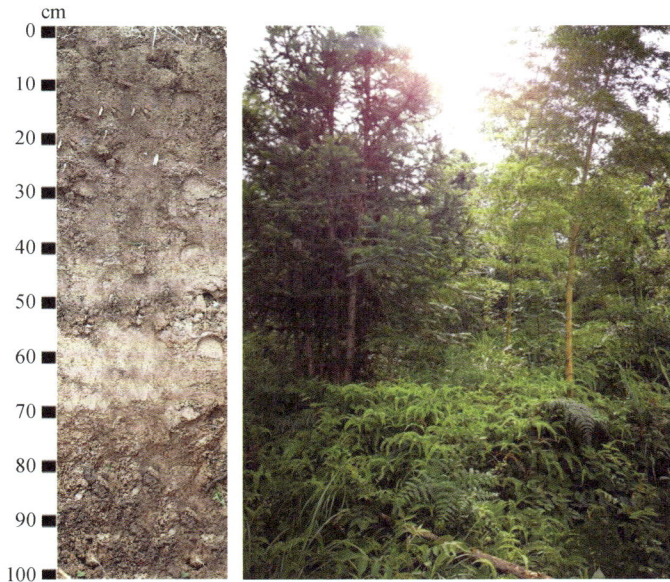

图 3-57　平远县红壤剖面 12（左图）及植被（右图）

A 层：深度为 0~26cm，土层颜色为砖红色，土壤干湿度为潮润，松紧度为稍紧实，团粒结构，无新生体、无侵入体、动物孔穴和植物根系。

AB 层：深度为 26~50cm，土层颜色为砖红色，土壤干湿度为潮润，松紧度为散碎，团粒结构，无新生体、无侵入体和动物孔穴，有少量植物根系。

B 层：深度为 50~100cm，土层颜色为砖红色，土壤干湿度为潮润，松紧度为散碎，团粒结构，无新生体、侵入体和动物孔穴，有少量植物根系。

### 3. 主要性状

平远县典型森林红壤剖面 12 的土壤理化性质如表 3-117、3-118 所示。

**表 3-117　平远县红壤剖面 12 pH 值及养分含量统计表**

| 剖面 12 | pH | 有机质（SOM）（g/kg） | 全氮（N）（g/kg） | 全磷（P）（g/kg） | 全钾（K）（g/kg） |
|---|---|---|---|---|---|
| 红壤剖面 12 | 4.56 | 26.11 | 1.29 | 0.20 | 16.64 |
| 红壤剖面 12/全县红壤 | 0.94 | 1.53 | 1.45 | 0.80 | 0.99 |
| 红壤剖面 12/全市红壤 | 0.97 | 1.61 | 1.49 | 0.66 | 0.97 |
| 红壤剖面 12/全县林地土壤 | 0.95 | 1.45 | 1.25 | 0.74 | 0.99 |
| 红壤剖面 12/全市林地土壤 | 0.98 | 1.81 | 1.68 | 0.70 | 0.95 |

**表 3-118　平远县红壤剖面 12 重金属元素含量统计表**

| 剖面 12 | 镉（Cd）（mg/kg） | 汞（Hg）（mg/kg） | 砷（As）（mg/kg） | 铅（Pb）（mg/kg） | 镍（Ni）（mg/kg） | 铜（Cu）（mg/kg） | 锌（Zn）（mg/kg） |
|---|---|---|---|---|---|---|---|
| 红壤剖面 12 | 0.04 | 0.08 | 2.55 | 42.60 | 未检出 | 4.00 | 103.00 |
| 红壤剖面 12/全县红壤 | 0.78 | 0.57 | 0.41 | 0.79 | — | 0.31 | 1.42 |
| 红壤剖面 12/全市红壤 | 0.87 | 0.85 | 0.21 | 0.84 | — | 0.24 | 1.52 |
| 红壤剖面 12/全县林地土壤 | 0.67 | 0.62 | 0.33 | 0.92 | — | 0.26 | 1.54 |
| 红壤剖面 12/全市林地土壤 | 0.91 | 0.95 | 0.22 | 0.87 | — | 0.23 | 1.57 |

土壤养分指标（表 3-117）包括有机质、全氮、全磷和全钾，其含量分别为 26.11g/kg、1.29g/kg、0.20g/kg 和 16.64g/kg，依据土壤养分分级标准，分别属于Ⅲ级、Ⅲ级、Ⅵ级和Ⅲ级的水平。除全磷、全钾外，其他指标含量均低于全县、全市林地红壤和全县、全市林地土壤养分各指标的平均水平。土壤 pH 值为 4.56，低于全县、全市红壤和全县、全市林地土壤 pH 值的平均水平。

重金属元素（表 3-118）包括镉、汞、砷、铅、镍、铜、锌，其含量分别为 0.04mg/kg、0.08mg/kg、2.55mg/kg、42.60mg/kg、未检出、4.00mg/kg 和 103.00mg/kg，所有重金属元素均低于土壤污染风险筛选值。除锌外，其他元素均低于全县、全市红壤和全县、全市林地土壤重金属元素各指标的平均水平。

## 十三、剖面 13：红壤亚类

### 1. 剖面位置

地籍号：441426007003000800200；

地理坐标：北纬 24.825625°，东经 116.052800°；

地区：广东省梅州市平远县泗水镇金田村。

### 2. 剖面特征

平远县典型森林土壤剖面 13（图 3-58，左图）土壤类型为红壤亚类、麻红壤土属、中厚麻红壤土种，土壤母质为花岗岩坡积、残积物。该剖面采自泗水镇金田村，海拔 209.9m，丘陵地貌，东南坡向，坡度为 10°，下坡坡位，无侵蚀，凋落物层厚度为 0cm，腐殖质层厚度为 0cm，植被类型为针叶林，优势树种为杉木（图 3-58，右图）。

图 3-58　平远县红壤剖面 13（左图）及植被（右图）

A 层：深度为 0~12cm，土层颜色为红色，土壤干湿度为干，松紧度为散碎，片状结构，无新生体、侵入体和植物根系，有蚂蚁窝。

B 层：深度为 12~100cm，土层颜色为棕色，土壤干湿度为潮，松紧度为散碎，片状结构，无新生体、侵入体，有少量植物根系，有蚂蚁窝。

3. 主要性状

平远县典型森林红壤剖面 13 的土壤理化性质如表 3-119、3-120 所示。

表 3-119　平远县红壤剖面 13 pH 值及养分含量统计表

| 剖面 13 | pH | 有机质（SOM）（g/kg） | 全氮（N）（g/kg） | 全磷（P）（g/kg） | 全钾（K）（g/kg） |
|---|---|---|---|---|---|
| 红壤剖面 13 | 4.9 | 25.40 | 1.30 | 0.09 | 34.13 |
| 红壤剖面 13/全县红壤 | 1.01 | 1.49 | 1.46 | 0.36 | 2.02 |
| 红壤剖面 13/全市红壤 | 1.05 | 1.56 | 1.50 | 0.30 | 2.00 |
| 红壤剖面 13/全县林地土壤 | 1.02 | 1.41 | 1.26 | 0.33 | 2.02 |
| 红壤剖面 13/全市林地土壤 | 1.05 | 1.76 | 1.69 | 0.32 | 1.96 |

表 3-120　平远县红壤剖面 13 重金属元素含量统计表

| 剖面 13 | 镉（Cd）（mg/kg） | 汞（Hg）（mg/kg） | 砷（As）（mg/kg） | 铅（Pb）（mg/kg） | 镍（Ni）（mg/kg） | 铜（Cu）（mg/kg） | 锌（Zn）（mg/kg） |
|---|---|---|---|---|---|---|---|
| 红壤剖面 13 | 0.05 | 0.13 | 3.56 | 97.30 | 未检出 | 4.00 | 67.00 |
| 红壤剖面 13/全县红壤 | 0.98 | 0.93 | 0.57 | 1.80 | — | 0.31 | 0.92 |
| 红壤剖面 13/全市红壤 | 1.09 | 1.38 | 0.30 | 1.91 | — | 0.24 | 0.99 |
| 红壤剖面 13/全县林地土壤 | 0.83 | 1.00 | 0.47 | 2.11 | — | 0.26 | 1.00 |
| 红壤剖面 13/全市林地土壤 | 1.14 | 1.55 | 0.31 | 1.98 | — | 0.23 | 1.02 |

　　土壤养分指标(表 3-119)包括有机质、全氮、全磷和全钾，其含量分别 25.40g/kg、1.30g/kg、0.09g/kg 和 34.13g/kg，依据土壤养分分级标准，分别属于Ⅲ级、Ⅲ级、Ⅵ级和Ⅰ级的水平。除全磷外，其他指标含量均高于全县、全市红壤和全县、全市林地土壤养分各指标的平均水平。土壤 pH 值为 4.90，高于全县、全市红壤和全县、全市林地土壤 pH 值的平均水平。

　　重金属元素(表 3-120)包括镉、汞、砷、铅、镍、铜、锌，其含量分别为 0.05mg/kg、0.13mg/kg、3.56mg/kg、97.30mg/kg、未检出、4.00mg/kg 和 67.00mg/kg，所有重金属元素均低于土壤污染风险筛选值。除铅外，其他元素均低于全县红壤重金属元素各指标的平均水平；除镉、汞、铅外，其他元素均低于全市红壤重金属元素各指标的平均水平；除汞、铅、锌外，其他元素均低于全县林地土壤重金属元素各指标的平均水平；除镉、汞、铅、锌外，其他元素均低于全市林地土壤重金属元素各指标的平均水平。

## 十四、剖面 14：红壤亚类

### 1. 剖面位置

地籍号：441426012003000400700；

地理坐标：北纬 24.546948°，东经 115.843702°；

地区：广东省梅州市平远县石飞镇南台村。

### 2. 剖面特征

平远县典型森林红壤剖面 14 采自石飞镇南台村，海拔 349.9m，东北坡向，坡度为 20°，上坡坡位，轻微侵蚀，凋落物层厚度为 0cm，腐殖质层厚度为 0cm，植被类型为针叶林，优势树种为马尾松(图 3-59)。

图 3-59　平远县红壤剖面 14 植被

### 3. 主要性状

平远县典型森林红壤剖面 14 的土壤理化性质如表 3-121、3-122 所示。

表 3-121　平远县红壤剖面 14 pH 值及养分含量统计表

| 剖面 14 | pH | 有机质（SOM）（g/kg） | 全氮（N）（g/kg） | 全磷（P）（g/kg） | 全钾（K）（g/kg） |
|---|---|---|---|---|---|
| 红壤剖面 14 | 4.35 | 10.10 | 0.55 | 0.13 | 11.77 |
| 红壤剖面 14/全县红壤 | 0.90 | 0.59 | 0.62 | 0.52 | 0.70 |
| 红壤剖面 14/全市红壤 | 0.93 | 0.62 | 0.64 | 0.43 | 0.69 |
| 红壤剖面 14/全县林地土壤 | 0.90 | 0.56 | 0.53 | 0.48 | 0.70 |
| 红壤剖面 14/全市林地土壤 | 0.93 | 0.70 | 0.71 | 0.46 | 0.67 |

表 3-122　平远县红壤剖面 14 重金属元素含量统计表

| 剖面 14 | 镉（Cd）（mg/kg） | 汞（Hg）（mg/kg） | 砷（As）（mg/kg） | 铅（Pb）（mg/kg） | 镍（Ni）（mg/kg） | 铜（Cu）（mg/kg） | 锌（Zn）（mg/kg） |
|---|---|---|---|---|---|---|---|
| 红壤剖面 14 | 0.01 | 0.19 | 9.85 | 34.70 | 未检出 | 2.00 | 92.00 |
| 红壤剖面 14/全县红壤 | 0.20 | 1.36 | 1.58 | 0.64 | — | 0.16 | 1.27 |
| 红壤剖面 14/全市红壤 | 0.22 | 2.02 | 0.82 | 0.68 | — | 0.12 | 1.36 |
| 红壤剖面 14/全县林地土壤 | 0.17 | 1.46 | 1.29 | 0.75 | — | 0.13 | 1.38 |
| 红壤剖面 14/全市林地土壤 | 0.23 | 2.26 | 0.86 | 0.71 | — | 0.12 | 1.40 |

　　土壤养分指标（表 3-121）包括有机质、全氮、全磷和全钾，其含量分别为 10.10g/kg、0.55g/kg、0.13g/kg 和 11.77g/kg，依据土壤养分分级标准，分别属于Ⅳ级、Ⅴ级、Ⅴ级和Ⅳ级的水平。所有元素均低于全县、全市红壤和全县、全市林地土壤养分各指标的平均水平。土壤 pH 值为 4.35，低于全县、全市红壤和全县、全市林地土壤 pH 值的平均水平。

　　重金属元素（表 3-122）包括镉、汞、砷、铅、镍、铜、锌，其含量分别为 0.01mg/kg、0.19mg/kg、9.85mg/kg、34.70mg/kg、未检出、2.00mg/kg 和 92.00mg/kg，所有重金属元素均低于土壤污染风险筛选值。除汞、砷、锌外，其他元素均低于全县红壤和全县林地土壤重金属元素各指标的平均水平；除汞、锌外，其他元素均低于全市红壤和全市林地土壤重金属元素各指标的平均水平。

## 十五、剖面 15：红壤亚类

1. 剖面位置

地籍号：441426008009000500300；

地理坐标：北纬 24.73303°，东经 115.970468°；

地区：广东省梅州市平远县东石镇灵水村。

2. 剖面特征

平远县典型森林红壤剖面 15（图 3-60，左图）采自东石镇灵水村，海拔 277.5m，山地地貌，西南坡向，坡度为 23°，中坡坡位，凋落物层厚度为 1cm，腐殖质层厚度为 0cm，植被类型为针叶林，优势树种为杉木（图 3-60，右图）。

图 3-60　平远县红壤剖面 15(左图) 及植被(右图)

### 3. 主要性状

平远县典型森林红壤剖面 15 的土壤理化性质如表 3-123、3-124 所示。

表 3-123　平远县红壤剖面 15 pH 值及养分含量统计表

| 剖面 15 | pH | 有机质(SOM)<br>(g/kg) | 全氮(N)<br>(g/kg) | 全磷(P)<br>(g/kg) | 全钾(K)<br>(g/kg) |
|---|---|---|---|---|---|
| 红壤剖面 15 | 4.73 | 12.19 | 0.68 | 0.32 | 12.66 |
| 红壤剖面 15/全县红壤 | 0.98 | 0.71 | 0.76 | 1.29 | 0.75 |
| 红壤剖面 15/全市红壤 | 1.01 | 0.75 | 0.79 | 1.05 | 0.74 |
| 红壤剖面 15/全县林地土壤 | 0.98 | 0.68 | 0.66 | 1.19 | 0.75 |
| 红壤剖面 15/全市林地土壤 | 1.02 | 0.85 | 0.88 | 1.13 | 0.73 |

表 3-124　平远县红壤剖面 15 重金属元素含量统计表

| 剖面 15 | 镉(Cd)<br>(mg/kg) | 汞(Hg)<br>(mg/kg) | 砷(As)<br>(mg/kg) | 铅(Pb)<br>(mg/kg) | 镍(Ni)<br>(mg/kg) | 铜(Cu)<br>(mg/kg) | 锌(Zn)<br>(mg/kg) |
|---|---|---|---|---|---|---|---|
| 红壤剖面 15 | 0.04 | 0.09 | 5.44 | 21.50 | 19.00 | 27.00 | 69.00 |
| 红壤剖面 15/全县红壤 | 0.78 | 0.64 | 0.87 | 0.40 | 2.67 | 2.10 | 0.95 |
| 红壤剖面 15/全市红壤 | 0.87 | 0.96 | 0.45 | 0.42 | 1.81 | 1.64 | 1.02 |
| 红壤剖面 15/全县林地土壤 | 0.67 | 0.69 | 0.71 | 0.47 | 1.77 | 1.78 | 1.03 |
| 红壤剖面 15/全市林地土壤 | 0.91 | 1.07 | 0.48 | 0.44 | 1.75 | 1.57 | 1.05 |

土壤养分指标(表 3-123) 包括有机质、全氮、全磷和全钾, 其含量分别 12.19g/kg、
0.68g/kg、0.32g/kg 和 12.66g/kg, 依据土壤养分分级标准, 分别属于Ⅳ级、Ⅴ级、Ⅴ级

和Ⅳ级的水平。除全磷外，其他指标含量均低于全县、全市红壤和全县、全市林地土壤养分各指标的平均水平。土壤 pH 值为 4.73，低于全县红壤 和全县林地土壤 pH 值的平均水平，高于全市红壤和全市林地土壤 pH 值的平均水平。

重金属元素（表 3-124）包括镉、汞、砷、铅、镍、铜、锌，其含量分别为 0.04mg/kg、0.09mg/kg、5.44mg/kg、21.50mg/kg、19.00mg/kg、27.00mg/kg 和 69.00mg/kg，所有重金属元素均低于土壤污染风险筛选值。除镍、铜外，其他元素均低于全县红壤重金属元素各指标的平均水平；除镍、铜、锌外，其他元素均低于全市红壤和全县林地土壤重金属元素各指标的平均水平；除镉、砷、铅外，其他元素均高于全市林地土壤重金属元素各指标的平均水平。

## 十六、剖面 16：红壤亚类

1. 剖面位置

地籍号：441426007005000300400；

地理坐标：北纬 24.788519°，东经 116.020195°；

地区：广东省梅州市平远县泗水镇木联村。

2. 剖面特征

平远县典型森林红壤剖面 16（图 3-61，左图）土壤类型为麻红壤土属、中厚麻红壤土种，土壤母质为花岗岩坡积、残积物。该剖面采自泗水镇木联村，海拔 177.1m，丘陵地貌，东北坡向，坡度为 25°，下坡坡位，轻微侵蚀，凋落物层厚度为 0cm，腐殖质层厚度为 1cm，植被类型为针叶林，优势树种为杉木（图 3-61，右图）。

图 3-61　平远县红壤剖面 16（左图）及植被（右图）

A 层：深度为 0~14cm，土层颜色为黄色，土壤干湿度为潮，松紧度为疏松，团粒结构，新生体为铁锰淀积物，无侵入体和动物孔穴，有少量植物根系。

B 层：深度为 14~110cm，土层颜色为黄色，土壤干湿度为潮，松紧度为稍紧实，团粒结构，无新生体、侵入体和动物孔穴，有少量植物根系。

3. 主要性状

平远县典型森林红壤剖面 16 的土壤理化性质如表 3-125、3-126 所示。

表 3-125　平远县红壤剖面 16 pH 值及养分含量统计表

| 剖面 16 | pH | 有机质（SOM）（g/kg） | 全氮（N）（g/kg） | 全磷（P）（g/kg） | 全钾（K）（g/kg） |
|---|---|---|---|---|---|
| 红壤剖面 16 | 5.52 | 12.83 | 0.74 | 0.14 | 24.57 |
| 红壤剖面 16／全县红壤 | 1.14 | 0.75 | 0.83 | 0.56 | 1.46 |
| 红壤剖面 16／全市红壤 | 1.18 | 0.79 | 0.86 | 0.46 | 1.44 |
| 红壤剖面 16／全县林地土壤 | 1.15 | 0.71 | 0.72 | 0.52 | 1.46 |
| 红壤剖面 16／全市林地土壤 | 1.19 | 0.89 | 0.96 | 0.49 | 1.41 |

表 3-126　平远县红壤剖面 16 重金属元素含量统计表

| 剖面 16 | 镉（Cd）（mg/kg） | 汞（Hg）（mg/kg） | 砷（As）（mg/kg） | 铅（Pb）（mg/kg） | 镍（Ni）（mg/kg） | 铜（Cu）（mg/kg） | 锌（Zn）（mg/kg） |
|---|---|---|---|---|---|---|---|
| 红壤剖面 16 | 0.07 | 0.12 | 0.01 | 73.40 | 未检出 | 1.00 | 94.00 |
| 红壤剖面 16／全县红壤 | 1.37 | 0.86 | 0.00 | 1.36 | — | 0.08 | 1.30 |
| 红壤剖面 16／全市红壤 | 1.52 | 1.28 | 0.00 | 1.44 | — | 0.06 | 1.39 |
| 红壤剖面 16／全县林地土壤 | 1.17 | 0.92 | 0.00 | 1.59 | — | 0.07 | 1.41 |
| 红壤剖面 16／全市林地土壤 | 1.59 | 1.43 | 0.00 | 1.49 | — | 0.06 | 1.43 |

土壤养分指标（表 3-125）包括有机质、全氮、全磷和全钾，其含量分别 12.83g/kg、0.74g/kg、0.14g/kg 和 24.57g/kg，依据土壤养分分级标准，分别属于Ⅳ级、Ⅴ级、Ⅵ级和Ⅱ级的水平。除全钾外，其他指标含量均低于全县、全市红壤和全县、全市林地土壤养分各指标的平均水平。土壤 pH 值为 5.52，高于全县、全市红壤和全县、全市林地土壤 pH 值的平均水平。

重金属元素（表 3-126）包括镉、汞、砷、铅、镍、铜、锌，其含量分别为 0.07mg/kg、0.12mg/kg、0.01mg/kg、73.40mg/kg、未检出、1.00mg/kg 和 94.00mg/kg，所有重金属元素均低于土壤污染风险筛选值。除汞、砷、铜、镍外，其他元素均高于全县红壤和全县林地土壤重金属元素各指标的平均水平；除砷、铜、镍外，其他元素均高于全市红壤和全市林地土壤重金属元素各指标的平均水平。

## 十七、剖面 17：红壤亚类

1. 剖面位置

地籍号：441426007001000500900；

地理坐标：北纬 24.754333°，东经 116.031782°；

地区：广东省梅州市平远县泗水镇泗水村。

2. 剖面特征

平远县典型森林红壤剖面 17（图 3-62，左图）采自泗水镇泗水村，海拔 361.2m，丘陵地貌，西坡向，坡度为 28°，中坡坡位，无侵蚀，凋落物层厚度为 1cm，腐殖质层厚度为 2cm，植被类型为阔叶混交林，优势树种为白椽（图 3-62，右图）。

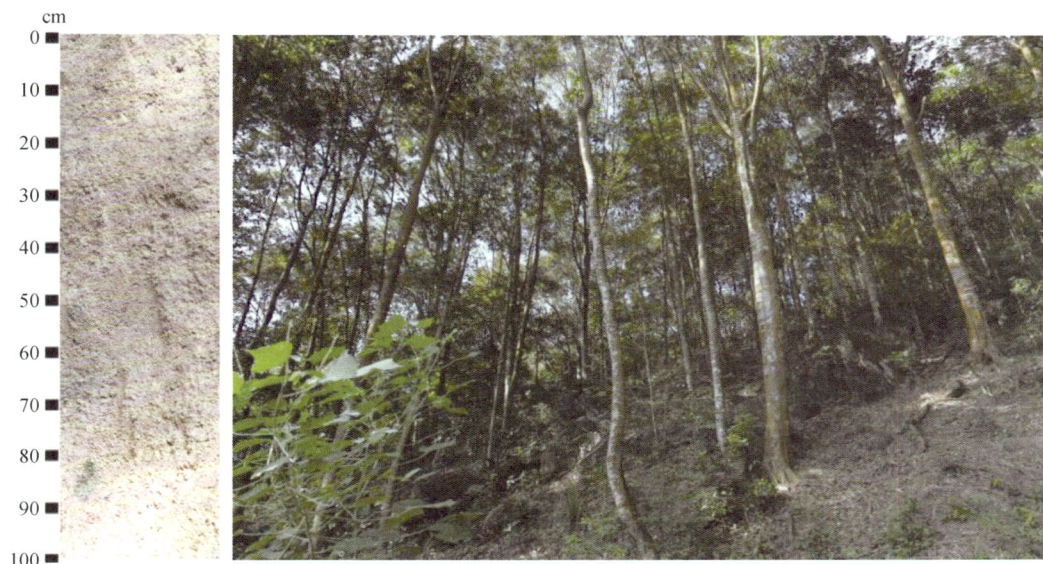

图 3-62　平远县红壤剖面 17（左图）及植被（右图）

3. 主要性状

平远县典型森林红壤剖面 17 的土壤理化性质如表 3-127、3-128 所示。

表 3-127　平远县红壤剖面 17 pH 值及养分含量统计表

| 剖面 17 | pH | 有机质（SOM）（g/kg） | 全氮（N）（g/kg） | 全磷（P）（g/kg） | 全钾（K）（g/kg） |
|---|---|---|---|---|---|
| 红壤剖面 17 | 4.92 | 7.84 | 0.41 | 0.29 | 27.33 |
| 红壤剖面 17/全县红壤 | 1.02 | 0.46 | 0.46 | 1.16 | 1.62 |
| 红壤剖面 17/全市红壤 | 1.15 | 0.48 | 0.47 | 0.95 | 1.60 |
| 红壤剖面 17/全县林地土壤 | 1.02 | 0.44 | 0.40 | 1.07 | 1.62 |
| 红壤剖面 17/全市林地土壤 | 1.06 | 0.54 | 0.53 | 1.02 | 1.57 |

表 3-128　平远县红壤剖面 17 重金属元素含量统计表

| 剖面 17 | 镉（Cd）（mg/kg） | 汞（Hg）（mg/kg） | 砷（As）（mg/kg） | 铅（Pb）（mg/kg） | 镍（Ni）（mg/kg） | 铜（Cu）（mg/kg） | 锌（Zn）（mg/kg） |
|---|---|---|---|---|---|---|---|
| 红壤剖面 17 | 0.02 | 0.12 | 3.35 | 52.80 | 未检出 | 4.00 | 92.00 |
| 红壤剖面 17/全县红壤 | 0.39 | 0.86 | 0.54 | 0.98 | — | 0.31 | 1.27 |
| 红壤剖面 17/全市红壤 | 0.43 | 1.28 | 0.28 | 1.04 | — | 0.24 | 1.36 |
| 红壤剖面 17/全县林地土壤 | 0.33 | 0.92 | 0.44 | 1.15 | — | 0.26 | 1.38 |
| 红壤剖面 17/全市林地土壤 | 0.45 | 1.43 | 0.29 | 1.08 | — | 0.23 | 1.40 |

　　土壤养分指标(表 3-127)包括有机质、全氮、全磷和全钾,其含量分别 7.84g/kg、0.41g/kg、0.29g/kg 和 27.33g/kg,依据土壤养分分级标准,分别属于 Ⅴ 级、Ⅵ 级、Ⅴ 级和 Ⅰ 级的水平。除有机质、全氮外,其他指标含量均高于全县红壤和全县、全市林地土壤养分各指标的平均水平;除全钾外,其他指标含量均低于全市红壤养分各指标的平均水平。土壤 pH 值为 4.92,高于全县、全市红壤 和全县、全市林地土壤 pH 值的平均水平。

　　重金属元素(表 3-128)包括镉、汞、砷、铅、镍、铜、锌,其含量分别为 0.02mg/kg、0.12mg/kg、3.35mg/kg、52.80mg/kg、未检出、4.00mg/kg 和 92.00mg/kg,所有重金属元素均低于土壤污染风险筛选值。除锌外,其他元素均低于全县红壤重金属元素各指标的平均水平;除汞、铅、锌外,其他元素均低于全市红壤、全市林地土壤重金属元素各指标的平均水平;除铅、锌外,其他元素均低于全县林地土壤重金属元素各指标的平均水平。

## 十八、剖面 18:红壤亚类

### 1. 剖面位置

地籍号:441426005004000201101;

地理坐标:北纬 24.674498°,东经 115.800715°;

地区:广东省梅州市平远县中行镇中行村。

### 2. 剖面特征

平远县典型森林红壤剖面 18 采自中行镇中行村,海拔 443.4m,丘陵地貌,南坡向,坡度为 20°,下坡坡位,无侵蚀,凋落物层厚度为 1cm,腐殖质层厚度为 1cm,植被类型为针阔混交林,优势树种为荷木(图 3-63)。

**图 3-63　平远县红壤剖面 18 植被**

### 3. 主要性状

平远县典型森林红壤剖面 18 的土壤理化性质如表 3-129、3-130 所示。

### 表 3-129　平远县红壤剖面 18 pH 值及养分含量统计表

| 剖面 18 | pH | 有机质（SOM）（g/kg） | 全氮（N）（g/kg） | 全磷（P）（g/kg） | 全钾（K）（g/kg） |
|---|---|---|---|---|---|
| 红壤剖面 18 | 4.86 | 39.79 | 1.96 | 0.13 | 34.84 |
| 红壤剖面 18/全县红壤 | 1.01 | 2.33 | 2.20 | 0.52 | 2.06 |
| 红壤剖面 18/全市红壤 | 1.04 | 2.45 | 2.27 | 0.43 | 2.04 |
| 红壤剖面 18/全县林地土壤 | 1.01 | 2.21 | 1.90 | 0.48 | 2.06 |
| 红壤剖面 18/全市林地土壤 | 1.04 | 2.76 | 2.55 | 0.46 | 2.00 |

### 表 3-130　平远县红壤剖面 18 重金属元素含量统计表

| 剖面 18 | 镉（Cd）（mg/kg） | 汞（Hg）（mg/kg） | 砷（As）（mg/kg） | 铅（Pb）（mg/kg） | 镍（Ni）（mg/kg） | 铜（Cu）（mg/kg） | 锌（Zn）（mg/kg） |
|---|---|---|---|---|---|---|---|
| 红壤剖面 18 | 0.06 | 0.13 | 2.73 | 62.70 | 未检出 | 未检出 | 40.00 |
| 红壤剖面 18/全县红壤 | 1.18 | 0.93 | 0.44 | 1.16 | — | — | 0.55 |
| 红壤剖面 18/全市红壤 | 1.30 | 1.38 | 0.23 | 1.23 | — | — | 0.59 |
| 红壤剖面 18/全县林地土壤 | 1.00 | 1.00 | 0.36 | 1.36 | — | — | 0.60 |
| 红壤剖面 18/全市林地土壤 | 1.36 | 1.55 | 0.24 | 1.28 | — | — | 0.61 |

土壤养分指标（表 3-129）包括有机质、全氮、全磷和全钾，其含量分别 39.79g/kg、1.96g/kg、0.13g/kg 和 34.84g/kg，依据土壤养分分级标准，分别属于 Ⅱ、Ⅱ、Ⅵ级和 Ⅰ 级的水平。除全磷外，其他指标含量均高于全县、全市红壤和全县、全市林地土壤养分各指标的平均水平。土壤 pH 值为 4.86，低于全县红壤 pH 值的平均水平，高于全市红壤 和全县、全市林地土壤 pH 值的平均水平。

重金属元素（表 3-130）包括镉、汞、砷、铅、镍、铜、锌，其含量分别为 0.06mg/kg、0.13mg/kg、2.73mg/kg、62.70mg/kg、未检出、未检出和 40.00mg/kg，所有重金属元素均低于土壤污染风险筛选值。除镉、铅外，其他元素均低于全县红壤重金属元素各指标的平均水平；除镉、汞、铅外，其他元素均低于全市红壤和全市林地土壤重金属元素各指标的平均水平；除铅外，其他元素均等于或低于全县林地土壤重金属元素各指标的平均水平。

## 十九、剖面 19：红壤亚类

### 1. 剖面位置
地籍号：441426007003000500600；
地理坐标：北纬 24.824129°，东经 116.041997°；
地区：广东省梅州市平远县泗水镇金田村。

### 2. 剖面特征
平远县典型森林红壤剖面 19（图 3-64，左图）采自泗水镇金田村，海拔 299.5m，丘陵地貌，南坡向，坡度为 16°，下坡坡位，无侵蚀，凋落物层厚度为 1cm，腐殖质层厚度为 0cm，植被类型为针叶林，优势树种为杉木（图 3-64，右图）。

图 3-64　平远县红壤剖面 19(左图)及植被(右图)

### 3. 主要性状

平远县典型森林红壤剖面 19 的土壤理化性质如表 3-131、3-132 所示。

表 3-131　平远县红壤剖面 19 pH 值及养分含量统计表

| 剖面 19 | pH | 有机质(SOM)<br>(g/kg) | 全氮(N)<br>(g/kg) | 全磷(P)<br>(g/kg) | 全钾(K)<br>(g/kg) |
|---|---|---|---|---|---|
| 红壤剖面 19 | 4.67 | 44.26 | 2.24 | 0.17 | 21.92 |
| 红壤剖面 19/全县红壤 | 0.97 | 2.59 | 2.51 | 0.68 | 1.30 |
| 红壤剖面 19/全市红壤 | 1.00 | 2.72 | 2.59 | 0.56 | 1.28 |
| 红壤剖面 19/全县林地土壤 | 0.97 | 2.46 | 2.17 | 0.63 | 1.30 |
| 红壤剖面 19/全市林地土壤 | 1.00 | 3.07 | 2.91 | 0.60 | 1.26 |

表 3-132　平远县黄壤剖面 19 重金属元素含量统计表

| 剖面 19 | 镉(Cd)<br>(mg/kg) | 汞(Hg)<br>(mg/kg) | 砷(As)<br>(mg/kg) | 铅(Pb)<br>(mg/kg) | 镍(Ni)<br>(mg/kg) | 铜(Cu)<br>(mg/kg) | 锌(Zn)<br>(mg/kg) |
|---|---|---|---|---|---|---|---|
| 红壤剖面 19 | 0.24 | 0.25 | 11.70 | 98.50 | 5.00 | 7.00 | 61.00 |
| 红壤剖面 19/全县红壤 | 4.71 | 1.79 | 1.88 | 1.82 | 0.70 | 0.55 | 0.84 |
| 红壤剖面 19/全市红壤 | 5.22 | 2.66 | 1.01 | 1.93 | 0.48 | 0.43 | 0.90 |
| 红壤剖面 19/全县林地土壤 | 4.00 | 1.92 | 1.53 | 2.14 | 0.47 | 0.46 | 0.91 |
| 红壤剖面 19/全市林地土壤 | 5.45 | 2.98 | 1.02 | 2.01 | 0.46 | 0.41 | 0.93 |

土壤养分指标(表 3-131)包括有机质、全氮、全磷和全钾,其含量分别 44.26g/kg、

2.24g/kg、0.17g/kg 和 21.92g/kg，依据土壤养分分级标准，分别属于 Ⅰ 级、Ⅰ 级、Ⅵ 级和 Ⅱ 级的水平。所有指标含量均高于全县红壤养分各指标的平均水平；除全磷外，其他元素均高于全市红壤、全县和全市林地土壤养分各指标的平均水平。土壤 pH 值为 4.67，低于全县红壤和全县林地土壤 pH 值的平均水平，不低于全市红壤和全市林地土壤 pH 值的平均水平。

重金属元素（表 3-132）包括镉、汞、砷、铅、镍、铜、锌，其含量分别为 0.24mg/kg、0.25mg/kg、11.70mg/kg、98.50mg/kg、5.00mg/kg、7.00mg/kg 和 61.00mg/kg，所有重金属元素均低于土壤污染风险筛选值。除镍、铜、锌外，其他元素均高于全县红壤和全县、全市林地土壤重金属元素各指标的平均水平。

## 二十、剖面 20：红壤亚类

1. 剖面位置

地籍号：441026007003000701300；

地理坐标：北纬 24.817178°，东经 116.040368°；

地区：广东省梅州市平远县泗水镇金田村。

2. 剖面特征

平远县典型森林红壤剖面 20（图 3-65，左图）采自泗水镇金田村，海拔 254.0m，丘陵地貌，东坡向，坡度为 15°，下坡坡位，无侵蚀，凋落物层厚度为 1cm，腐殖质层厚度为 2cm，植被类型为针叶林，优势树种为杉木（图 3-65，右图）。

图 3-65　平远县红壤剖面 20（左图）及植被（右图）

3. 主要性状

平远县典型森林红壤剖面 20 的土壤理化性质如表 3-133、3-134 所示。

表 3-133　平远县红壤剖面 20 pH 值及养分含量统计表

| 剖面 20 | pH | 有机质(SOM)(g/kg) | 全氮(N)(g/kg) | 全磷(P)(g/kg) | 全钾(K)(g/kg) |
|---|---|---|---|---|---|
| 红壤剖面 20 | 4.58 | 32.17 | 1.63 | 0.28 | 19.93 |
| 红壤剖面 20/全县红壤 | 0.95 | 1.88 | 1.83 | 1.12 | 1.18 |
| 红壤剖面 20/全市红壤 | 0.98 | 1.98 | 1.89 | 0.92 | 1.17 |
| 红壤剖面 20/全县林地土壤 | 0.95 | 1.79 | 1.58 | 1.04 | 1.18 |
| 红壤剖面 20/全市林地土壤 | 0.98 | 2.23 | 2.12 | 0.99 | 1.14 |

表 3-134　平远县红壤剖面 20 重金属元素含量统计表

| 剖面 20 | 镉(Cd)(mg/kg) | 汞(Hg)(mg/kg) | 砷(As)(mg/kg) | 铅(Pb)(mg/kg) | 镍(Ni)(mg/kg) | 铜(Cu)(mg/kg) | 锌(Zn)(mg/kg) |
|---|---|---|---|---|---|---|---|
| 红壤剖面 20 | 0.03 | 0.12 | 0.01 | 41.80 | 11.00 | 28.00 | 51.00 |
| 红壤剖面 20/全县红壤 | 0.59 | 0.86 | 0.00 | 0.77 | 1.55 | 2.18 | 0.70 |
| 红壤剖面 20/全市红壤 | 0.65 | 1.28 | 0.00 | 0.82 | 1.05 | 1.70 | 0.75 |
| 红壤剖面 20/全县林地土壤 | 0.50 | 0.92 | 0.00 | 0.91 | 1.03 | 1.85 | 0.76 |
| 红壤剖面 20/全市林地土壤 | 0.68 | 1.43 | 0.00 | 0.85 | 1.02 | 1.63 | 0.78 |

　　土壤养分指标(表 3-133)包括有机质、全氮、全磷和全钾,其含量分别 32.17g/kg、1.63g/kg、0.28g/kg 和 19.93g/kg,依据土壤养分分级标准,分别属于Ⅱ级、Ⅱ级、Ⅴ级和Ⅲ级的水平。所有指标含量均高于全县红壤和全县林地土壤养分各指标的平均水平;除全磷外,其他指标含量均高于全市红壤和全市林地土壤养分各指标的平均水平。土壤 pH 值为 4.58,低于全县红壤和全县、全市林地土壤 pH 值的平均水平,高于全市红壤 pH 值的平均水平。

　　重金属元素(表 3-134)包括镉、汞、砷、铅、镍、铜、锌,其含量分别为 0.03mg/kg、0.12mg/kg、0.01mg/kg、41.80mg/kg、11.00mg/kg、28.00mg/kg 和 51.00mg/kg,所有重金属元素均低于土壤污染风险筛选值。除镍、铜外,其他元素均低于全县红壤和全县林地土壤重金属元素各指标的平均水平。

## 二十一、剖面 21:红壤亚类

1. 剖面位置

地籍号:44142600700500040100;

地理坐标:北纬 24.778300°,东经 116.060475°;

地区:广东省梅州市平远县泗水镇木联村。

2. 剖面特征

　　平远县典型森林红壤剖面 21(图 3-66,左图)采自泗水镇木联村,海拔 270.0m,丘陵地貌,西北坡向,坡度为 45°,下坡坡位,轻微侵蚀,凋落物层厚度为 0cm,腐殖质层厚度为 0cm,植被类型为阔叶混交林,优势树种为荷木(图 3-66,右图)。

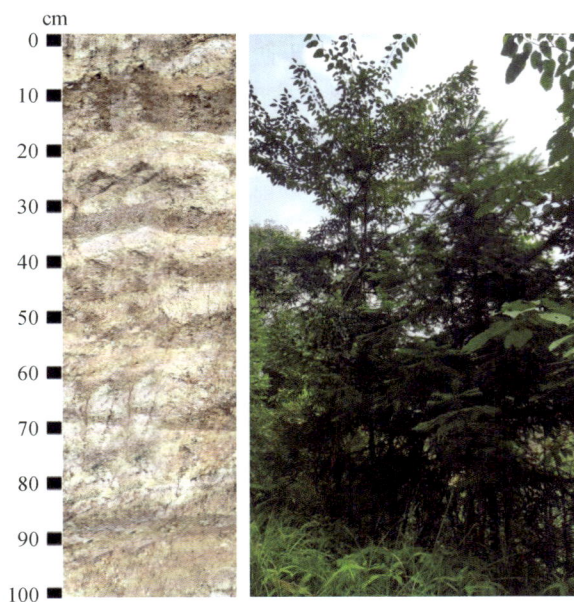

图 3-66　平远县红壤剖面 21(左图)及植被(右图)

## 3. 主要性状

平远县典型森林红壤剖面 21 的土壤理化性质如表 3-135、3-136 所示。

表 3-135　平远县红壤剖面 21 pH 值及养分含量统计表

| 剖面 21 | pH | 有机质(SOM)<br>(g/kg) | 全氮(N)<br>(g/kg) | 全磷(P)<br>(g/kg) | 全钾(K)<br>(g/kg) |
|---|---|---|---|---|---|
| 红壤剖面 21 | 5.38 | 3.35 | 0.18 | 0.07 | 34.48 |
| 红壤剖面 21/全县红壤 | 1.11 | 0.20 | 0.20 | 0.28 | 2.04 |
| 红壤剖面 21/全市红壤 | 1.15 | 0.21 | 0.21 | 0.23 | 2.02 |
| 红壤剖面 21/全县林地土壤 | 1.12 | 0.19 | 0.17 | 0.26 | 2.04 |
| 红壤剖面 21/全市林地土壤 | 1.16 | 0.23 | 0.23 | 0.25 | 1.98 |

表 3-136　平远县红壤剖面 21 重金属元素含量统计表

| 剖面 21 | 镉(Cd)<br>(mg/kg) | 汞(Hg)<br>(mg/kg) | 砷(As)<br>(mg/kg) | 铅(Pb)<br>(mg/kg) | 镍(Ni)<br>(mg/kg) | 铜(Cu)<br>(mg/kg) | 锌(Zn)<br>(mg/kg) |
|---|---|---|---|---|---|---|---|
| 红壤剖面 21 | 0.13 | 0.05 | 15.90 | 75.60 | 未检出 | 未检出 | 44.00 |
| 红壤剖面 21/全县红壤 | 2.55 | 0.36 | 2.56 | 1.40 | — | — | 0.61 |
| 红壤剖面 21/全市红壤 | 2.83 | 0.53 | 1.32 | 1.48 | — | — | 0.65 |
| 红壤剖面 21/全县林地土壤 | 2.17 | 0.38 | 2.08 | 1.64 | — | — | 0.66 |
| 红壤剖面 21/全市林地土壤 | 2.95 | 0.60 | 1.39 | 1.54 | — | — | 0.67 |

土壤养分指标(表 3-135)包括有机质、全氮、全磷和全钾,其含量分别 3.35g/kg、

0.18g/kg、0.07g/kg 和 34.48g/kg，依据土壤养分分级标准，分别属于Ⅵ级、Ⅵ级、Ⅵ级和Ⅰ级的水平。除全钾外，其他指标含量均低于全县、全市红壤和全县、全市林地土壤养分各指标的平均水平。土壤 pH 值为 5.38，高于全县、全市红壤和全县、全市林地土壤 pH 值的平均水平。

重金属元素（表 3-136）包括镉、汞、砷、铅、镍、铜、锌，其含量分别为 0.13mg/kg、0.05mg/kg、15.90mg/kg、75.60mg/kg、未检出、未检出和 44.00mg/kg，所有重金属元素均低于土壤污染风险筛选值。除镉、砷、铅外，其他元素均低于全县、全市红壤和全县、全市林地土壤重金属元素各指标的平均水平。

# 第五节　蕉岭县森林土壤剖面

蕉岭县森林土壤养分指标（包括有机质、全氮、全磷和全钾）平均含量分别为 18.04g/kg、1.03g/kg、0.30g/kg、20.29g/kg，红壤中的平均含量分别为 19.09g/kg、1.08g/kg、0.31g/kg、19.63g/kg。

蕉岭县森林土壤 pH 值平均值为 4.74，红壤 pH 值为 4.83。

蕉岭县森林土壤重金属元素（包括镉、汞、砷、铅、镍、铜、锌）平均含量分别为 0.04mg/kg、0.06mg/kg、8.00mg/kg、49.44mg/kg、22.36mg/kg、28.32mg/kg、65.74mg/kg，红壤中的平均含量分别为 0.04mg/kg、0.06mg/kg、7.70mg/kg、51.37mg/kg、22.96mg/kg、29.38mg/kg、67.33mg/kg。

## 一、剖面 1：红壤亚类

1. 剖面位置

地籍号：441427003010000400102；

地理坐标：北纬 24.471900°，东经 116.081900°；

地区：广东省梅州市蕉岭县广福镇广育村。

2. 剖面特征

蕉岭县典型森林红壤剖面 1（图 3-67，左图）土壤类型为麻红壤土属、中厚麻红壤土种，土壤母质为花岗岩坡积、残积物。该剖面采自广福镇广育村，海拔 352.9m，丘陵地貌，西南坡向，坡度为 39°，中坡坡位，土壤质地为壤土，轻微侵蚀，凋落物层厚度为 5cm，腐殖质层厚度为 15cm，植被类型为阔叶混交林（图 3-67，右图）。

A 层：深度为 0~14cm，土层颜色为暗棕色，土壤干湿度为湿，松紧度为紧密，团粒结构，无新生体、侵入体及动物孔穴，具有少量植物根系。

B 层：深度为 14~90cm，土层颜色为棕色，土壤干湿度为湿，松紧度为紧密，团粒结构，无新生体、侵入体及动物孔穴，具有少量植物根系。

C 层：深度为 90~100cm，土层颜色为棕色，土壤干湿度为湿，松紧度为紧密，团粒结构，无新生体和动物孔穴，有侵入体和少量植物根系。

图 3-67　蕉岭县红壤剖面 1(左图)及植被(右图)

### 3. 主要性状

蕉岭县典型森林红壤剖面 1 的土壤理化性质如表 3-137、3-138 所示。

表 3-137　蕉岭县红壤剖面 1 pH 值及养分含量统计表

| 剖面 1 | pH | 有机质(SOM)<br>(g/kg) | 全氮(N)<br>(g/kg) | 全磷(P)<br>(g/kg) | 全钾(K)<br>(g/kg) |
|---|---|---|---|---|---|
| 红壤剖面 1 | 4.63 | 21.08 | 1.15 | 0.12 | 25.00 |
| 红壤剖面 1/全县红壤 | 1.03 | 1.10 | 1.06 | 0.39 | 1.27 |
| 红壤剖面 1/全市红壤 | 0.99 | 1.30 | 1.34 | 0.40 | 1.46 |
| 红壤剖面 1/全县林地土壤 | 1.03 | 1.17 | 1.12 | 0.40 | 1.23 |
| 红壤剖面 1/全市林地土壤 | 1.00 | 1.46 | 1.49 | 0.43 | 1.43 |

表 3-138　蕉岭县红壤剖面 1 重金属元素含量统计表

| 剖面 1 | 镉(Cd)<br>(mg/kg) | 汞(Hg)<br>(mg/kg) | 砷(As)<br>(mg/kg) | 铅(Pb)<br>(mg/kg) | 镍(Ni)<br>(mg/kg) | 铜(Cu)<br>(mg/kg) | 锌(Zn)<br>(mg/kg) |
|---|---|---|---|---|---|---|---|
| 红壤剖面 1 | 0.01 | 0.09 | 2.98 | 69.00 | 8.00 | 19.00 | 71.00 |
| 红壤剖面 1/全县红壤 | 0.25 | 1.50 | 0.39 | 1.34 | 0.35 | 0.65 | 1.05 |
| 红壤剖面 1/全市红壤 | 0.20 | 1.00 | 0.25 | 1.35 | 0.76 | 1.16 | 1.05 |
| 红壤剖面 1/全县林地土壤 | 0.25 | 1.50 | 0.37 | 1.40 | 0.36 | 0.67 | 1.08 |
| 红壤剖面 1/全市林地土壤 | 0.25 | 1.13 | 0.26 | 1.41 | 0.74 | 1.11 | 1.08 |

土壤养分指标(表 3-137)包括有机质、全氮、全磷和全钾,其含量分别为 21.08g/kg、1.15g/kg、0.12g/kg 和 25.00g/kg,依据上述土壤养分分级标准,分别属于Ⅲ级、Ⅲ

级、Ⅵ级和Ⅱ级的水平。有机质、全氮、全钾高于全县、全市红壤和全县、全市林地土壤养分各指标的平均水平；全磷低于全县红壤和全县、全市林地土壤养分各指标的平均水平。土壤pH值为4.63，高于全县红壤、全县林地土壤pH值的平均水平，低于全市红壤、全市林地土壤pH值的平均水平。

重金属元素(表3-138)包括镉、汞、砷、铅、镍、铜、锌，其含量分别为0.01mg/kg、0.09mg/kg、2.98mg/kg、69.00mg/kg、8.00mg/kg、19.00mg/kg和71.00mg/kg，所有重金属元素均低于土壤污染风险筛选值。镉、砷、镍、铜低于全县红壤、全县林地土壤重金属元素各指标的平均水平，汞、铅、锌高于全县红壤、全县林地土壤重金属元素各指标的平均水平；铅、铜、锌高于全市红壤重金属元素各指标的平均水平；汞高于全市林地土壤重金属元素各指标的平均水平；镉、砷、镍低于全市林地土壤和全市红壤重金属元素各指标的平均水平。

## 二、剖面2：红壤亚类

### 1. 剖面位置
地籍号：441427009001000200300；
地理坐标：北纬24.422100°，东经116.170100°；
地区：广东省梅州市蕉岭县皇佑笔林场白水村。

### 2. 剖面特征
蕉岭县典型森林红壤剖面2(图3-68，左图)土壤类型为麻红壤土属、薄厚麻红壤土种，土壤母质为花岗岩坡积、残积物。该剖面采自皇佑笔林场白水村，海拔387.0m，丘陵地貌，东南坡向，坡度为36°，下坡坡位，土壤质地为壤土，无侵蚀，凋落物层厚度为7cm，腐殖质层厚度为10cm，植被类型为竹林(图3-68，右图)。

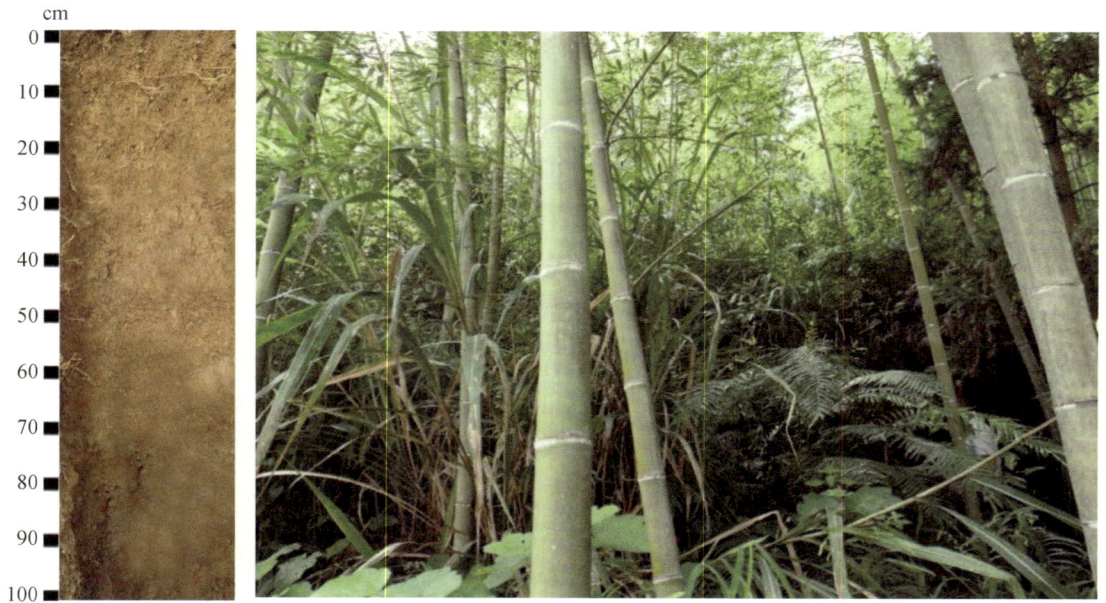

图3-68　蕉岭县红壤剖面2(左图)及植被(右图)

A 层：深度为 0~8cm，土层颜色为暗棕色，土壤干湿度为湿，松紧度为稍紧，团粒结构，无新生体、侵入体以及动物孔穴，具有少量植物根系。

B 层：深度为 8~100cm，土层颜色为红色，土壤干湿度为湿，松紧度为稍紧，团粒结构，无新生体、侵入体以及动物孔穴，具有少量植物根系。

3. 主要性状

蕉岭县典型森林红壤剖面 2 的土壤理化性质如表 3-139、3-140 所示。

**表 3-139　蕉岭县红壤剖面 2 pH 值及养分含量统计表**

| 剖面 2 | pH | 有机质（SOM）（g/kg） | 全氮（N）（g/kg） | 全磷（P）（g/kg） | 全钾（K）（g/kg） |
|---|---|---|---|---|---|
| 红壤剖面 2 | 4.89 | 17.14 | 0.93 | 0.94 | 18.97 |
| 红壤剖面 2/全县红壤 | 1.09 | 0.90 | 0.86 | 3.00 | 0.97 |
| 红壤剖面 2/全市红壤 | 1.04 | 1.05 | 1.08 | 3.10 | 1.11 |
| 红壤剖面 2/全县林地土壤 | 1.09 | 0.95 | 0.90 | 3.10 | 0.93 |
| 红壤剖面 2/全市林地土壤 | 1.05 | 1.19 | 1.21 | 3.36 | 1.09 |

**表 3-140　蕉岭县红壤剖面 2 重金属元素含量统计表**

| 剖面 2 | 镉（Cd）（mg/kg） | 汞（Hg）（mg/kg） | 砷（As）（mg/kg） | 铅（Pb）（mg/kg） | 镍（Ni）（mg/kg） | 铜（Cu）（mg/kg） | 锌（Zn）（mg/kg） |
|---|---|---|---|---|---|---|---|
| 红壤剖面 2 | 0.05 | 0.07 | 4.42 | 19.80 | 49.00 | 57.00 | 114.00 |
| 红壤剖面 2/全县红壤 | 1.25 | 1.17 | 0.57 | 0.39 | 2.13 | 1.94 | 1.69 |
| 红壤剖面 2/全市红壤 | 1.00 | 0.78 | 0.37 | 0.39 | 4.66 | 3.47 | 1.68 |
| 红壤剖面 2/全县林地土壤 | 1.25 | 1.17 | 0.55 | 0.40 | 2.19 | 2.01 | 1.73 |
| 红壤剖面 2/全市林地土壤 | 1.25 | 0.88 | 0.39 | 0.39 | 4.52 | 3.32 | 1.74 |

土壤养分指标（表 3-139）包括有机质、全氮、全磷和全钾，含量分别为 17.14g/kg、0.93g/kg、0.94g/kg 和 18.97g/kg，依据土壤养分分级标准，分别属于Ⅳ级、Ⅳ级、Ⅱ级和Ⅲ级的水平。有机质、全氮、全钾低于全县红壤、全县林地土壤养分各指标的平均水平，全磷高于全县红壤、全县林地土壤养分各指标的平均水平；土壤养分的四种指标含量均高于全市红壤和全市林地土壤养分各指标的平均水平。土壤 pH 值为 4.89，高于全县、全市红壤和全县、全市林地土壤 pH 值的平均水平。

重金属元素（表 3-140）包括镉、汞、砷、铅、镍、铜、锌，其含量分别为 0.05mg/kg、0.07mg/kg、4.42mg/kg、19.80mg/kg、49.00mg/kg、57.00mg/kg 和 114.00mg/kg，其中铜元素高于土壤污染风险筛选值，土壤存在铜元素污染风险，其余元素均低于土壤污染风险筛选值。镉、镍、铜、锌高于全县红壤、全县林地土壤重金属元素各指标的平均水平，砷、铅低于全县红壤、全县林地土壤重金属元素各指标的平均水平；镉、镍、铜、锌高于全市林地土壤重金属元素各指标的平均水平，汞、砷、铅低于全市林地土壤重金属元素各指标的平均水平。

### 三、剖面 3：红壤亚类

1. 剖面位置

地籍号：441427003010000500114；

地理坐标：北纬 24.463000°，东经 116.082100°；

地区：广东省梅州市蕉岭县广福镇广育村。

2. 剖面特征

蕉岭县典型森林红壤剖面 3(图 3-69，左图)土壤类型为麻红壤土属、中厚麻红壤土种，土壤母质为花岗岩坡积、残积物。该剖面采自广福镇广育村，海拔 321m，丘陵地貌，东南坡向，坡度为 38°，下坡坡位，土壤质地为壤土，无侵蚀，凋落物层厚度为 7cm，腐殖质层厚度为 10cm，植被类型为常绿阔叶林(图 3-69，右图)。

图 3-69　蕉岭县红壤剖面 3(左图)及植被(右图)

A 层：深度为 0~12cm，土层颜色为暗棕色，土壤干湿度为潮，松紧度为疏松，团粒结构，无新生体和动物孔穴，具有其他侵入体和少量植物根系。

B 层：深度为 12~100cm，土层颜色为棕色，土壤干湿度为潮，松紧度为疏松，团粒结构，无新生体、植物根系以及动物孔穴，具有其他侵入体。

3. 主要性状

蕉岭县典型森林红壤剖面 3 的土壤理化性质如表 3-141、3-142 所示。

表 3-141　蕉岭县红壤剖面 3 pH 值及养分含量统计表

| 剖面 3 | pH | 有机质(SOM)<br>(g/kg) | 全氮(N)<br>(g/kg) | 全磷(P)<br>(g/kg) | 全钾(K)<br>(g/kg) |
|---|---|---|---|---|---|
| 红壤剖面 3 | 4.77 | 18.43 | 0.99 | 0.09 | 24.80 |
| 红壤剖面 3/全县红壤 | 1.06 | 0.97 | 0.92 | 0.29 | 1.26 |
| 红壤剖面 3/全市红壤 | 1.02 | 1.13 | 1.15 | 0.30 | 1.45 |
| 红壤剖面 3/全县林地土壤 | 1.06 | 1.02 | 0.96 | 0.30 | 1.22 |
| 红壤剖面 3/全市林地土壤 | 1.03 | 1.28 | 1.29 | 0.32 | 1.42 |

表 3-142　蕉岭县红壤剖面 3 重金属元素含量统计表

| 剖面 3 | 镉(Cd)<br>(mg/kg) | 汞(Hg)<br>(mg/kg) | 砷(As)<br>(mg/kg) | 铅(Pb)<br>(mg/kg) | 镍(Ni)<br>(mg/kg) | 铜(Cu)<br>(mg/kg) | 锌(Zn)<br>(mg/kg) |
|---|---|---|---|---|---|---|---|
| 红壤剖面 3 | 0.02 | 0.08 | 3.00 | 128.00 | 6.00 | 3.00 | 108.00 |
| 红壤剖面 3/全县红壤 | 0.50 | 1.33 | 0.39 | 2.49 | 0.26 | 0.10 | 1.60 |
| 红壤剖面 3/全市红壤 | 0.40 | 0.89 | 0.25 | 2.51 | 0.57 | 0.18 | 1.59 |
| 红壤剖面 3/全县林地土壤 | 0.50 | 1.33 | 0.38 | 2.59 | 0.27 | 0.11 | 1.64 |
| 红壤剖面 3/全市林地土壤 | 0.50 | 1.00 | 0.26 | 2.61 | 0.55 | 0.17 | 1.65 |

　　土壤养分指标(表 3-141)包括有机质、全氮、全磷和全钾,其含量分别为 18.43g/kg、0.99g/kg、0.09g/kg 和 24.80g/kg,依据土壤养分分级标准,分别属于 Ⅳ 级、Ⅳ级、Ⅵ级和Ⅱ级的水平。有机质、全氮、全磷低于全县红壤养分各指标的平均水平;有机质、全氮、全钾高于全市红壤和全市林地土壤养分各指标的平均水平;有机质和全钾高于全县林地土壤养分各指标的平均水平,全氮、全磷低于全县林地土壤养分各指标的平均水平。土壤 pH 值为 4.77,高于全县、全市红壤和全县、全市林地土壤 pH 值的平均水平。

　　重金属元素(表 3-142)包括镉、汞、砷、铅、镍、铜、锌,其含量分别为 0.02mg/kg、0.08mg/kg、3.00mg/kg、128.00mg/kg、6.00mg/kg、3.00mg/kg 和 108.00mg/kg,其中铅元素高于土壤污染风险筛选值,土壤存在铅元素污染风险,其余元素均低于土壤污染风险筛选值。镉、砷、镍、铜低于全县红壤、全县林地土壤重金属元素各指标的平均水平,汞、铅、锌高于全县红壤、全县林地土壤重金属元素各指标的平均水平;镉、汞、砷、镍、铜低于全市红壤、全市林地土壤重金属元素各指标的平均水平,铅、锌高于全市红壤、全市林地土壤重金属元素各指标的平均水平。

## 四、剖面 4：红壤亚类

1. 剖面位置

地籍号：441427005004000700127;

地理坐标：北纬 24.405100°,东经 116.054300°;

地区：广东省梅州市蕉岭县长潭镇百美村。

2. 剖面特征

蕉岭县典型森林红壤剖面 4(图 3-70,左图)采自长潭镇百美村,海拔 390m,山地地貌，东坡向，坡度为 60°，下坡坡位，轻微侵蚀，凋落物层厚度为 5cm，腐殖质层厚度为 20cm，植被类型为常绿阔叶混交林(图 3-70，右图)。

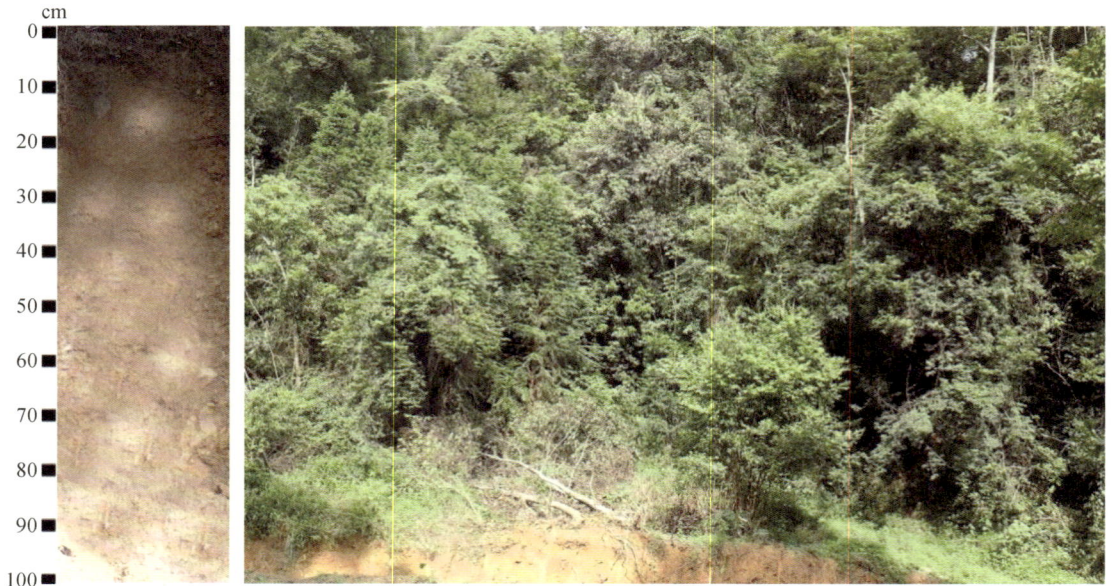

图 3-70　蕉岭县红壤剖面 4(左图)及植被(右图)

### 3. 主要性状

蕉岭县典型森林红壤剖面 4 的土壤理化性质如表 3-143、3-144 所示。

表 3-143　蕉岭县红壤剖面 4 pH 值及养分含量统计表

| 剖面 4 | pH | 有机质(SOM) (g/kg) | 全氮(N) (g/kg) | 全磷(P) (g/kg) | 全钾(K) (g/kg) |
|---|---|---|---|---|---|
| 红壤剖面 4 | 4.72 | 7.44 | 0.54 | 0.37 | 22.34 |
| 红壤剖面 4/全县红壤 | 1.05 | 0.39 | 0.50 | 1.19 | 1.14 |
| 红壤剖面 4/全市红壤 | 1.01 | 0.46 | 0.62 | 1.23 | 1.31 |
| 红壤剖面 4/全县林地土壤 | 1.05 | 0.41 | 0.52 | 1.23 | 1.10 |
| 红壤剖面 4/全市林地土壤 | 1.02 | 0.52 | 0.70 | 1.32 | 1.28 |

表 3-144　蕉岭县红壤剖面 4 重金属元素含量统计表

| 剖面 4 | 镉(Cd) (mg/kg) | 汞(Hg) (mg/kg) | 砷(As) (mg/kg) | 铅(Pb) (mg/kg) | 镍(Ni) (mg/kg) | 铜(Cu) (mg/kg) | 锌(Zn) (mg/kg) |
|---|---|---|---|---|---|---|---|
| 红壤剖面 4 | 0.01 | 0.01 | 24.20 | 41.20 | 29.00 | 32.00 | 37.00 |
| 红壤剖面 4/全县红壤 | 0.25 | 0.17 | 3.14 | 0.80 | 1.26 | 1.09 | 0.55 |
| 红壤剖面 4/全市红壤 | 0.20 | 0.11 | 2.01 | 0.81 | 2.76 | 1.95 | 0.55 |
| 红壤剖面 4/全县林地土壤 | 0.25 | 0.17 | 3.03 | 0.83 | 1.30 | 1.13 | 0.56 |
| 红壤剖面 4/全市林地土壤 | 0.25 | 0.13 | 2.12 | 0.84 | 2.68 | 1.86 | 0.56 |

土壤养分指标(表 3-143)包括有机质、全氮、全磷和全钾,其含量分别为 7.44g/kg、0.54g/kg、0.37g/kg 和 22.34g/kg,依据土壤养分分级标准,分别属于Ⅴ级、Ⅴ级、Ⅴ级和Ⅱ级的水平。有机质、全氮低于全县、全市红壤和全县林地土壤养分各指标平均水平,全磷和全钾高于全县、全市红壤和全县林地土壤养分各指标平均水平。土壤 pH值为 4.72,高于全县、全市红壤和全县、全市林地土壤 pH 值的平均水平。

重金属元素(表 3-144)包括镉、汞、砷、铅、镍、铜、锌,其含量分别为 0.01mg/kg、0.01mg/kg、24.20mg/kg、41.20mg/kg、29.00mg/kg、32.00mg/kg 和 37.00mg/kg,所有重金属元素均低于土壤污染风险筛选值。镉、汞、铅、锌低于全县红壤重金属元素各指标的平均水平;砷、镍、铜高于全县、全市红壤和全县、全市林地土壤重金属元素各指标的平均水平;镉、汞、铅、锌低于全市林地土壤重金属元素各指标的平均水平。

## 五、剖面 5:红壤亚类

1. 剖面位置
地籍号:44142700101 1000100700;
地理坐标:北纬 24.444900°,东经 116.182100°;
地区:广东省梅州市蕉岭县南礤镇富足村。

2. 剖面特征
蕉岭县典型森林红壤剖面 5(图 3-71,左图)采自南礤镇富足村,海拔 293.3m,丘陵地貌,北坡向,坡度为 37°,下坡坡位,轻微侵蚀,凋落物层厚度为 5cm,腐殖质层厚度为 25cm,植被类型为针叶林(图 3-71,右图)。

图 3-71 蕉岭县红壤剖面 5(左图)及植被(右图)

### 3. 主要性状

蕉岭县典型森林红壤剖面 5 的土壤理化性质如表 3-145、3-146 所示。

**表 3-145　蕉岭县红壤剖面 5 pH 值及养分含量统计表**

| 剖面 5 | pH | 有机质(SOM)(g/kg) | 全氮(N)(g/kg) | 全磷(P)(g/kg) | 全钾(K)(g/kg) |
|---|---|---|---|---|---|
| 红壤剖面 5 | 4.20 | 28.44 | 1.31 | 0.43 | 13.06 |
| 红壤剖面 5/全县红壤 | 0.93 | 1.49 | 1.21 | 1.39 | 0.67 |
| 红壤剖面 5/全市红壤 | 0.90 | 1.75 | 1.52 | 1.43 | 0.76 |
| 红壤剖面 5/全县林地土壤 | 0.93 | 1.58 | 1.27 | 1.43 | 0.64 |
| 红壤剖面 5/全市林地土壤 | 0.90 | 1.97 | 1.70 | 1.53 | 0.75 |

**表 3-146　蕉岭县红壤剖面 5 重金属元素含量统计表**

| 剖面 5 | 镉(Cd)(mg/kg) | 汞(Hg)(mg/kg) | 砷(As)(mg/kg) | 铅(Pb)(mg/kg) | 镍(Ni)(mg/kg) | 铜(Cu)(mg/kg) | 锌(Zn)(mg/kg) |
|---|---|---|---|---|---|---|---|
| 红壤剖面 5 | 0.03 | 0.06 | 5.32 | 19.40 | 28.00 | 40.00 | 57.00 |
| 红壤剖面 5/全县红壤 | 0.75 | 1.00 | 0.69 | 0.38 | 1.22 | 1.36 | 0.85 |
| 红壤剖面 5/全市红壤 | 0.60 | 0.67 | 0.44 | 0.38 | 2.66 | 2.43 | 0.84 |
| 红壤剖面 5/全县林地土壤 | 0.75 | 1.00 | 0.67 | 0.39 | 1.25 | 1.41 | 0.87 |
| 红壤剖面 5/全市林地土壤 | 0.75 | 0.75 | 0.47 | 0.40 | 2.59 | 2.33 | 0.87 |

土壤养分指标(表 3-145)包括有机质、全氮、全磷和全钾,其含量分别为 28.44g/kg、1.31g/kg、0.43g/kg 和 13.06g/kg,依据土壤养分分级标准,分别属于Ⅲ级、Ⅲ级、Ⅳ级和Ⅳ级的水平。全钾低于全县、全市红壤和全县、全市林地土壤养分各指标的平均水平,有机质、全氮、全磷高于全县、全市红壤和全县、全市林地土壤养分各指标的平均水平。土壤 pH 值为 4.20,低于全县、全市红壤和全县、全市林地土壤 pH 值的平均水平。

重金属元素(表 3-146)包括镉、汞、砷、铅、镍、铜、锌,其含量分别为 0.03mg/kg、0.06mg/kg、5.32mg/kg、19.40mg/kg、28.00mg/kg、40.00mg/kg 和 57.00mg/kg,所有重金属元素均低于土壤污染风险筛选值。镉、砷、铅、锌低于全县、全市红壤和全县林地土壤重金属元素各指标的平均水平;镍、铜高于全县、全市红壤和全县、全市林地土壤重金属元素各指标的平均水平;镉、汞、砷、铅、锌低于全市林地土壤重金属元素各指标的平均水平。

## 六、剖面 6:红壤亚类

### 1. 剖面位置

地籍号:441427010006000200200;

地理坐标:北纬 24.434500°,东经 116.073500°;

地区:广东省梅州市蕉岭县长潭镇长东村。

### 2. 剖面特征

蕉岭县典型森林红壤剖面 6(图 3-72,左图)采自长潭镇长东村,海拔 320m,山地地貌，南坡向，坡度为45°，中坡坡位，轻微侵蚀，凋落物层厚度为5cm，腐殖质层厚度为15cm，植被类型为常绿落叶阔叶混交林（图3-72，右图）。

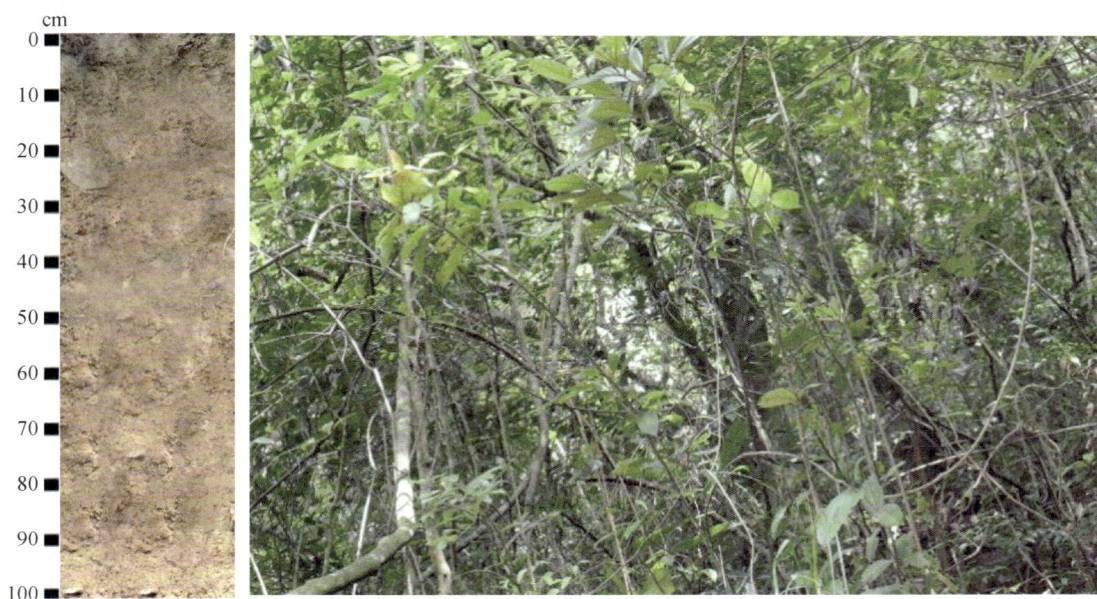

图3-72 蕉岭县红壤剖面6（左图）及植被（右图）

### 3. 主要性状

蕉岭县典型森林红壤剖面6的土壤理化性质如表3-147、3-148所示。

表3-147 蕉岭县红壤剖面6 pH值及养分含量统计表

| 剖面6 | pH | 有机质（SOM）（g/kg） | 全氮（N）（g/kg） | 全磷（P）（g/kg） | 全钾（K）（g/kg） |
|---|---|---|---|---|---|
| 红壤剖面6 | 4.13 | 19.04 | 0.96 | 0.20 | 19.41 |
| 红壤剖面6/全县红壤 | 0.92 | 1.00 | 0.89 | 0.65 | 0.99 |
| 红壤剖面6/全市红壤 | 0.88 | 1.17 | 1.12 | 0.67 | 1.14 |
| 红壤剖面6/全县林地土壤 | 0.92 | 1.06 | 0.93 | 0.67 | 0.96 |
| 红壤剖面6/全市林地土壤 | 0.89 | 1.32 | 1.25 | 0.71 | 1.11 |

表3-148 蕉岭县红壤剖面6重金属元素含量统计表

| 剖面6 | 镉（Cd）（mg/kg） | 汞（Hg）（mg/kg） | 砷（As）（mg/kg） | 铅（Pb）（mg/kg） | 镍（Ni）（mg/kg） | 铜（Cu）（mg/kg） | 锌（Zn）（mg/kg） |
|---|---|---|---|---|---|---|---|
| 红壤剖面6 | 0.02 | 0.08 | 12.30 | 20.20 | 14.00 | 19.00 | 42.00 |
| 红壤剖面6/全县红壤 | 0.50 | 1.33 | 1.60 | 0.39 | 0.61 | 0.65 | 0.62 |
| 红壤剖面6/全市红壤 | 0.40 | 0.89 | 1.02 | 0.40 | 1.33 | 1.16 | 0.62 |
| 红壤剖面6/全县林地土壤 | 0.50 | 1.33 | 1.54 | 0.41 | 0.63 | 0.67 | 0.64 |
| 红壤剖面6/全市林地土壤 | 0.50 | 1.00 | 1.08 | 0.41 | 1.29 | 1.11 | 0.64 |

土壤养分指标（表 3-147）包括有机质、全氮、全磷和全钾，其含量分别为 19.04g/kg、0.96g/kg、0.20g/kg 和 19.41g/kg，依据土壤养分分级标准，分别属于 Ⅳ 级、Ⅳ级、Ⅴ级和Ⅲ级的水平。除有机质外，其他土壤养分指标含量均低于全县红壤和全县林地土壤养分各指标的平均水平；除全磷外，其他土壤养分指标含量均高于全市红壤和全市林地土壤的平均水平。土壤 pH 值为 4.13，低于全县、全市红壤和全县、全市林地土壤 pH值的平均水平。

重金属元素（表 3-148）包括镉、汞、砷、铅、镍、铜、锌，其含量分别为 0.02mg/kg、0.08mg/kg、12.30mg/kg、20.20mg/kg、14.00mg/kg、19.00mg/kg 和 42.00mg/kg，所有重金属元素均低于土壤污染风险筛选值。镉、铅、镍、铜、锌低于全县红壤和全县林地土壤重金属元素各指标的平均水平；汞、砷高于全县红壤、全县林地土壤重金属元素各指标的平均水平；镉、汞、铅、锌低于全市红壤重金属元素各指标的平均水平；砷、镍、铜高于全市红壤重金属元素各指标的平均水平；镉、铅、锌低于全市林地土壤重金属元素各指标的平均水平；砷、镍、铜高于全市林地土壤重金属元素各指标的平均水平。

## 七、剖面 7：红壤亚类

1. 剖面位置

地籍号：441427008002000101701；

地理坐标：北纬 24.36170°，东经 116.053600°；

地区：广东省梅州市蕉岭县新铺镇东陂村。

2. 剖面特征

蕉岭县典型森林红壤剖面 7（图 3-73，左图）采自新铺镇东陂村，海拔 187.5m，丘陵地貌，东北坡向，坡度为 37°，中坡坡位，无侵蚀，凋落物层厚度为 5cm，腐殖质层厚度为 5cm，植被类型为暖性针叶林（图 3-73，右图）。

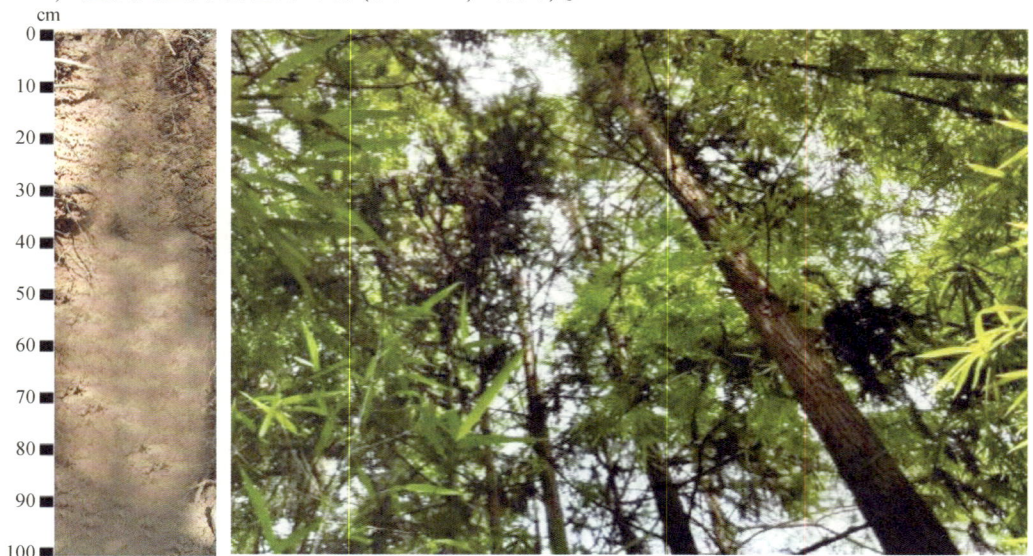

图 3-73　蕉岭县红壤剖面 7（左图）及植被（右图）

## 3. 主要性状

蕉岭县典型森林红壤剖面 7 的土壤理化性质如表 3-149、3-150 所示。

表 3-149 蕉岭县红壤剖面 7 pH 值及养分含量统计表

| 剖面 7 | pH | 有机质（SOM）（g/kg） | 全氮（N）（g/kg） | 全磷（P）（g/kg） | 全钾（K）（g/kg） |
|---|---|---|---|---|---|
| 红壤剖面 7 | 4.88 | 11.99 | 0.79 | 0.50 | 14.24 |
| 红壤剖面 7/全县红壤 | 1.08 | 0.63 | 0.73 | 1.61 | 0.73 |
| 红壤剖面 7/全市红壤 | 1.04 | 0.74 | 0.92 | 1.67 | 0.83 |
| 红壤剖面 7/全县林地土壤 | 1.08 | 0.66 | 0.77 | 1.67 | 0.70 |
| 红壤剖面 7/全市林地土壤 | 1.05 | 0.83 | 1.03 | 1.67 | 0.82 |

表 3-150 蕉岭县红壤剖面 7 重金属元素含量统计表

| 剖面 7 | 镉（Cd）（mg/kg） | 汞（Hg）（mg/kg） | 砷（As）（mg/kg） | 铅（Pb）（mg/kg） | 镍（Ni）（mg/kg） | 铜（Cu）（mg/kg） | 锌（Zn）（mg/kg） |
|---|---|---|---|---|---|---|---|
| 红壤剖面 7 | 0.09 | 0.03 | 2.40 | 18.20 | 105.00 | 99.00 | 109.00 |
| 红壤剖面 7/全县红壤 | 2.25 | 0.50 | 0.31 | 0.35 | 4.57 | 3.37 | 1.62 |
| 红壤剖面 7/全市红壤 | 1.80 | 0.33 | 0.20 | 0.36 | 9.98 | 6.02 | 1.61 |
| 红壤剖面 7/全县林地土壤 | 2.25 | 0.50 | 0.30 | 0.37 | 4.70 | 3.50 | 1.66 |
| 红壤剖面 7/全市林地土壤 | 2.25 | 0.38 | 0.21 | 0.37 | 9.70 | 5.77 | 1.66 |

土壤养分指标（表 3-149）包括有机质、全氮、全磷和全钾，其含量分别为 11.99g/kg、0.79g/kg、0.50g/kg 和 14.24g/kg，依据土壤养分分级标准，分别属于 Ⅳ 级、Ⅳ级、Ⅳ级和Ⅳ级的水平。有机质、全氮、全钾低于全县、全市红壤和全县林地土壤养分各指标的平均水平，全磷高于全县、全市红壤和全县林地土壤养分各指标的平均水平；有机质和全钾低于全市林地土壤养分各指标的平均水平，全氮、全磷高于全市林地土壤养分各指标的平均水平。土壤 pH 值为 4.88，高于全县、全市红壤和全县、全市林地土壤 pH 值的平均水平。

重金属元素（表 3-150）包括镉、汞、砷、铅、镍、铜、锌，其含量分别为 0.09mg/kg、0.03mg/kg、2.40mg/kg、18.20mg/kg、105.00mg/kg、99.00mg/kg 和 109.00mg/kg，其中镍和铜元素高于土壤污染风险筛选值，土壤存在镍和铜元素污染风险，其余元素均低于土壤污染风险筛选值。镉、镍、铜、锌高于全县、全市红壤和全县林地土壤重金属元素各指标的平均水平，汞、砷、铅低于全县、全市红壤和全县林地土壤重金属元素各指标的平均水平；镉、镍、铜、锌高于全市林地土壤重金属元素各指标的平均水平，汞、砷、铅低于全市林地土壤重金属元素各指标的平均水平。

# 第六节　大埔县森林土壤剖面

大埔县森林土壤养分指标（包括有机质、全氮、全磷和全钾）平均含量分别为 13.98g/

kg、0.74g/kg、0.24g/kg、18.38g/kg。不同类型土壤中的平均含量具体如下：红壤分别为14.89g/kg、0.77gkg、0.24g/kg、17.64g/kg；石灰（岩）土为21.85g/kg、1.05g/kg、0.32g/kg、15.30g/kg。

大埔森林土壤 pH 值为 4.79，不同类型土壤中分别为红壤 pH 值为 4.73，石灰（岩）土pH 值为 4.52。

大埔县森林土壤重金属元素（包括镉、汞、砷、铅、镍、铜、锌）平均含量分别为0.05mg/kg、0.07mg/kg、6.10mg/kg、54.31mg/kg、7.35mg/kg、17.76mg/kg、68.36mg/k。不同类型土壤中的平均含量具体如下：红壤分别为 0.05mg/kg、0.09mg/kg、6.57mg/kg、58.88mg/kg、6.70mg/kg、15.94mg/kg、67.10mg/kg；石灰（岩）土为 0.02mg/kg、0.05mg/kg、4.72mg/kg、64.70mg/kg、8.00mg/kg、12.50mg/kg、83.00mg/kg。

## 一、剖面 1：红壤亚类

1. 剖面位置

地籍号：441422002004000400900；

地理坐标：北纬 24.618500°，东经 116.731893°；

地区：广东省梅州市大埔县茶阳镇。

2. 剖面特征

大埔县典型森林红壤剖面 1（图 3-74，左图）采自茶阳镇，海拔 327.6m，山地地貌，北坡向，坡度为 30°，上坡坡位，无侵蚀，凋落物层厚度为 0.5cm，腐殖质层厚度为 2cm，植被类型为暖性针阔混交林（图 3-74，右图）。

图 3-74　大埔县红壤剖面 1（左图）及植被（右图）

3. 主要性状

大埔县典型森林红壤剖面 1 的土壤理化性质如表 3-151、3-152 所示。

表 3-151　大埔县红壤剖面 1 pH 值及养分含量统计表

| 剖面 1 | pH | 有机质（SOM）（g/kg） | 全氮（N）（g/kg） | 全磷（P）（g/kg） | 全钾（K）（g/kg） |
|---|---|---|---|---|---|
| 红壤剖面 1 | 4.92 | 14.42 | 0.78 | 0.23 | 15.84 |
| 红壤剖面 1/全县红壤 | 1.04 | 0.97 | 1.01 | 0.96 | 0.90 |
| 红壤剖面 1/全市红壤 | 1.05 | 0.89 | 0.91 | 0.77 | 0.93 |
| 红壤剖面 1/全县林地土壤 | 1.03 | 1.03 | 1.05 | 0.96 | 0.86 |
| 红壤剖面 1/全市林地土壤 | 1.06 | 1.00 | 1.01 | 0.82 | 0.91 |

表 3-152　大埔县红壤剖面 1 重金属元素含量统计表

| 剖面 1 | 镉（Cd）（mg/kg） | 汞（Hg）（mg/kg） | 砷（As）（mg/kg） | 铅（Pb）（mg/kg） | 镍（Ni）（mg/kg） | 铜（Cu）（mg/kg） | 锌（Zn）（mg/kg） |
|---|---|---|---|---|---|---|---|
| 红壤剖面 1 | 0.07 | 0.05 | 5.86 | 157.00 | 21.00 | 52.00 | 162.00 |
| 红壤剖面 1/全县红壤 | 1.40 | 0.56 | 0.89 | 2.67 | 3.13 | 3.26 | 2.41 |
| 红壤剖面 1/全市红壤 | 1.40 | 0.56 | 0.49 | 3.08 | 2.00 | 3.16 | 2.39 |
| 红壤剖面 1/全县林地土壤 | 1.40 | 0.71 | 0.96 | 2.89 | 2.86 | 2.93 | 2.37 |
| 红壤剖面 1/全市林地土壤 | 1.75 | 0.63 | 0.51 | 3.20 | 1.94 | 3.03 | 2.47 |

土壤养分指标（表 3-151）包括有机质、全氮、全磷和全钾，其含量分别为 14.42g/kg、0.78g/kg、0.23g/kg 和 15.84g/kg，依据土壤养分分级标准，分别属于Ⅳ级、Ⅳ级、Ⅴ级和Ⅲ级的水平。全氮高于全县红壤养分各指标的平均水平，有机质、全磷和全钾低于全县、全市红壤养分各指标的平均水平；全氮高于全县、全市林地土壤养分各指标的平均水平，全磷和全钾低于全县、全市林地土壤养分各指标的平均水平。土壤 pH 值为 4.92，高于全县、全市红壤和全县、全市林地土壤 pH 值的平均水平。

重金属元素（表 3-152）包括镉、汞、砷、铅、镍、铜、锌，其含量分别为 0.07mg/kg、0.05mg/kg、5.86mg/kg、157.00mg/kg、21.00mg/kg、52.00mg/kg 和 162.00mg/kg，其中铅、铜元素高于土壤污染风险筛选值，其余元素均低于土壤污染风险筛选值。汞、砷低于全县、全市红壤和全县、全市林地土壤重金属元素各指标的平均水平；镉、铅、镍、铜、锌高于全县、全市红壤和全县、全市林地土壤重金属元素各指标的平均水平。

## 二、剖面 2：赤红壤亚类

1. 剖面位置

地籍号：441422012011000301200；

地理坐标：北纬 24.354265°，东经 116.761927°；

地区：广东省梅州市大埔县百侯镇。

2. 剖面特征

大埔县典型森林赤红壤剖面 2（图 3-75，左图）采自百侯镇，海拔 210m，丘陵地貌，西坡向，坡度为27°，上坡坡位，轻微侵蚀，凋落物层厚度为5cm，腐殖质层厚度为0cm，植被类型为阔叶林(图3-75，右图)。

图 3-75　大埔县赤红壤剖面 2(左图)及植被(右图)

3. 主要性状

大埔县典型森林赤红壤剖面 2 的土壤理化性质如表 3-153、3-154 所示。

表 3-153　大埔县赤红壤剖面 2 pH 值及养分含量统计表

| 剖面 2 | pH | 有机质(SOM)<br>(g/kg) | 全氮(N)<br>(g/kg) | 全磷(P)<br>(g/kg) | 全钾(K)<br>(g/kg) |
|---|---|---|---|---|---|
| 赤红壤剖面 2 | 4.51 | 13.65 | 0.70 | 0.38 | 23.79 |
| 赤红壤剖面 2/全县赤红壤 | 0.95 | 0.76 | 0.77 | 1.81 | 0.89 |
| 赤红壤剖面 2/全市赤红壤 | 0.97 | 1.03 | 0.99 | 1.41 | 1.36 |
| 赤红壤剖面 2/全县林地土壤 | 0.94 | 0.98 | 0.95 | 1.58 | 1.29 |
| 赤红壤剖面 2/全市林地土壤 | 0.97 | 0.95 | 0.91 | 1.36 | 1.36 |

表 3-154　大埔县红壤剖面 2 重金属元素含量统计表

| 剖面 2 | 镉(Cd)<br>(mg/kg) | 汞(Hg)<br>(mg/kg) | 砷(As)<br>(mg/kg) | 铅(Pb)<br>(mg/kg) | 镍(Ni)<br>(mg/kg) | 铜(Cu)<br>(mg/kg) | 锌(Zn)<br>(mg/kg) |
|---|---|---|---|---|---|---|---|
| 赤红壤剖面 2 | 0.01 | 0.10 | 6.50 | 18.50 | 4.00 | 13.00 | 50.00 |
| 赤红壤剖面 2/全县赤红壤 | 0.50 | 1.00 | 1.11 | 0.46 | 0.48 | 1.68 | 0.72 |
| 赤红壤剖面 2/全市赤红壤 | 0.20 | 1.43 | 0.64 | 0.39 | 0.37 | 0.75 | 0.77 |
| 赤红壤剖面 2/全县林地土壤 | 0.20 | 1.43 | 1.07 | 0.34 | 0.54 | 0.73 | 0.73 |
| 赤红壤剖面 2/全市林地土壤 | 0.25 | 1.25 | 0.57 | 0.38 | 0.37 | 0.76 | 0.76 |

土壤养分指标（表 3-153）包括有机质、全氮、全磷和全钾，其含量分别为 13.65g/kg、0.70g/kg、0.38g/kg、23.79g/kg，依据土壤养分分级标准，分别属于Ⅳ级、Ⅴ级、Ⅴ级和Ⅱ级的水平。有机质、全氮低于全县、全市赤红壤和全市林地土壤养分各指标的平均水平，全磷和全钾高于全县、全市赤红壤和全市林地土壤养分各指标的平均水平；全磷、全钾高于全县林地土壤养分各指标的平均水平，有机质、全氮低于全县林地土壤养分各指标的平均水平。土壤 pH 值为 4.51，低于全县、全市红壤和全县、全市林地土壤 pH 值的平均水平。

重金属元素（表 3-154）包括镉、汞、砷、铅、镍、铜、锌，其含量分别为 0.01mg/kg、0.10mg/kg、6.50mg/kg、18.50mg/kg、4.00mg/kg、13.00mg/kg 和 50.00mg/kg，所有重金属元素均低于土壤污染风险筛选值。汞高于全县、全市赤红壤和全县、全市林地土壤重金属元素各指标的平均水平；镉、铅、镍、铜、锌低于全县、全市赤红壤和全县、全市林地土壤重金属元素各指标的平均水平；砷低于全县、全市赤红壤和全市林地土壤重金属元素各指标的平均水平，高于全县林地土壤重金属元素各指标的平均水平。

## 三、剖面 3：赤红壤亚类

1. 剖面位置

地籍号：441422004012000300600；

地理坐标：北纬 24.578033°，东经 116.585380°；

地区：广东省梅州市大埔县青溪镇。

2. 剖面特征

大埔县典型森林赤红壤剖面 3（图 3-76，左图）采自青溪镇，海拔 152m，丘陵地貌，南坡向，坡度为 17°，中坡坡位，中度侵蚀，凋落物层厚度为 3cm，腐殖质层厚度为 35cm，植被类型为阔叶混交林（图 3-76，右图）。

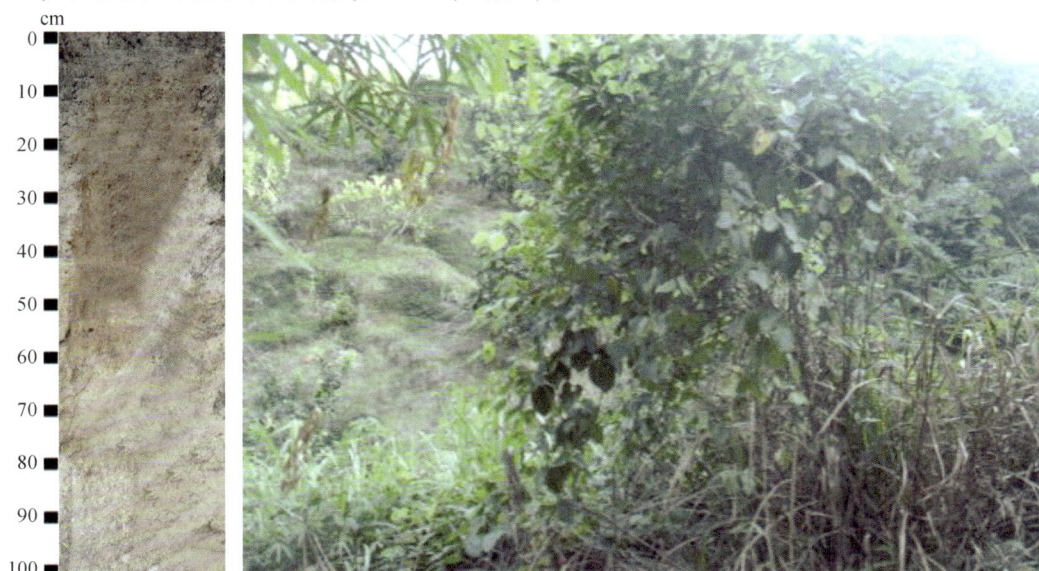

图 3-76　大埔县赤红壤剖面 3（左图）及植被（右图）

### 3. 主要性状

大埔县典型森林赤红壤剖面 3 的土壤理化性质如表 3-155、3-156 所示。

表 3-155　大埔县赤红壤剖面 3 pH 值及养分含量统计表

| 剖面 3 | pH | 有机质(SOM)<br>(g/kg) | 全氮(N)<br>(g/kg) | 全磷(P)<br>(g/kg) | 全钾(K)<br>(g/kg) |
|---|---|---|---|---|---|
| 赤红壤剖面 3 | 4.90 | 15.23 | 0.94 | 0.16 | 25.49 |
| 赤红壤剖面 3/全县赤红壤 | 1.03 | 1.83 | 1.03 | 0.76 | 0.95 |
| 赤红壤剖面 3/全市赤红壤 | 1.06 | 1.15 | 1.32 | 0.59 | 1.46 |
| 赤红壤剖面 3/全县林地土壤 | 1.02 | 1.09 | 1.27 | 0.67 | 1.39 |
| 赤红壤剖面 3/全市林地土壤 | 1.05 | 1.06 | 1.22 | 0.57 | 1.46 |

表 3-156　大埔县赤红壤剖面 3 重金属元素含量统计表

| 剖面 3 | 镉(Cd)<br>(mg/kg) | 汞(Hg)<br>(mg/kg) | 砷(As)<br>(mg/kg) | 铅(Pb)<br>(mg/kg) | 镍(Ni)<br>(mg/kg) | 铜(Cu)<br>(mg/kg) | 锌(Zn)<br>(mg/kg) |
|---|---|---|---|---|---|---|---|
| 赤红壤剖面 3 | 0.02 | 0.10 | 1.87 | 77.20 | 5.00 | 3.00 | 88.00 |
| 赤红壤剖面 3/全县赤红壤 | 1.00 | 1.00 | 0.32 | 1.93 | 0.60 | 0.39 | 1.28 |
| 赤红壤剖面 3/全市赤红壤 | 0.40 | 1.43 | 0.18 | 1.62 | 0.47 | 0.17 | 1.36 |
| 赤红壤剖面 3/全县林地土壤 | 0.40 | 1.43 | 0.31 | 1.42 | 0.68 | 0.17 | 1.29 |
| 赤红壤剖面 3/全市林地土壤 | 0.50 | 1.25 | 0.16 | 1.57 | 0.46 | 0.17 | 1.34 |

土壤养分指标(表 3-155)包括有机质、全氮、全磷和全钾,其含量分别为 15.23g/kg、0.94g/kg、0.16g/kg 和 25.49g/kg,依据土壤养分分级标准,分别属于Ⅳ级、Ⅳ级、Ⅵ级和Ⅰ级的水平。有机质、全氮和全钾高于全县赤红壤和全市、全县林地土壤养分各指标的平均水平,全磷低于全县赤红壤和全市、全县林地土壤养分各指标的平均水平;有机质和全磷低于全市赤红壤的平均水平,全钾和全氮高于全市赤红壤养分各指标的平均水平。土壤 pH 值为 4.90,高于全县、全市赤红壤和全县、全市林地土壤 pH 值的平均水平。

重金属元素(表 3-156)包括镉、汞、砷、铅、镍、铜、锌,其含量分别为 0.02mg/kg、0.10mg/kg、1.87mg/kg、77.20mg/kg、5.00mg/kg、3.00mg/kg 和 88.00mg/kg,其中铅元素高于土壤污染风险筛选值,其余元素均低于土壤污染风险筛选值。镉、砷、镍、铜低于全县、全市赤红壤和全县、全市林地土壤重金属元素各指标的平均水平,汞、铅、锌高于全县、全市赤红壤和全县、全市林地土壤重金属元素各指标的平均水平。

## 四、剖面 4: 赤红壤亚类

### 1. 剖面位置

地籍号: 441422014010000501101;

地理坐标: 北纬 24.459283°, 东经 116.828470°;

地区: 广东省梅州市大埔县西河镇。

## 2. 剖面特征

大埔县典型森林赤红壤剖面 4(图 3-77,左图)采自西河镇,海拔 294.6m,山地地貌,东南坡向,坡度为 30°,下坡坡位,轻微侵蚀,凋落物层厚度为 0cm,腐殖质层厚度为 5cm,植被类型为常绿阔叶林,优势树种为桉树(图 3-77,右图)。

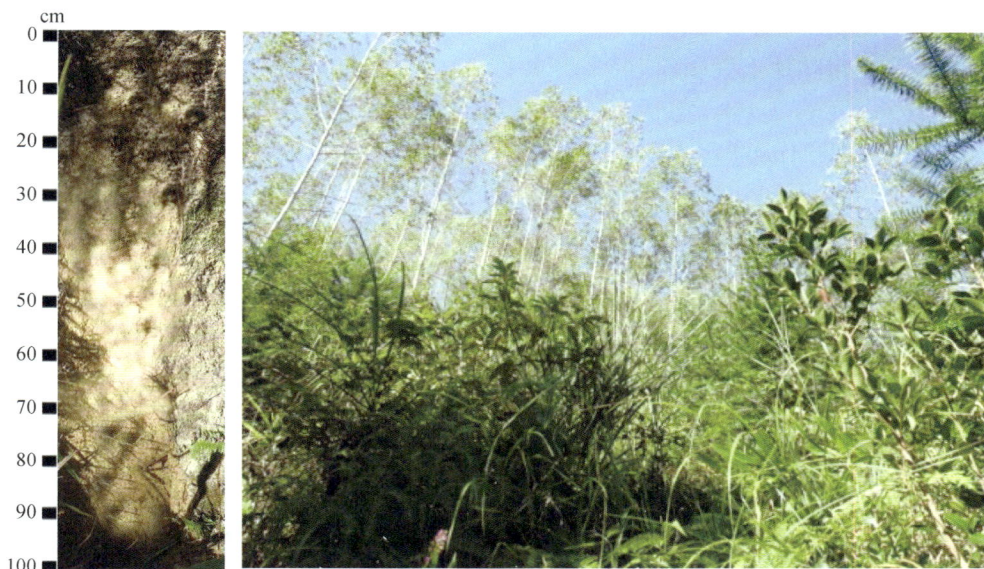

图 3-77 大埔县赤红壤剖面 4(左图)及植被(右图)

## 3. 主要性状

大埔县典型森林赤红壤剖面 4 的土壤理化性质如表 3-157、3-158 所示。

表 3-157 大埔县赤红壤剖面 4 pH 值及养分含量统计表

| 剖面 4 | pH | 有机质(SOM)<br>(g/kg) | 全氮(N)<br>(g/kg) | 全磷(P)<br>(g/kg) | 全钾(K)<br>(g/kg) |
|---|---|---|---|---|---|
| 赤红壤剖面 4 | 4.72 | 26.05 | 1.14 | 0.10 | 30.32 |
| 赤红壤剖面 4/全县赤红壤 | 0.99 | 1.45 | 1.25 | 0.48 | 1.14 |
| 赤红壤剖面 4/全市赤红壤 | 1.02 | 1.97 | 1.61 | 0.37 | 1.73 |
| 赤红壤剖面 4/全县林地土壤 | 0.99 | 1.86 | 1.54 | 0.42 | 1.65 |
| 赤红壤剖面 4/全市林地土壤 | 1.02 | 1.81 | 1.48 | 0.36 | 1.74 |

表 3-158 大埔县赤红壤剖面 4 重金属元素含量统计表

| 剖面 4 | 镉(Cd)<br>(mg/kg) | 汞(Hg)<br>(mg/kg) | 砷(As)<br>(mg/kg) | 铅(Pb)<br>(mg/kg) | 镍(Ni)<br>(mg/kg) | 铜(Cu)<br>(mg/kg) | 锌(Zn)<br>(mg/kg) |
|---|---|---|---|---|---|---|---|
| 赤红壤剖面 4 | 0.03 | 0.12 | 2.71 | 64.10 | 未检出 | 2.00 | 52.00 |
| 赤红壤剖面 4/全县赤红壤 | 1.50 | 1.20 | 0.46 | 1.60 | — | 0.26 | 0.75 |
| 赤红壤剖面 4/全市赤红壤 | 0.60 | 1.71 | 0.27 | 1.34 | — | 0.12 | 0.80 |
| 赤红壤剖面 4/全县林地土壤 | 0.60 | 1.71 | 0.44 | 1.18 | — | 0.11 | 0.76 |
| 赤红壤剖面 4/全市林地土壤 | 0.75 | 1.50 | 0.24 | 1.31 | — | 0.12 | 0.79 |

土壤养分指标(表 3-157)包括有机质、全氮、全磷和全钾,其含量分别为 26.05g/kg、1.14g/kg、0.10g/kg 和 30.32g/kg,依据土壤养分分级标准,分别属于Ⅲ级、Ⅲ级、Ⅵ级和Ⅰ级的水平。全磷低于全县、全市赤红壤和全县、全市林地土壤养分各指标的平均水平,有机质、全氮、全钾高于全县、全市赤红壤和全县、全市林地土壤养分各指标的平均水平。土壤 pH 值为 4.72,低于全县赤红壤和全县林地土壤 pH 值的平均水平,高于全市赤红壤和全市林地土壤 pH 值的平均水平。

重金属元素(表 3-158)包括镉、汞、砷、铅、镍、铜、锌,其含量分别为 0.03mg/kg、0.12mg/kg、2.71mg/kg、64.10mg/kg、未检出、2.00mg/kg 和 52.00mg/kg,所有重金属元素均低于土壤污染风险筛选值。汞、铅高于全县、全市赤红壤和全县、全市林地土壤重金属元素各指标的平均水平,镉、砷、铜、锌低于全县、全市赤红壤和全县、全市林地土壤重金属元素各指标的平均水平。

### 五、剖面 5:赤红壤亚类

1. 剖面位置

地籍号:441422004003000400101

地理坐标:北纬 24.540283°、东经 116.599545°;

地区:广东省梅州市大埔县青溪镇。

2. 剖面特征

大埔县典型森林赤红壤剖面 5(图 3-78,左图)采自青溪镇,海拔 152.3m,丘陵地貌,东南坡向,坡度为 40°,上坡坡位,轻微侵蚀,凋落物层厚度为 1cm,腐殖质层厚度为 2cm,植被类型为暖性针阔混交林(图 3-78,右图)。

图 3-78　大埔县赤红壤剖面 5(左图)及植被(右图)

### 3. 主要性状

大埔县典型森林赤红壤剖面 5 的土壤理化性质如表 3-159、3-160 所示。

表 3-159　大埔县赤红壤剖面 5 pH 值及养分含量统计表

| 剖面5 | pH | 有机质(SOM)<br>(g/kg) | 全氮(N)<br>(g/kg) | 全磷(P)<br>(g/kg) | 全钾(K)<br>(g/kg) |
|---|---|---|---|---|---|
| 赤红壤剖面5 | 4.85 | 16.90 | 0.86 | 0.19 | 27.19 |
| 赤红壤剖面5/全县赤红壤 | 0.94 | 0.94 | 0.95 | 0.90 | 1.02 |
| 赤红壤剖面5/全市赤红壤 | 1.28 | 1.28 | 1.21 | 0.70 | 1.56 |
| 赤红壤剖面5/全县林地土壤 | 1.01 | 1.21 | 1.16 | 0.79 | 1.48 |
| 赤红壤剖面5/全市林地土壤 | 1.04 | 1.17 | 1.12 | 0.68 | 1.56 |

表 3-160　大埔县赤红壤剖面 5 重金属元素含量统计表

| 剖面5 | 镉(Cd)<br>(mg/kg) | 汞(Hg)<br>(mg/kg) | 砷(As)<br>(mg/kg) | 铅(Pb)<br>(mg/kg) | 镍(Ni)<br>(mg/kg) | 铜(Cu)<br>(mg/kg) | 锌(Zn)<br>(mg/kg) |
|---|---|---|---|---|---|---|---|
| 赤红壤剖面5 | 0.02 | 0.07 | 0.63 | 36.50 | 16.00 | 13.00 | 86.00 |
| 赤红壤剖面5/全县赤红壤 | 0.70 | 0.70 | 0.11 | 0.91 | 1.92 | 1.68 | 1.25 |
| 赤红壤剖面5/全市赤红壤 | 0.40 | 1.00 | 0.06 | 0.77 | 1.50 | 0.75 | 1.33 |
| 赤红壤剖面5/全县林地土壤 | 0.40 | 1.00 | 0.10 | 0.67 | 2.18 | 0.73 | 12.96 |
| 赤红壤剖面5/全市林地土壤 | 0.50 | 0.88 | 0.06 | 0.74 | 1.48 | 0.76 | 13.51 |

土壤养分指标(表 3-159)包括有机质、全氮、全磷和全钾，其含量分别为 16.90g/kg、0.86g/kg、0.19g/kg 和 27.19g/kg，依据土壤养分分级标准，分别属于 Ⅳ 级、Ⅳ 级、Ⅵ级和 Ⅰ 级的水平。全钾含量高于全县、全市赤红壤养分各指标的平均水平，有机质、全氮和全磷低于全县、全市赤红壤养分各指标的平均水平；全磷低于全县、全市林地土壤养分各指标的平均水平，有机质、全氮和全钾高于全县、全市林地土壤养分各指标的平均水平。土壤 pH 值为 4.85，高于全县、全市赤红壤和全县、全市林地土壤 pH 值的平均水平。

重金属元素(表 3-160)包括镉、汞、砷、铅、镍、铜、锌，其含量分别为 0.02mg/kg、0.07mg/kg、0.63mg/kg、36.50mg/kg、16.00mg/kg、13.00mg/kg 和 86.00mg/kg，所有重金属元素均低于土壤污染风险筛选值。镉、汞、砷、铅低于全县赤红壤重金属元素各指标的平均水平，镍、铜、锌高于全县赤红壤重金属元素各指标的平均水平；除镍、锌外，其他元素皆低于或等于全县赤红壤和全县、全市林地土壤重金属元素各指标的平均水平。

## 第七节　五华县森林土壤剖面

五华县森林土壤养分指标(包括有机质、全氮、全磷和全钾)平均含量分别为 11.13g/

kg、0.61g/kg、0.24g/kg、18.81g/kg。不同土壤类型中的平均含量具体如下：赤红壤分别为 11.11g/kg、0.61g/kg、0.23g/kg、18.98g/kg；红壤为 14.15g/kg、0.76g/kg、0.53g/kg、14.56g/kg；紫色土为 7.38g/kg、0.53g/kg、0.24g/kg、29.65g/kg。

五华县森林土壤 pH 值为 4.56，不同类型土壤 pH 值分别为：赤红壤 4.56、红壤 4.52、紫色土 4.68。

五华县森林土壤重金属元素(包括镉、汞、砷、铅、镍、铜、锌)平均含量分别为 0.03mg/kg、0.07mg/kg、9.86mg/kg、47.12mg/kg、9.12mg/kg、15.84mg/kg、59.44mg/kg。不同土壤类型中的平均含量具体如下：赤红壤分别为 0.03mg/kg、0.07mg/kg、9.99mg/kg、47.84mg/kg、9.08mg/kg、15.69mg/kg、59.69mg/kg；红壤为 0.03mg/kg、0.07mg/kg、9.12mg/kg、35.30mg/kg、9.50mg/kg、12.00mg/kg、67.00mg/kg；紫色土为 0.01mg/kg、0.09mg/kg、2.21mg/kg、51.10mg/kg、3.00mg/kg、9.00mg/kg、92.00mg/kg。

## 一、剖面 1：赤红壤亚类

**1. 剖面位置**

地籍号：441424004008000100500；

地理坐标：北纬 24.033974°，东经 115.594922°；

地区：广东省梅州市五华县华城镇黄金村。

**2. 剖面特征**

五华县典型森林赤红壤剖面 1(图 3-79，左图)土壤类型为页赤红壤土属、薄厚页赤红壤土种，土壤母质为砂页岩坡积物。该剖面采自华城镇黄金村，海拔 144.4m，丘陵地貌，东南坡向，坡度为 32°，上坡坡位，无侵蚀，凋落物层厚度为 3cm，腐殖质层厚度为 0cm，植被类型为针阔混交林(图 3-79，右图)。

图 3-79　五华县赤红壤剖面 1(左图)及植被(右图)

A 层：深度为 0~7cm，土层颜色为暗棕色，土壤干湿度为干，松紧度为疏松，团粒结构，无新生体、侵入体和动物孔穴，有少量植物根系。

B 层：深度为 7~100cm，土层颜色为黄色，土壤干湿度为潮润，松紧度为疏松，团粒结构，无新生体、侵入体、动物孔穴和植物根系。

3. 主要性状

五华县典型森林赤红壤剖面 1 的土壤理化性质如表 3-161、3-162 所示。

表 3-161　五华县赤红壤剖面 1 pH 值及养分含量统计表

| 剖面 1 | pH | 有机质（SOM）（g/kg） | 全氮（N）（g/kg） | 全磷（P）（g/kg） | 全钾（K）（g/kg） |
|---|---|---|---|---|---|
| 赤红壤剖面 1 | 4.64 | 27.37 | 1.15 | 0.74 | 6.80 |
| 赤红壤剖面 1/全县赤红壤 | 1.02 | 2.46 | 1.89 | 3.19 | 0.36 |
| 赤红壤剖面 1/全市赤红壤 | 1.00 | 2.07 | 1.62 | 2.73 | 0.39 |
| 赤红壤剖面 1/全县林地土壤 | 1.02 | 2.46 | 1.88 | 3.12 | 0.36 |
| 赤红壤剖面 1/全市林地土壤 | 1.00 | 1.90 | 1.49 | 2.61 | 0.39 |

表 3-162　五华县赤红壤剖面 1 重金属元素含量统计表

| 剖面 1 | 镉（Cd）（mg/kg） | 汞（Hg）（mg/kg） | 砷（As）（mg/kg） | 铅（Pb）（mg/kg） | 镍（Ni）（mg/kg） | 铜（Cu）（mg/kg） | 锌（Zn）（mg/kg） |
|---|---|---|---|---|---|---|---|
| 赤红壤剖面 1 | 0.07 | 0.09 | 0.99 | 39.60 | 5.00 | 51.00 | 82.00 |
| 赤红壤剖面 1/全县赤红壤 | 2.59 | 1.27 | 0.10 | 0.83 | 0.55 | 3.25 | 1.37 |
| 赤红壤剖面 1/全市赤红壤 | 1.49 | 1.23 | 0.10 | 0.83 | 0.47 | 2.95 | 1.27 |
| 赤红壤剖面 1/全县林地土壤 | 2.59 | 1.29 | 0.10 | 0.84 | 0.55 | 3.22 | 1.38 |
| 赤红壤剖面 1/全市林地土壤 | 1.59 | 1.07 | 0.09 | 0.81 | 0.46 | 2.97 | 1.25 |

土壤养分指标（表 3-161）包括有机质、全氮、全磷和全钾，其含量分别为 27.37g/kg、1.15g/kg、0.74g/kg 和 6.80g/kg，依据土壤养分分级标准，分别属于Ⅲ级、Ⅲ级、Ⅲ级和Ⅴ级的水平。有机质、全氮、全磷含量高于全县、全市赤红壤和全县、全市林地土壤养分各指标的平均水平，全钾低于全县、全市赤红壤和全县、全市林地土壤养分各指标的平均水平。土壤 pH 值为 4.64，高于全县赤红壤和全县林地土壤 pH 值的平均水平。

重金属元素（表 3-162）包括镉、汞、砷、铅、镍、铜、锌，其含量分别为 0.07mg/kg、0.09mg/kg、0.99mg/kg、39.60mg/kg、5.00mg/kg、51.00mg/kg 和 82.00mg/kg，所有重金属元素含量均低于土壤污染风险筛选值。其中镉、汞、铜、锌高于全县、全市赤红壤和全县、全市林地土壤重金属元素各指标的平均水平，砷、铅、镍低于全县、全市赤红壤和全县、全市林地土壤重金属元素各指标的平均水平。

## 二、剖面 2：赤红壤亚类

1. 剖面位置

地籍号：441424005015000400501；

地理坐标：北纬 24.060279°，东经 115.537411°；

地区：广东省梅州市五华县岐岭镇孔目村。

2. 剖面特征

五华县典型森林赤红壤剖面 2(图 3-80，左图)采自岐岭镇孔目村，海拔 153m，山地地貌，东坡向，坡度为 30°，上坡坡位，无侵蚀，凋落物层厚度为 5cm，腐殖质层厚度为 0cm，植被类型为阔叶混交林(图 3-80，右图)。

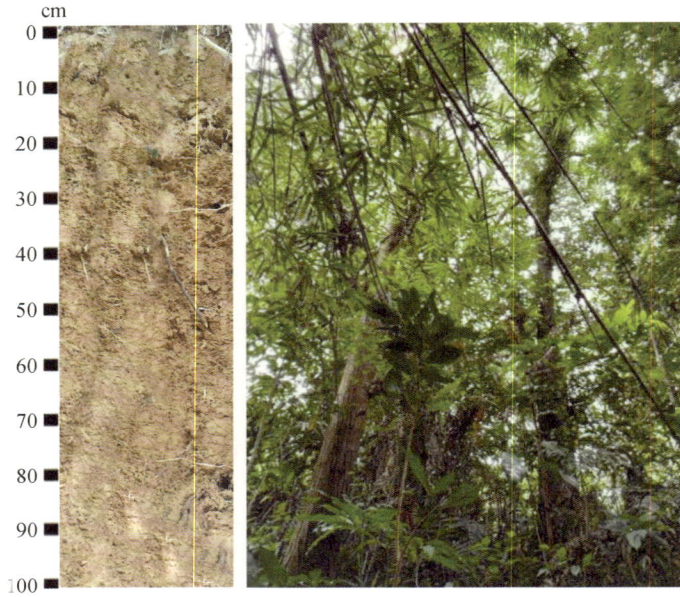

图 3-80　五华县赤红壤剖面 2(左图)及植被(右图)

3. 主要性状

五华县典型森林赤红壤剖面 2 的土壤理化性质如表 3-163、3-164 所示。

表 3-163　五华县赤红壤剖面 2 pH 值及养分含量统计表

| 剖面 2 | pH | 有机质(SOM)<br>(g/kg) | 全氮(N)<br>(g/kg) | 全磷(P)<br>(g/kg) | 全钾(K)<br>(g/kg) |
|---|---|---|---|---|---|
| 赤红壤剖面 2 | 4.45 | 10.96 | 0.56 | 0.29 | 12.87 |
| 赤红壤剖面 2/全县赤红壤 | 0.98 | 0.99 | 0.92 | 1.25 | 0.68 |
| 赤红壤剖面 2/全市赤红壤 | 0.96 | 0.83 | 0.79 | 1.07 | 0.74 |
| 赤红壤剖面 2/全县林地土壤 | 0.98 | 0.98 | 0.92 | 1.22 | 0.68 |
| 赤红壤剖面 2/全市林地土壤 | 0.96 | 0.76 | 0.73 | 1.02 | 0.74 |

表 3-164　五华县赤红壤剖面 2 重金属元素含量统计表

| 剖面 2 | 镉（Cd）（mg/kg） | 汞（Hg）（mg/kg） | 砷（As）（mg/kg） | 铅（Pb）（mg/kg） | 镍（Ni）（mg/kg） | 铜（Cu）（mg/kg） | 锌（Zn）（mg/kg） |
|---|---|---|---|---|---|---|---|
| 赤红壤剖面 2 | 未检出 | 0.11 | 1.90 | 27.00 | 17.00 | 30.00 | 46.00 |
| 赤红壤剖面 2/全县赤红壤 | — | 1.55 | 0.19 | 0.56 | 1.87 | 1.91 | 0.77 |
| 赤红壤剖面 2/全市赤红壤 | — | 1.51 | 0.19 | 0.57 | 1.59 | 1.74 | 0.71 |
| 赤红壤剖面 2/全县林地土壤 | — | 1.57 | 0.19 | 0.57 | 1.86 | 1.89 | 0.77 |
| 赤红壤剖面 2/全市林地土壤 | — | 1.31 | 0.17 | 0.55 | 1.57 | 1.75 | 0.70 |

土壤养分指标（表 3-163）包括有机质、全氮、全磷和全钾，其含量分别为 10.96g/kg、0.56g/kg、0.29g/kg 和 12.87g/kg，依据土壤养分分级标准，分别属于 Ⅳ 级、Ⅴ 级、Ⅴ 级和 Ⅳ 级的水平。全磷高于全县、全市赤红壤和全县、全市林地土壤养分各指标的平均水平，有机质、全氮、全钾均低于全县、全市赤红壤和全县、全市林地土壤养分各指标的平均水平。土壤 pH 值为 4.45，低于全县、全市赤红壤和全县、全市林地土壤 pH 值的平均水平。

重金属元素（表 3-164）包括镉、汞、砷、铅、镍、铜、锌，其含量分别为未检出、0.11mg/kg、1.90mg/kg、27.00mg/kg、17.00mg/kg、30.00mg/kg 和 46.00mg/kg，所有重金属元素均低于土壤污染风险筛选值。镉、砷、铅、锌低于全县、全市赤红壤和全县、全市林地土壤重金属元素各指标的平均水平，汞、镍、铜高于全县、全市赤红壤和全县、全市林地土壤重金属元素各指标的平均水平。

## 三、剖面 3：赤红壤亚类

### 1. 剖面位置
地籍号：441424009001000400500；
地理坐标：北纬 23.930356°，东经 115.690870°；
地区：广东省梅州市五华县横陂镇新联村。

### 2. 剖面特征
五华县典型森林赤红壤剖面 3（图 3-81，左图）采自横陂镇新联村，海拔 191m，山地地貌，西南坡向，坡度为 20°，上坡坡位，无侵蚀，凋落物层厚度为 2cm，腐殖质层厚度为 10cm，植被类型为针阔混交林（图 3-81，右图）。

### 3. 主要性状
五华县典型森林赤红壤剖面 3 的土壤理化性质如表 3-165、3-166 所示。

图 3-81　五华县赤红壤剖面 3(左图)及植被(右图)

表 3-165　五华县赤红壤剖面 3 pH 值及养分含量统计表

| 剖面 3 | pH | 有机质(SOM)<br>(g/kg) | 全氮(N)<br>(g/kg) | 全磷(P)<br>(g/kg) | 全钾(K)<br>(g/kg) |
|---|---|---|---|---|---|
| 赤红壤剖面 3 | 4.30 | 13.99 | 0.98 | 0.44 | 13.90 |
| 赤红壤剖面 3/全县赤红壤 | 0.94 | 1.26 | 1.61 | 1.90 | 0.73 |
| 赤红壤剖面 3/全市赤红壤 | 0.93 | 1.06 | 1.38 | 1.62 | 0.80 |
| 赤红壤剖面 3/全县林地土壤 | 0.94 | 1.26 | 1.60 | 1.86 | 0.74 |
| 赤红壤剖面 3/全市林地土壤 | 0.92 | 0.97 | 1.27 | 1.55 | 0.80 |

表 3-166　五华县赤红壤剖面 3 重金属元素含量统计表

| 剖面 3 | 镉(Cd)<br>(mg/kg) | 汞(Hg)<br>(mg/kg) | 砷(As)<br>(mg/kg) | 铅(Pb)<br>(mg/kg) | 镍(Ni)<br>(mg/kg) | 铜(Cu)<br>(mg/kg) | 锌(Zn)<br>(mg/kg) |
|---|---|---|---|---|---|---|---|
| 赤红壤剖面 3 | 0.01 | 0.07 | 8.69 | 32.80 | 10.00 | 13.00 | 53.00 |
| 赤红壤剖面 3/全县赤红壤 | 0.37 | 0.99 | 0.87 | 0.69 | 1.10 | 0.83 | 0.89 |
| 赤红壤剖面 3/全市赤红壤 | 0.21 | 0.96 | 0.85 | 0.69 | 0.94 | 0.75 | 0.82 |
| 赤红壤剖面 3/全县林地土壤 | 0.37 | 1.00 | 0.88 | 0.70 | 1.10 | 0.82 | 0.89 |
| 赤红壤剖面 3/全市林地土壤 | 0.23 | 0.83 | 0.76 | 0.67 | 0.92 | 0.76 | 0.81 |

　　土壤养分指标(表 3-165)包括有机质、全氮、全磷和全钾,其含量分别为 13.99g/kg、0.98g/kg、0.44g/kg 和 13.90g/kg,依据土壤养分分级标准,分别属于 IV 级、IV 级、IV 级和 IV 级的水平。全钾低于全县、全市赤红壤和全县、全市林地土壤养分各指标的平均水平,有机质低于全市林地土壤但高于全县、全市赤红壤和全县林地土壤,全

氮、全磷高于全县、全市赤红壤和全县、全市林地土壤养分各指标的平均水平。土壤 pH 值为 4.30，低于全县、全市赤红壤和全县、全市林地土壤 pH 值的平均水平。

重金属元素（表 3-166）包括镉、汞、砷、铅、镍、铜、锌，其含量分别为 0.01mg/kg、0.07mg/kg、8.69mg/kg、32.80mg/kg、10.00mg/kg、13.00mg/kg 和 53.00mg/kg，均低于土壤污染风险筛选值。除镍元素高于全县赤红壤重金属元素各指标的平均水平外，镉、汞、砷、铅、铜、锌低于全县赤红壤的平均水平，其中汞与全县林地土壤重金属元素各指标的平均水平一致，镉、镍高于全县林地土壤重金属元素各指标的平均水平，砷、铅、铜、锌低于全县林地土壤重金属元素各指标的平均水平。

## 四、剖面 4：赤红壤亚类

1. 剖面位置

地籍号：441424005014000200300；

地理坐标：北纬 24.100418°，东经 115.540492°；

地区：广东省梅州市五华县岐岭镇王化村。

2. 剖面特征

五华县典型森林赤红壤剖面 4（图 3-82，左图）采自岐岭镇王化村，海拔 172m，山地地貌，南坡向，坡度为 35°，上坡坡位，无侵蚀，凋落物层厚度为 10cm，腐殖质层厚度为 5cm，植被类型为针阔混交林（图 3-82，右图）。

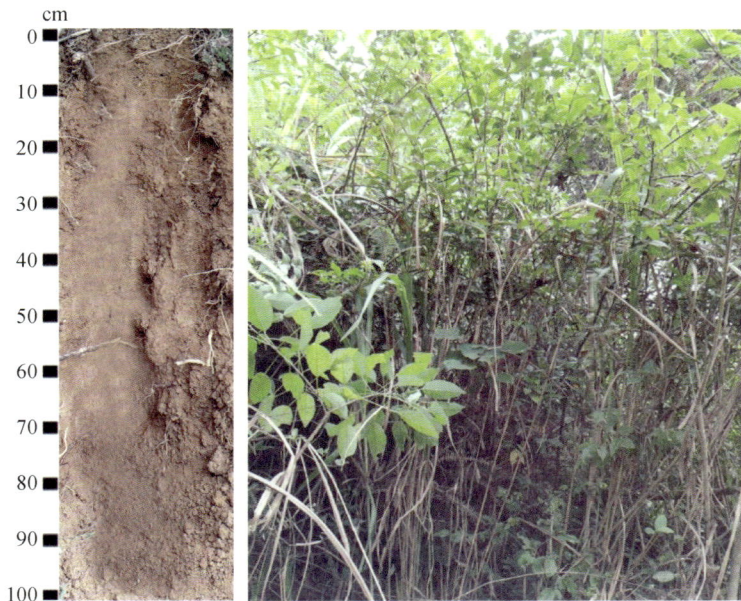

图 3-82 五华县赤红壤剖面 4（左图）及植被（右图）

3. 主要性状

梅江区典型森林赤红壤剖面 4 的土壤理化性质如表 3-167、3-168 所示。

表 3-167　　五华县赤红壤剖面 4 pH 值及养分含量统计表

| 剖面 4 | pH | 有机质(SOM)(g/kg) | 全氮(N)(g/kg) | 全磷(P)(g/kg) | 全钾(K)(g/kg) |
|---|---|---|---|---|---|
| 赤红壤剖面 4 | 5.40 | 4.20 | 0.31 | 1.12 | 27.27 |
| 赤红壤剖面 4/全县赤红壤 | 1.18 | 0.38 | 0.51 | 4.83 | 1.44 |
| 赤红壤剖面 4/全市赤红壤 | 1.16 | 0.32 | 0.44 | 4.13 | 1.56 |
| 赤红壤剖面 4/全县林地土壤 | 1.18 | 0.38 | 0.51 | 4.73 | 1.45 |
| 赤红壤剖面 4/全市林地土壤 | 1.16 | 0.29 | 0.40 | 3.94 | 1.56 |

表 3-168　　五华县赤红壤剖面 4 重金属元素含量统计表

| 剖面 4 | 镉(Cd)(mg/kg) | 汞(Hg)(mg/kg) | 砷(As)(mg/kg) | 铅(Pb)(mg/kg) | 镍(Ni)(mg/kg) | 铜(Cu)(mg/kg) | 锌(Zn)(mg/kg) |
|---|---|---|---|---|---|---|---|
| 赤红壤剖面 4 | 0.02 | 0.10 | 1.52 | 160.00 | 8.00 | 21.00 | 87.00 |
| 赤红壤剖面 4/全县赤红壤 | 0.74 | 1.41 | 0.15 | 3.34 | 0.88 | 1.34 | 1.46 |
| 赤红壤剖面 4/全市赤红壤 | 0.43 | 1.37 | 0.15 | 3.36 | 0.75 | 1.21 | 1.34 |
| 赤红壤剖面 4/全县林地土壤 | 0.74 | 1.43 | 0.15 | 3.40 | 0.88 | 1.33 | 1.46 |
| 赤红壤剖面 4/全市林地土壤 | 0.45 | 1.19 | 0.13 | 3.26 | 0.74 | 1.22 | 1.33 |

土壤养分指标(表 3-167)包括有机质、全氮、全磷和全钾,其含量分别为 4.20g/kg、0.31g/kg、1.12g/kg、27.27g/kg,依据土壤养分分级标准,分别属于 Ⅵ 级、Ⅵ 级、Ⅰ级和 Ⅰ 级的水平。有机质、全氮低于全县、全市赤红壤和全市、全县林地土壤养分各指标的平均水平,全磷和全钾高于全县、全市赤红壤和全市、全县林地土壤养分各指标的平均水平。土壤 pH 值为 5.40,高于全县、全市林地赤红壤和全县、全市林地土壤 pH 值的平均水平。

重金属元素(表 3-168)包括镉、汞、砷、铅、镍、铜、锌,其含量分别为 0.02mg/kg、0.10mg/kg、1.52mg/kg、160.00mg/kg、8.00mg/kg、21.00mg/kg 和 87.00mg/kg,除铅外,其他重金属元素均低于土壤污染风险筛选值。镉、砷、镍低于全县、全市赤红壤和全县、全市林地土壤重金属元素各指标的平均水平,汞、铅、铜、锌高于全县、全市赤红壤和全县、全市林地土壤重金属元素各指标的平均水平。

## 五、剖面 5：赤红壤亚类

1. 剖面位置

地籍号：441424008021000101800；

地理坐标：北纬 23.735958°，东经 115.560849°；

地区：广东省梅州市五华县周江镇良宁村。

2. 剖面特征

五华县典型森林赤红壤剖面 5(图 3-83,左图)采自周江镇良宁村,海拔 211m,山地地貌,西坡向,坡度为 35°,下坡坡位,无侵蚀,凋落物层厚度为 20cm,腐殖质层厚度为10cm,植被类型为针阔混交林(图 3-83,右图)。

图 3-83　五华县赤红壤剖面 5( 左图 ) 及植被 ( 右图 )

### 3. 主要性状

五华县典型森林赤红壤剖面 5 的土壤理化性质如表 3-169、3-170 所示。

表 3-169　五华县赤红壤剖面 5 pH 值及养分含量统计表

| 剖面 5 | pH | 有机质(SOM)<br>(g/kg) | 全氮(N)<br>(g/kg) | 全磷(P)<br>(g/kg) | 全钾(K)<br>(g/kg) |
|---|---|---|---|---|---|
| 赤红壤剖面 5 | 5.04 | 12.50 | 0.65 | 0.22 | 6.70 |
| 赤红壤剖面 5/全县赤红壤 | 1.11 | 1.12 | 1.07 | 0.97 | 0.35 |
| 赤红壤剖面 5/全市赤红壤 | 1.09 | 0.94 | 0.92 | 0.83 | 0.38 |
| 赤红壤剖面 5/全县林地土壤 | 1.11 | 1.12 | 1.07 | 0.95 | 0.36 |
| 赤红壤剖面 5/全市林地土壤 | 1.08 | 0.87 | 0.85 | 0.79 | 0.38 |

表 3-170　五华县赤红壤剖面 5 重金属元素含量统计表

| 剖面 5 | 镉(Cd)<br>(mg/kg) | 汞(Hg)<br>(mg/kg) | 砷(As)<br>(mg/kg) | 铅(Pb)<br>(mg/kg) | 镍(Ni)<br>(mg/kg) | 铜(Cu)<br>(mg/kg) | 锌(Zn)<br>(mg/kg) |
|---|---|---|---|---|---|---|---|
| 赤红壤剖面 5 | 未检出 | 0.08 | 12.50 | 45.40 | 6.00 | 6.00 | 49.00 |
| 赤红壤剖面 5/全县赤红壤 | — | 1.13 | 1.25 | 0.95 | 0.66 | 0.38 | 0.82 |
| 赤红壤剖面 5/全市赤红壤 | — | 1.10 | 1.22 | 0.95 | 0.56 | 0.35 | 0.76 |
| 赤红壤剖面 5/全县林地土壤 | — | 1.14 | 1.27 | 0.96 | 0.66 | 0.38 | 0.82 |
| 赤红壤剖面 5/全市林地土壤 | — | 0.95 | 1.09 | 0.92 | 0.55 | 0.35 | 0.75 |

土壤养分指标 ( 表 3-169) 包括有机质、全氮、全磷和全钾，其含量分别为 12.50g/kg、0.65g/kg、0.22g/kg 和 6.70g/kg，依据土壤养分分级标准，分别属于 IV 级、V 级、V

级和V级的水平。有机质、全氮高于全县赤红壤和全县林地土壤养分各指标的平均水平，全磷和全钾低于全县赤红壤和全县林地土壤养分各指标的平均水平；全部元素均低于全市赤红壤和全市林地土壤养分各指标的平均水平。土壤 pH 值为 5.04，高于全县、全市赤红壤和全县、全市林地土壤 pH 值的平均水平。

重金属元素(表 3-170)包括镉、汞、砷、铅、镍、铜、锌，其含量分别为未检出、0.08mg/kg、12.50mg/kg、45.40mg/kg、6.00mg/kg、6.00mg/kg 和 49.00mg/kg，所有重金属元素均低于土壤污染风险筛选值。砷高于全县赤红壤和全市林地土壤重金属元素各指标的平均水平，镉、汞、铅、镍、铜、锌低于全县赤红壤和全市林地土壤重金属元素各指标的平均水平；镉、铅、镍、铜、锌低于全市赤红壤和全县林地土壤重金属元素各指标的平均水平，汞、砷高于全市赤红壤和全县林地土壤重金属元素各指标的平均水平。

## 六、剖面 6：红壤亚类

1. 剖面位置

地籍号：441424009017000201600；

地理坐标：北纬 23.829042°，东经 115.699981°；

地区：广东省梅州市五华县横陂镇近江村。

2. 剖面特征

五华县典型森林赤红壤剖面 6(图 3-84，左图)土壤类型为麻红壤土属、薄厚麻红壤土种，土壤母质为花岗岩坡积、残积物。该剖面采自横陂镇近江村，海拔 207m，山地地貌，东北坡向，坡度为 40°，下坡坡位，无侵蚀，凋落物层厚度为 5cm，腐殖质层厚度为 0cm，植被类型为暖性针叶林(图 3-84，右图)。

图 3-84　五华县红壤剖面 6(左图)及植被(右图)

A 层：深度为 0~6cm，土层颜色为棕色，土壤干湿度为潮，松紧度为散碎，团粒结构，无新生体、侵入体和动物孔穴，有少量植物根系。

B 层：深度为 6~100cm，土层颜色为砖红色，土壤干湿度为湿，松紧度为稍紧实，团粒结构，无新生体、侵入体和动物孔穴，有少量植物根系。

3. 主要性状

五华县典型森林红壤剖面 6 的土壤理化性质如表 3-171、3-172 所示。

表 3-171　五华县红壤剖面 6 pH 值及养分含量统计表

| 剖面 6 | pH | 有机质（SOM）（g/kg） | 全氮（N）（g/kg） | 全磷（P）（g/kg） | 全钾（K）（g/kg） |
|---|---|---|---|---|---|
| 红壤剖面 6 | 4.66 | 9.71 | 0.45 | 0.15 | 18.86 |
| 红壤剖面 6/全县红壤 | 1.03 | 0.69 | 0.60 | 0.28 | 1.30 |
| 红壤剖面 6/全市红壤 | 1.00 | 0.60 | 0.52 | 0.49 | 1.10 |
| 红壤剖面 6/全县林地土壤 | 1.02 | 0.87 | 0.74 | 0.63 | 1.00 |
| 红壤剖面 6/全市林地土壤 | 1.00 | 0.67 | 0.58 | 0.53 | 1.08 |

表 3-172　五华县红壤剖面 6 重金属元素含量统计表

| 剖面 6 | 镉（Cd）（mg/kg） | 汞（Hg）（mg/kg） | 砷（As）（mg/kg） | 铅（Pb）（mg/kg） | 镍（Ni）（mg/kg） | 铜（Cu）（mg/kg） | 锌（Zn）（mg/kg） |
|---|---|---|---|---|---|---|---|
| 红壤剖面 6 | 0.02 | 0.04 | 9.19 | 50.40 | 5.00 | 17.00 | 77.00 |
| 红壤剖面 6/全县红壤 | 0.80 | 0.57 | 1.01 | 1.43 | 0.53 | 1.42 | 1.15 |
| 红壤剖面 6/全市红壤 | 0.43 | 0.43 | 0.77 | 0.99 | 0.48 | 1.03 | 1.13 |
| 红壤剖面 6/全县林地土壤 | 0.74 | 0.57 | 0.93 | 1.07 | 0.55 | 1.07 | 1.30 |
| 红壤剖面 6/全市林地土壤 | 0.45 | 0.48 | 0.80 | 1.03 | 0.46 | 0.99 | 1.17 |

土壤养分指标（表 3-171）包括有机质、全氮、全磷和全钾，其含量分别为 9.71g/kg、0.45g/kg、0.15g/kg、18.86g/kg，依据土壤养分分级标准，分别属于 V 级、Ⅵ级、Ⅵ级和 Ⅲ级的水平。全钾高于全县、全市红壤和全县、全市林地土壤养分各指标的平均水平，有机质、全氮、全磷低于全县、全市红壤和全县、全市林地土壤养分各指标的平均水平。土壤 pH 值为 4.66，与全县、全市红壤和全县、全市林地土壤 pH 值的平均水平相当。

重金属元素（表 3-172）包括镉、汞、砷、铅、镍、铜、锌，其含量分别 0.02mg/kg、0.04mg/kg、9.19mg/kg、50.40mg/kg、5.00mg/kg、17.00mg/kg 和 77.00mg/kg，所有重金属元素均低于土壤污染风险筛选值。镉、汞、砷、镍低于全县红壤和全县林地土壤重金属元素各指标的平均水平，铅、铜、锌高于全县红壤和全县林地土壤重金属元素各指标的平均水平；铜、锌高于全市红壤重金属元素各指标的平均水平，镉、汞、砷、铅、镍低于全市红壤重金属元素各指标的平均水平。

## 七、剖面 7：红壤亚类

1. 剖面位置

地籍号：441424009032000600701；

地理坐标：北纬 23.868727°，东经 115.600808°；

地区：广东省梅州市五华县横陂镇增大村。

2. 剖面特征

五华县典型森林红壤剖面 7（图 3-85，左图）土壤类型为页红壤土属、中中页红壤土种，土壤母质为砂页岩坡积物。该剖面采自横陂镇增大村，海拔 412m，西北坡向，坡度为 40°，上坡坡位，无侵蚀，凋落物层厚度为 20cm，腐殖质层厚度为 20cm，植被类型为针阔混交林（图 3-85，右图）。

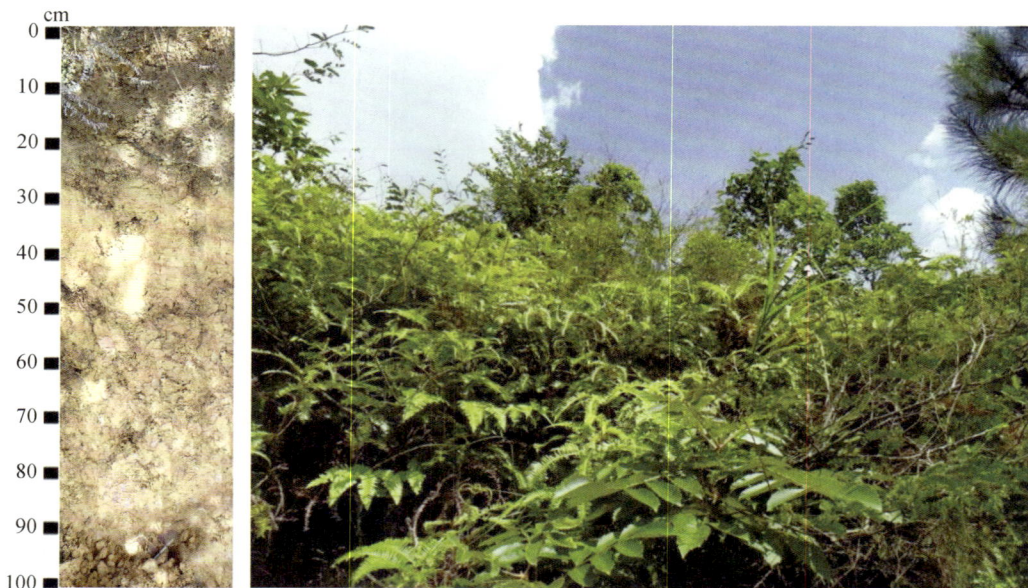

图 3-85  五华县红壤剖面 7（左图）及植被（右图）

A 层：深度为 0~13cm，土层颜色为棕色，土壤干湿度为湿，松紧度为疏松，团粒结构，无新生体、侵入体和植物体系，有蚂蚁窝。

B 层：深度为 13~65cm，土层颜色为砖红色，土壤干湿度为湿，松紧度为稍紧实，团粒结构，无新生体、侵入体和植物根系，有蚂蚁窝。

C 层：深度为 65~100cm，土层颜色为砖红色，土壤干湿度为干，松紧度为紧实，团粒结构，无新生体、侵入体和植物体系，有蚂蚁窝和蚯蚓孔。

3. 主要性状

五华县典型森林红壤剖面 7 的土壤理化性质如表 3-173、3-174 所示。

表 3-173　五华县红壤剖面 7 pH 值及养分含量统计表

| 剖面 7 | pH | 有机质(SOM)<br>(g/kg) | 全氮(N)<br>(g/kg) | 全磷(P)<br>(g/kg) | 全钾(K)<br>(g/kg) |
|---|---|---|---|---|---|
| 红壤剖面 7 | 4.28 | 10.60 | 0.62 | 0.19 | 14.85 |
| 红壤剖面 7/全县红壤 | 0.95 | 0.75 | 0.82 | 0.36 | 1.02 |
| 红壤剖面 7/全市红壤 | 0.91 | 0.65 | 0.72 | 0.63 | 0.87 |
| 红壤剖面 7/全县林地土壤 | 0.94 | 0.95 | 0.99 | 0.80 | 0.79 |
| 红壤剖面 7/全市林地土壤 | 0.92 | 0.74 | 0.81 | 0.67 | 0.85 |

表 3-174　五华县红壤剖面 7 重金属元素含量统计表

| 剖面 7 | 镉(Cd)<br>(mg/kg) | 汞(Hg)<br>(mg/kg) | 砷(As)<br>(mg/kg) | 铅(Pb)<br>(mg/kg) | 镍(Ni)<br>(mg/kg) | 铜(Cu)<br>(mg/kg) | 锌(Zn)<br>(mg/kg) |
|---|---|---|---|---|---|---|---|
| 红壤剖面 7 | 0.01 | 0.05 | 2.93 | 27.70 | 9.00 | 10.00 | 33.00 |
| 红壤剖面 7/全县红壤 | 0.40 | 0.71 | 0.32 | 0.78 | 0.95 | 0.83 | 0.49 |
| 红壤剖面 7/全市红壤 | 0.22 | 0.53 | 0.24 | 0.54 | 0.86 | 0.61 | 0.49 |
| 红壤剖面 7/全县林地土壤 | 0.37 | 0.71 | 0.30 | 0.59 | 0.99 | 0.63 | 0.56 |
| 红壤剖面 7/全市林地土壤 | 0.23 | 0.60 | 0.26 | 0.56 | 0.83 | 0.58 | 0.50 |

土壤养分指标(表 3-173)包括有机质、全氮、全磷和全钾,其含量分别为 10.60g/kg、0.62g/kg、0.19g/kg 和 14.85g/kg,依据土壤养分分级标准,分别属于Ⅳ级、Ⅴ级、Ⅵ级和Ⅳ级水平。有机质、全氮、全磷和低于全县红壤养分各指标的平均水平,全钾高于全县红壤的平均水平;所有土壤养分指标含量均低于全市红壤和全县、全市林地土壤的平均水平。土壤 pH 值为 4.28,低于全县、全市红壤和全县、全市林地土壤 pH 值的平均水平。

重金属元素(表 3-174)包括镉、汞、砷、铅、镍、铜、锌,其含量分别为 0.01mg/kg、0.05mg/kg、2.93mg/kg、27.70mg/kg、9.00mg/kg、10.00mg/kg 和 33.00mg/kg,所有重金属元素均低于土壤污染风险筛选值。各指标含量均低于全县、全市红壤和全县、全市林地土壤重金属元素各指标的平均水平。

## 八、剖面 8：紫色土亚类

1. 剖面位置

地籍号：441424015008000701000；

地理坐标：北纬 23.650335°，东经 115.525898°；

地区：广东省梅州市五华县华阳镇大拔村。

2. 剖面特征

五华县典型森林紫色土剖面 8(图 3-86,左图)土壤类型为酸性紫色土属、薄层酸性紫色土种,土壤母质为紫色砂页岩坡积、残积物。该剖面采自华阳镇大拔村,海拔 158m,山地地貌,北坡向,坡度为 35°,下坡坡位,轻微侵蚀,凋落物层厚度为 10cm,腐殖质层厚度为 10cm,植被类型为暖性针叶林,优势树种为杉木(图 3-86,右图)。

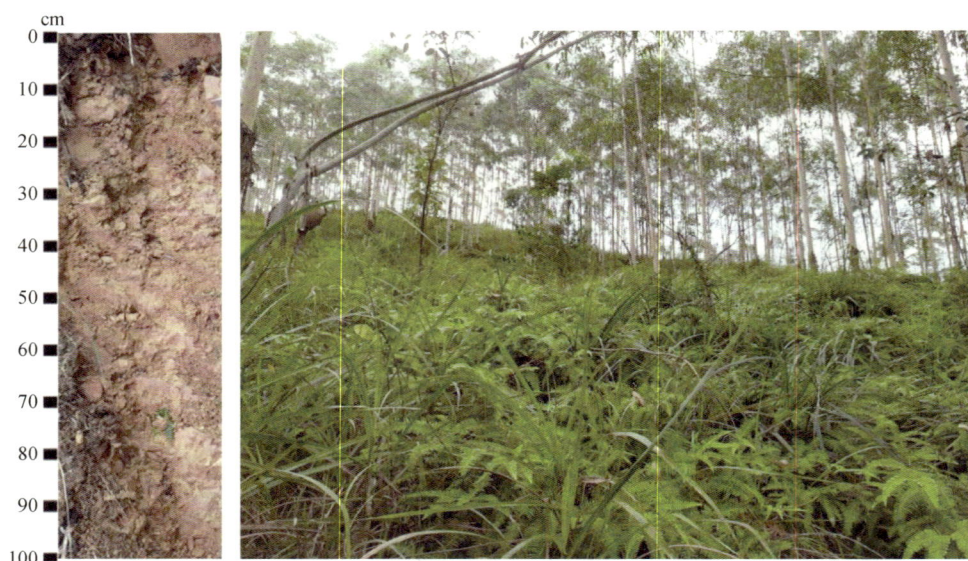

图 3-86　五华县紫色土剖面 8(左图)及植被(右图)

A 层：深度为 0~9cm，土层颜色为棕色，土壤干湿度为湿，松紧度为散碎，团粒结构，无新生体、侵入体和植物体系，有动物孔穴。

C 层：深度为 9~100cm，土层颜色为砖红色，土壤干湿度为湿，松紧度为稍紧实，团粒结构，无新生体、侵入体和植物体系，有动物孔穴。

3. 主要性状

五华县典型森林紫色土剖面 8 的土壤理化性质如表 3-175、3-176 所示。

表 3-175　五华县紫色土剖面 8 pH 值及养分含量统计表

| 剖面 8 | pH | 有机质(SOM)(g/kg) | 全氮(N)(g/kg) | 全磷(P)(g/kg) | 全钾(K)(g/kg) |
|---|---|---|---|---|---|
| 紫色土剖面 8 | 4.68 | 7.38 | 0.53 | 0.24 | 29.65 |
| 紫色土剖面 8/全县紫色土壤 | 1.00 | 1.00 | 1.00 | 1.00 | 1.00 |
| 紫色土剖面 8/全市紫色土壤 | 1.03 | 0.67 | 0.86 | 1.06 | 1.81 |
| 紫色土剖面 8/全县林地土壤 | 1.03 | 0.66 | 0.87 | 1.01 | 1.58 |
| 紫色土剖面 8/全市林地土壤 | 1.01 | 0.51 | 0.69 | 0.85 | 1.70 |

表 3-176　五华县紫色土剖面 8 重金属元素含量统计表

| 剖面 8 | 镉(Cd)(mg/kg) | 汞(Hg)(mg/kg) | 砷(As)(mg/kg) | 铅(Pb)(mg/kg) | 镍(Ni)(mg/kg) | 铜(Cu)(mg/kg) | 锌(Zn)(mg/kg) |
|---|---|---|---|---|---|---|---|
| 紫色土剖面 8 | 0.01 | 0.09 | 2.21 | 51.10 | 3.00 | 9.00 | 92.00 |
| 紫色土剖面 8/全县紫色土壤 | 1.00 | 1.00 | 1.00 | 1.00 | 1.00 | 1.00 | 1.00 |
| 紫色土剖面 8/全市紫色土壤 | 0.11 | 2.14 | 0.26 | 1.58 | 0.19 | 0.33 | 1.53 |
| 紫色土剖面 8/全县林地土壤 | 0.37 | 1.29 | 0.22 | 1.08 | 0.33 | 0.57 | 1.55 |
| 紫色土剖面 8/全市林地土壤 | 0.23 | 1.07 | 0.19 | 1.04 | 0.28 | 0.52 | 1.40 |

土壤养分指标（表 3-175）包括有机质、全氮、全磷和全钾，其含量分别为 7.38g/kg、0.53g/kg、0.24g/kg、29.65g/kg，依据土壤养分分级标准，分别属于Ⅴ级、Ⅴ级、Ⅴ级和Ⅰ级的水平。有机质、全氮含量低于全市紫色土和全县、全市林地土壤养分指标的平均水平，全磷、全钾含量高于全市紫色土和全县林地土壤养分指标的平均水平。土壤 pH 值为 4.68，略高于全县、全市紫色土和全县、全市林地土壤 pH 值的平均水平。

重金属元素（表 3-176）包括镉、汞、砷、铅、镍、铜、锌，其含量分别为 0.01mg/kg、0.09mg/kg、2.21mg/kg、51.10mg/kg、3.00mg/kg、9.00mg/kg 和 92.00mg/kg，所有重金属元素均低于土壤污染风险筛选值。所有元素与全县紫色土土壤重金属各指标的平均水平相当；镉、砷、镍、铜低于全市紫色土和全县、全市林地土壤重金属元素各指标的平均水平，汞、铅、锌高于全市紫色土和全县、全市林地土壤重金属元素各指标的平均水平。

# 第八节　兴宁市森林土壤剖面

兴宁市森林土壤养分指标（包括有机质、全氮、全磷和全钾）平均含量分别为 16.31g/kg、0.84g/kg、0.41g/kg、13.95g/kg。不同类型土壤中的平均含量具体如下：赤红壤分别为 14.95g/kg、0.78g/kg、0.41g/kg、12.75g/kg；红壤为 18.56g/kg、0.95g/kg、0.42g/kg、14.58g/kg；紫色土为 20.95g/kg、1.22g/kg、0.52g/kg、16.90g/kg。

兴宁市森林土壤 pH 值为 4.57，不同类型土壤中分别为赤红壤 4.64，红壤 4.59，紫色土 4.54。

兴宁市森林土壤重金属元素（包括镉、汞、砷、铅、镍、铜、锌）平均含量分别为 0.03mg/kg、0.09mg/kg、9.01mg/kg、44.73mg/kg、14.15mg/kg、21.57mg/kg、54.33mg/kg。不同类型土壤中的平均含量：赤红壤分别为 0.04mg/kg、0.08mg/kg、9.22mg/kg、50.55mg/kg、16.69mg/kg、26.76mg/kg、53.16mg/kg；红壤为 0.02mg/kg、0.10mg/kg、10.11mg/kg、36.97mg/kg、7.64mg/kg、10.57mg/kg、58.57mg/kg；紫色土为未检出、0.07mg/kg、14.20mg/kg、25.80mg/kg、15.00mg/kg、21.00mg/kg、29.00mg/kg。

## 一、剖面 1：赤红壤亚类

### 1. 剖面位置
地籍号：441481007011000100500；
地理坐标：北纬 24.162270°，东经 115.402415°；
地区：广东省梅州市兴宁市合水镇双溪村。

### 2. 剖面特征
兴宁市典型森林赤红壤剖面 1 采自合水镇双溪村，海拔 150m，丘陵地貌，西坡向，坡度为 23°，中坡坡位，轻微侵蚀，凋落物层厚度为 2cm，腐殖质层厚度为 10cm，植被类型为木本果树林（图 3-87）。

图 3-87　兴宁市赤红壤剖面 1 植被

### 3. 主要性状

兴宁市典型森林赤红壤剖面 1 的土壤理化性质如表 3-177、3-178 所示。

表 3-177　兴宁市赤红壤剖面 1 pH 值及养分含量统计表

| 剖面 1 | pH | 有机质（SOM）（g/kg） | 全氮（N）（g/kg） | 全磷（P）（g/kg） | 全钾（K）（g/kg） |
|---|---|---|---|---|---|
| 赤红壤剖面 1 | 5.88 | 8.32 | 0.56 | 0.24 | 22.49 |
| 赤红壤剖面 1/全区赤红壤 | 1.27 | 0.56 | 0.71 | 0.59 | 1.76 |
| 赤红壤剖面 1/全市赤红壤 | 1.27 | 0.63 | 0.79 | 0.89 | 1.29 |
| 赤红壤剖面 1/全区林地土壤 | 1.29 | 0.51 | 0.67 | 0.58 | 1.61 |
| 赤红壤剖面 1/全市林地土壤 | 1.26 | 0.58 | 0.73 | 0.85 | 1.29 |

表 3-178　兴宁市赤红壤剖面 1 重金属元素含量统计表

| 剖面 1 | 镉（Cd）（mg/kg） | 汞（Hg）（mg/kg） | 砷（As）（mg/kg） | 铅（Pb）（mg/kg） | 镍（Ni）（mg/kg） | 铜（Cu）（mg/kg） | 锌（Zn）（mg/kg） |
|---|---|---|---|---|---|---|---|
| 赤红壤剖面 1 | 0.07 | 0.03 | 5.50 | 21.80 | 10.00 | 5.00 | 47.00 |
| 赤红壤剖面 1/全区赤红壤 | 1.79 | 0.36 | 0.60 | 0.43 | 0.60 | 0.19 | 0.88 |
| 赤红壤剖面 1/全市赤红壤 | 1.49 | 0.41 | 0.54 | 0.46 | 0.94 | 0.29 | 0.73 |
| 赤红壤剖面 1/全区林地土壤 | 2.59 | 0.34 | 0.61 | 0.49 | 0.71 | 0.23 | 0.87 |
| 赤红壤剖面 1/全市林地土壤 | 1.59 | 0.36 | 0.48 | 0.44 | 0.92 | 0.29 | 0.72 |

土壤养分指标（表 3-177）包括有机质、全氮、全磷和全钾，其含量分别为 8.32g/kg、0.56g/kg、0.24g/kg 和 22.49g/kg，依据土壤养分分级标准，分别属于 V 级、V级、V 级和 II 级的水平。除全钾外，其他元素均低于全区、全市赤红壤和全区、全市林地土壤养分各指标的平均水平。土壤 pH 值为 5.88，高于全区、全市赤红壤和全区、全市林

地土壤 pH 值的平均水平。

重金属元素（表 3-178）包括镉、汞、砷、铅、镍、铜、锌，其含量分别为 0.07mg/kg、0.03mg/kg、5.50mg/kg、21.80mg/kg、10.00mg/kg、5.00mg/kg 和 47.00mg/kg，所有重金属元素均低于土壤污染风险筛选值。除镉外，其他元素均低于全区、全市赤红壤和全区、全市林地土壤重金属元素各指标的平均水平。

## 二、剖面 2：赤红壤亚类

1. 剖面位置

地籍号：441481012004000100400；

地理坐标：北纬 24.150144°，东经 115.534324°；

地区：广东省梅州市兴宁市径南镇新洲村。

2. 剖面特征

兴宁市典型森林赤红壤剖面 2（图 3-88，左图）采自径南镇新洲村，海拔 289m，山地地貌，南坡向，坡度为 30°，下坡坡位，轻微侵蚀，凋落物层厚度为 5cm，腐殖质层厚度为 0cm，植被类型木本果树林（图 3-88，右图）。

图 3-88　兴宁市赤红壤剖面 2（左图）及植被（右图）

3. 主要性状

兴宁市典型森林赤红壤剖面 2 的土壤理化性质如表 3-179、3-180 所示。

表 3-179　兴宁市赤红壤剖面 2 pH 值及养分含量统计表

| 剖面 2 | pH | 有机质(SOM)(g/kg) | 全氮(N)(g/kg) | 全磷(P)(g/kg) | 全钾(K)(g/kg) |
|---|---|---|---|---|---|
| 赤红壤剖面 2 | 5.40 | 11.05 | 0.60 | 0.73 | 17.45 |
| 赤红壤剖面 2/全区赤红壤 | 1.16 | 0.74 | 0.77 | 1.80 | 1.37 |
| 赤红壤剖面 2/全市赤红壤 | 1.16 | 0.83 | 0.84 | 2.69 | 1.00 |
| 赤红壤剖面 2/全区林地土壤 | 1.18 | 0.68 | 0.72 | 1.76 | 1.25 |
| 赤红壤剖面 2/全市林地土壤 | 1.16 | 0.77 | 0.78 | 2.57 | 1.00 |

表 3-180　兴宁市赤红壤剖面 2 重金属元素含量统计表

| 剖面 2 | 镉(Cd)(mg/kg) | 汞(Hg)(mg/kg) | 砷(As)(mg/kg) | 铅(Pb)(mg/kg) | 镍(Ni)(mg/kg) | 铜(Cu)(mg/kg) | 锌(Zn)(mg/kg) |
|---|---|---|---|---|---|---|---|
| 赤红壤剖面 2 | 0.05 | 0.10 | 2.85 | 71.10 | 16.00 | 23.0 | 83.00 |
| 赤红壤剖面 2/全区赤红壤 | 1.28 | 1.19 | 0.31 | 1.41 | 0.96 | 0.86 | 1.56 |
| 赤红壤剖面 2/全市赤红壤 | 1.06 | 1.37 | 0.28 | 1.49 | 1.50 | 1.33 | 1.28 |
| 赤红壤剖面 2/全区林地土壤 | 1.85 | 1.14 | 0.32 | 1.59 | 1.13 | 1.07 | 1.53 |
| 赤红壤剖面 2/全市林地土壤 | 1.14 | 1.19 | 0.25 | 1.45 | 1.48 | 1.34 | 1.27 |

　　土壤养分指标(表 3-179)包括有机质、全氮、全磷和全钾,其含量分别为 11.05g/kg、0.60g/kg、0.73g/kg 和 17.45g/kg,依据土壤养分分级标准,分别属于Ⅳ级、Ⅴ级、Ⅲ级和Ⅲ级的水平。除全磷、全钾外,其他元素均低于全区赤红壤养分各指标的平均水平;除全磷外,其他元素均低于全市赤红壤养分各指标的平均水平;除全磷、全钾外,其他元素均低于全区林地土壤养分各指标的平均水平;除全磷外,其他元素均低于全市林地土壤养分各指标的平均水平。土壤 pH 值为 5.40,高于全区、全市赤红壤和全区、全市林地土壤 pH 值的平均水平。

　　重金属元素(表 3-180)包括镉、汞、砷、铅、镍、铜、锌,其含量分别为 0.05mg/kg、0.10mg/kg、2.85mg/kg、71.10mg/kg、16.00mg/kg、23.00mg/kg 和 83.00mg/kg,其中铅元素高于土壤污染风险筛选值,其他重金属元素均低于土壤污染风险筛选值。除砷、镍、铜外,其他元素均高于全区赤红壤重金属元素各指标的平均水平;除砷外,其他元素均高于全市赤红壤和全区、全市林地土壤重金属元素各指标的平均水平。

### 三、剖面 3：赤红壤亚类

　　1. 剖面位置

　　地籍号：441481019002000200403;

　　地理坐标：北纬 24.051232°,东经 115.555557°;

　　地区：广东省梅州市兴宁市径新圩大村。

　　2. 剖面特征

　　兴宁市典型森林赤红壤剖面 3(图 3-89,左图)采自新圩镇大村,海拔 289m,山地地貌,西北坡向,坡度为 25°,下坡坡位,无侵蚀,凋落物层厚度为 10cm,腐殖质层厚度为

10cm，植被类型为竹阔混交林，优势树种为荷木（图 3-89，右图）。

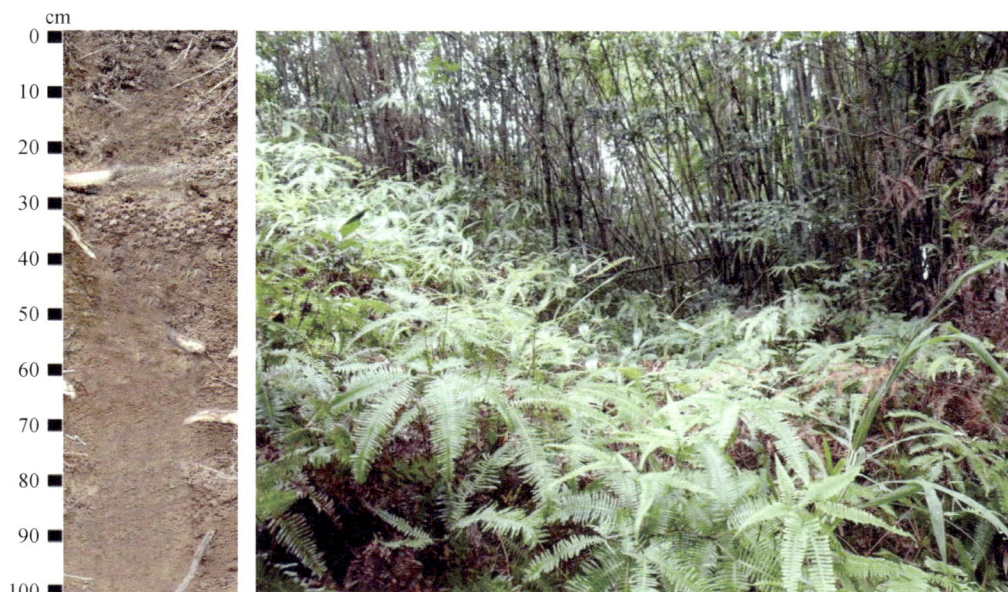

图 3-89　兴宁市赤红壤剖面 3（左图）及植被（右图）

### 3. 主要性状

兴宁市典型森林赤红壤剖面 3 的土壤理化性质如表 3-181、3-182 所示。

表 3-181　兴宁市赤红壤剖面 3 pH 值及养分含量统计表

| 剖面 3 | pH | 有机质（SOM）（g/kg） | 全氮（N）（g/kg） | 全磷（P）（g/kg） | 全钾（K）（g/kg） |
|---|---|---|---|---|---|
| 赤红壤剖面 3 | 4. 11 | 36. 05 | 1. 58 | 0. 52 | 9. 96 |
| 赤红壤剖面 3/全区赤红壤 | 0. 89 | 2. 41 | 2. 02 | 1. 28 | 0. 78 |
| 赤红壤剖面 3/全市赤红壤 | 0. 89 | 2. 72 | 2. 22 | 1. 92 | 0. 57 |
| 赤红壤剖面 3/全区林地土壤 | 0. 90 | 2. 21 | 1. 89 | 1. 26 | 0. 71 |
| 赤红壤剖面 3/全市林地土壤 | 0. 88 | 2. 50 | 2. 05 | 1. 83 | 0. 57 |

表 3-182　兴宁市赤红壤剖面 3 重金属元素含量统计表

| 剖面 3 | 镉（Cd）（mg/kg） | 汞（Hg）（mg/kg） | 砷（As）（mg/kg） | 铅（Pb）（mg/kg） | 镍（Ni）（mg/kg） | 铜（Cu）（mg/kg） | 锌（Zn）（mg/kg） |
|---|---|---|---|---|---|---|---|
| 赤红壤剖面 3 | 0. 05 | 0. 08 | 12. 70 | 42. 30 | 24. 00 | 31. 00 | 60. 00 |
| 赤红壤剖面 3/全区赤红壤 | 1. 28 | 0. 95 | 1. 38 | 0. 84 | 1. 44 | 1. 16 | 1. 13 |
| 赤红壤剖面 3/全市赤红壤 | 1. 06 | 1. 10 | 1. 24 | 0. 89 | 2. 25 | 1. 79 | 0. 93 |
| 赤红壤剖面 3/全区林地土壤 | 1. 85 | 0. 91 | 1. 41 | 0. 95 | 1. 70 | 1. 44 | 1. 10 |
| 赤红壤剖面 3/全市林地土壤 | 1. 14 | 0. 95 | 1. 11 | 0. 86 | 2. 22 | 1. 81 | 0. 91 |

土壤养分指标（表 3-181）包括有机质、全氮、全磷和全钾，其含量分别为 36.05g/

kg、1.58g/kg、0.52g/kg 和 9.96g/kg，依据土壤养分分级标准，分别属于Ⅱ级、Ⅱ级、Ⅳ级和Ⅴ级的水平。除全钾外，其他养分指标含量均高于全区、全市赤红壤和全区、全市林地土壤养分各指标的平均水平。土壤 pH 值为 4.11，低于全区、全市赤红壤和全区、全市林地土壤 pH 值的平均水平。

　　重金属元素（表 3-182）包括镉、汞、砷、铅、镍、铜、锌，其含量分别为 0.05mg/kg、0.08mg/kg、12.70mg/kg、42.30mg/kg、24.00mg/kg、31.00mg/kg 和 60.00mg/kg，所有重金属元素均低于土壤污染风险筛选值。除汞、铅外，其他元素含量均高于全区赤红壤和全区、全市林地土壤重金属元素各指标的平均水平；除铅外，其他元素含量均高于全市赤红壤重金属元素各指标的平均水平。

## 四、剖面 4：赤红壤亚类

1. 剖面位置

地籍号：441481019005000100804；

地理坐标：北纬 24.052856°，东经 115.543131°；

地区：广东省梅州市兴宁市径新圩镇曹田村。

2. 剖面特征

兴宁市典型森林赤红壤剖面 4（图 3-90，左图）采自新圩镇曹田村，海拔 172m，山地地貌，南坡向，坡度为 30°，下坡坡位，无侵蚀，凋落物层厚度为 5cm，腐殖质层厚度为 15cm，植被类型针阔混交林，优势树种为马尾松（图 3-90，右图）。

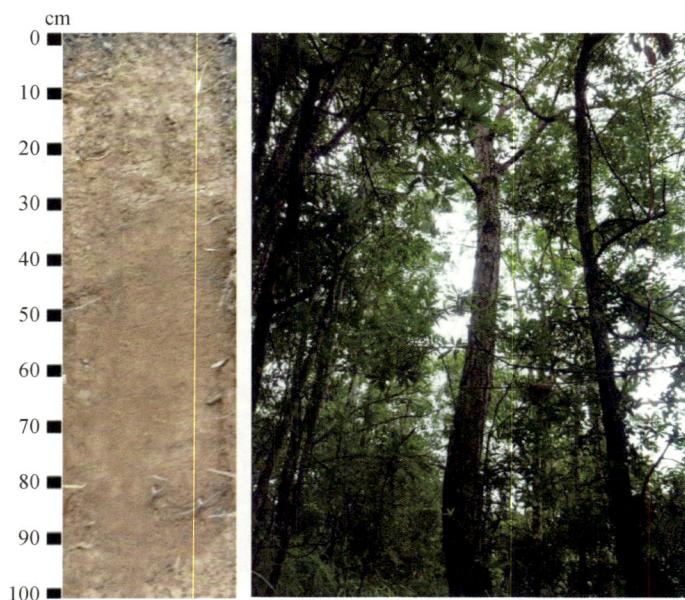

图 3-90　兴宁市赤红壤剖面 4（左图）及植被（右图）

3. 主要性状

兴宁市典型森林赤红壤剖面 4 的土壤理化性质如表 3-183、3-184 所示。

表 3-183　兴宁市赤红壤剖面 4 pH 值及养分含量统计表

| 剖面 4 | pH | 有机质（SOM）（g/kg） | 全氮（N）（g/kg） | 全磷（P）（g/kg） | 全钾（K）（g/kg） |
|---|---|---|---|---|---|
| 赤红壤剖面 4 | 4.52 | 22.44 | 1.08 | 0.45 | 9.09 |
| 赤红壤剖面 4/全区赤红壤 | 0.97 | 1.50 | 1.38 | 1.11 | 0.71 |
| 赤红壤剖面 4/全市赤红壤 | 0.97 | 1.69 | 1.52 | 1.66 | 0.52 |
| 赤红壤剖面 4/全区林地土壤 | 0.99 | 1.38 | 1.29 | 1.09 | 0.65 |
| 赤红壤剖面 4/全市林地土壤 | 0.97 | 1.56 | 1.40 | 1.58 | 0.52 |

表 3-184　兴宁市赤红壤剖面 4 重金属元素含量统计表

| 剖面 4 | 镉（Cd）（mg/kg） | 汞（Hg）（mg/kg） | 砷（As）（mg/kg） | 铅（Pb）（mg/kg） | 镍（Ni）（mg/kg） | 铜（Cu）（mg/kg） | 锌（Zn）（mg/kg） |
|---|---|---|---|---|---|---|---|
| 赤红壤剖面 4 | 未检出 | 0.10 | 3.69 | 36.50 | 34.00 | 31.00 | 51.00 |
| 赤红壤剖面 4/全区赤红壤 | — | 1.19 | 0.40 | 0.72 | 2.04 | 1.16 | 0.96 |
| 赤红壤剖面 4/全市赤红壤 | — | 1.37 | 0.36 | 0.77 | 3.18 | 1.79 | 0.79 |
| 赤红壤剖面 4/全区林地土壤 | — | 1.14 | 0.41 | 0.82 | 2.40 | 1.44 | 0.94 |
| 赤红壤剖面 4/全市林地土壤 | — | 1.19 | 0.32 | 0.74 | 3.14 | 1.81 | 0.78 |

土壤养分指标（表 3-183）包括有机质、全氮、全磷和全钾，其含量分别为 22.44g/kg、1.08g/kg、0.45g/kg 和 9.09g/kg，依据土壤养分分级标准，分别属于Ⅱ级、Ⅱ级、Ⅳ级和Ⅴ级的水平。除全钾外，其他指标含量均高于全区、全市赤红壤和全区、全市林地土壤养分各指标的平均水平。土壤 pH 值为 4.52，低于全区、全市赤红壤和全区、全市林地土壤 pH 值的平均水平。

重金属元素（表 3-184）包括镉、汞、砷、铅、镍、铜、锌，其含量分别为未检出、0.10mg/kg、3.69mg/kg、36.50mg/kg、34.00mg/kg、31.00mg/kg 和 51.00mg/kg，所有重金属元素均低于土壤污染风险筛选值。除汞、镍、铜外，其他元素含量均低于全区、全市赤红壤和全区、全市林地土壤重金属元素各指标的平均水平。

## 五、剖面 5：赤红壤亚类

1. 剖面位置

地籍号：441481020009000100100；

地理坐标：北纬 24.000264°，东经 115.520386°；

地区：广东省梅州市兴宁市水口水洋村。

2. 剖面特征

兴宁市典型森林赤红壤剖面 5（图 3-91，左图）采自水口镇水洋村，海拔 143m，丘陵地貌，西坡向，坡度为 25°，下坡坡位，无侵蚀，凋落物层厚度为 0cm，腐殖质层厚度为

0cm，植被类型为木本果树林，优势树种为柚子树(图 3-91，右图)。

图 3-91 兴宁市赤红壤剖面 5(左图)及植被(右图)

### 3. 主要性状

兴宁市典型森林赤红壤剖面 5 的土壤理化性质如表 3-185、3-186 所示。

表 3-185 兴宁市赤红壤剖面 5 pH 值及养分含量统计表

| 剖面 5 | pH | 有机质(SOM)<br>(g/kg) | 全氮(N)<br>(g/kg) | 全磷(P)<br>(g/kg) | 全钾(K)<br>(g/kg) |
|---|---|---|---|---|---|
| 赤红壤剖面 5 | 4.52 | 8.90 | 0.71 | 0.46 | 15.79 |
| 赤红壤剖面 5/全区赤红壤 | 0.97 | 0.60 | 0.91 | 1.13 | 1.24 |
| 赤红壤剖面 5/全市赤红壤 | 0.97 | 0.67 | 1.00 | 1.70 | 0.90 |
| 赤红壤剖面 5/全区林地土壤 | 0.99 | 0.55 | 0.85 | 1.11 | 1.13 |
| 赤红壤剖面 5/全市林地土壤 | 0.99 | 0.62 | 0.92 | 1.62 | 0.91 |

表 3-186 兴宁市赤红壤剖面 5 重金属元素含量统计表

| 剖面 5 | 镉(Cd)<br>(mg/kg) | 汞(Hg)<br>(mg/kg) | 砷(As)<br>(mg/kg) | 铅(Pb)<br>(mg/kg) | 镍(Ni)<br>(mg/kg) | 铜(Cu)<br>(mg/kg) | 锌(Zn)<br>(mg/kg) |
|---|---|---|---|---|---|---|---|
| 赤红壤剖面 5 | 0.03 | 0.02 | 4.86 | 47.00 | 未检出 | 12.00 | 49.00 |
| 赤红壤剖面 5/全区赤红壤 | 0.77 | 0.24 | 0.53 | 0.93 | — | 0.45 | 0.92 |
| 赤红壤剖面 5/全市赤红壤 | 0.64 | 0.27 | 0.48 | 0.99 | | 0.69 | 0.76 |
| 赤红壤剖面 5/全区林地土壤 | 1.11 | 0.23 | 0.54 | 1.05 | | 0.56 | 0.90 |
| 赤红壤剖面 5/全市林地土壤 | 0.68 | 0.24 | 0.43 | 0.96 | — | 0.70 | 0.75 |

土壤养分指标(表 3-185)包括有机质、全氮、全磷和全钾，其含量分别为 8.90g/

kg、0.71g/kg、0.46g/kg 和 15.79g/kg，依据土壤养分分级标准，分别属于 V 级、V 级、Ⅳ级和Ⅲ级的水平。除全磷、全钾外，其他养分指标含量均低于全区赤红壤和全区林地土壤养分各指标的平均水平；除全磷外，其他养分指标含量均低于全市赤红壤和全市林地土壤养分各指标的平均水平。土壤 pH 值为 4.52，低于全区、全市赤红壤和全区、全市林地土壤 pH 值的平均水平。

重金属元素（表 3-186）包括镉、汞、砷、铅、镍、铜、锌，其含量分别为 0.03mg/kg、0.02mg/kg、4.86mg/kg、47.00mg/kg、未检出、12.00mg/kg 和 49.00mg/kg，所有重金属元素均低于土壤污染风险筛选值。除镉和铅外，其余元素含量均低于全区、全市赤红壤和全区、全市林地土壤重金属元素各指标的平均水平；镉和铅元素含量高于全区林地土壤的平均水平，低于全区、全市赤红壤和全市林地土壤重金属元素各指标的平均水平。

## 六、剖面 6：赤红壤亚类

1. 剖面位置

地籍号：441481020034000100600；

地理坐标：北纬 24.594171°，东经 115.565717°；

地区：广东省梅州市兴宁市水口镇博溪村。

2. 剖面特征

兴宁市典型森林赤红壤剖面 6（图 3-92，左图）采自水口镇博溪村，海拔 118m，丘陵地貌，东南坡向，坡度为 33°，中坡坡位，轻微侵蚀，凋落物层厚度为 0cm，腐殖质层厚度为 3cm，植被类型为灌木林，优势树种为油茶（图 3-92，右图）。

图 3-92　兴宁市赤红壤剖面 6（左图）及植被（右图）

### 3. 主要性状

兴宁市典型森林赤红壤剖面 6 的土壤理化性质如表 3-187、3-188 所示。

**表 3-187　兴宁市赤红壤剖面 6 pH 值及养分含量统计表**

| 剖面 6 | pH | 有机质（SOM）（g/kg） | 全氮（N）（g/kg） | 全磷（P）（g/kg） | 全钾（K）（g/kg） |
|---|---|---|---|---|---|
| 赤红壤剖面 6 | 4.68 | 7.85 | 0.45 | 0.33 | 10.48 |
| 赤红壤剖面 6/全区赤红壤 | 1.01 | 0.53 | 0.57 | 0.81 | 0.82 |
| 赤红壤剖面 6/全市赤红壤 | 1.01 | 0.59 | 0.63 | 1.22 | 0.60 |
| 赤红壤剖面 6/全区林地土壤 | 1.02 | 0.48 | 0.54 | 0.80 | 0.75 |
| 赤红壤剖面 6/全市林地土壤 | 1.01 | 0.54 | 0.58 | 1.16 | 0.60 |

**表 3-188　兴宁市赤红壤剖面 6 重金属元素含量统计表**

| 剖面 6 | 镉（Cd）（mg/kg） | 汞（Hg）（mg/kg） | 砷（As）（mg/kg） | 铅（Pb）（mg/kg） | 镍（Ni）（mg/kg） | 铜（Cu）（mg/kg） | 锌（Zn）（mg/kg） |
|---|---|---|---|---|---|---|---|
| 赤红壤剖面 6 | 0.02 | 0.07 | 10.40 | 67.50 | 23.00 | 37.00 | 88.00 |
| 赤红壤剖面 6/全区赤红壤 | 0.51 | 0.83 | 1.13 | 1.34 | 1.38 | 1.38 | 1.66 |
| 赤红壤剖面 6/全市赤红壤 | 0.43 | 0.96 | 1.02 | 1.42 | 2.15 | 2.14 | 1.36 |
| 赤红壤剖面 6/全区林地土壤 | 0.74 | 0.80 | 1.15 | 1.51 | 1.63 | 1.72 | 1.62 |
| 赤红壤剖面 6/全市林地土壤 | 0.45 | 0.83 | 0.91 | 1.37 | 2.12 | 2.16 | 1.34 |

土壤养分指标（表 3-187）包括有机质、全氮、全磷和全钾，其含量分别为 7.85g/kg、0.45g/kg、0.33g/kg 和 10.48g/kg，依据土壤养分分级标准，分别属于 Ⅴ 级、Ⅵ级、Ⅴ级和Ⅳ级的水平。除全磷外，其余养分指标含量均低于全区、全市赤红壤和全区、全市林地土壤养分各指标的平均水平；全磷含量低于全区赤红壤和全区林地土壤的平均水平，高于全市赤红壤和全市林地土壤的平均水平。土壤 pH 值为 4.68，高于全区、全市赤红壤和全区、全市林地土壤 pH 值的平均水平。

重金属元素（表 3-188）包括镉、汞、砷、铅、镍、铜、锌，其含量分别为 0.02mg/kg、0.07mg/kg、10.40mg/kg、67.50mg/kg、23.00mg/kg、37.00mg/kg 和 88.00mg/kg，所有重金属元素均低于土壤污染风险筛选值。除镉、汞外，其他元素含量均高于全区、全市赤红壤和全区林地土壤重金属元素各指标的平均水平；除镉、汞、砷外，其他元素含量均高于全市林地土壤重金属元素各指标的平均水平。

## 七、剖面 7：赤红壤亚类

### 1. 剖面位置

地籍号：4414810140230001008；

地理坐标：北纬 24.144615°，东经 115.362207°；

地区：广东省梅州市兴宁市叶塘镇三变村。

### 2. 剖面特征

兴宁市典型森林赤红壤剖面 7（图 3-93，左图）采自叶塘镇三变村，海拔 285m，中山地貌，西坡向，坡度为32°，中坡坡位，轻微侵蚀，凋落物层厚度为0cm，腐殖质层厚度为0cm，植被类型为灌木林，优势树种为油茶（图3-93）。

图 3-93　兴宁市赤红壤剖面 7（左图）及植被（右图）

### 3. 主要性状

兴宁市典型森林赤红壤剖面 7 的土壤理化性质如表 3-189、3-190 所示。

表 3-189　兴宁市赤红壤剖面 7 pH 值及养分含量统计表

| 剖面 7 | pH | 有机质（SOM）（g/kg） | 全氮（N）（g/kg） | 全磷（P）（g/kg） | 全钾（K）（g/kg） |
|---|---|---|---|---|---|
| 赤红壤剖面 7 | 4.08 | 19.27 | 0.99 | 0.35 | 11.94 |
| 赤红壤剖面 7/全区赤红壤 | 0.88 | 1.29 | 1.26 | 0.86 | 0.94 |
| 赤红壤剖面 7/全市赤红壤 | 0.88 | 1.45 | 1.39 | 1.29 | 0.68 |
| 赤红壤剖面 7/全区林地土壤 | 0.89 | 1.18 | 1.18 | 0.85 | 0.86 |
| 赤红壤剖面 7/全市林地土壤 | 0.88 | 1.34 | 1.29 | 1.23 | 0.68 |

表 3-190　兴宁市赤红壤剖面 7 重金属元素含量统计表

| 剖面 7 | 镉（Cd）（mg/kg） | 汞（Hg）（mg/kg） | 砷（As）（mg/kg） | 铅（Pb）（mg/kg） | 镍（Ni）（mg/kg） | 铜（Cu）（mg/kg） | 锌（Zn）（mg/kg） |
|---|---|---|---|---|---|---|---|
| 赤红壤剖面 7 | 未检出 | 0.06 | 15.50 | 20.30 | 未检出 | 18.00 | 19.00 |
| 赤红壤剖面 7/全区赤红壤 | — | 0.71 | 1.68 | 0.40 | — | 0.67 | 0.36 |
| 赤红壤剖面 7/全市赤红壤 | — | 0.82 | 1.52 | 0.43 | — | 1.04 | 0.29 |
| 赤红壤剖面 7/全区林地土壤 | — | 0.68 | 1.72 | 0.45 | — | 0.83 | 0.35 |
| 赤红壤剖面 7/全市林地土壤 | — | 0.71 | 1.36 | 0.41 | — | 1.05 | 0.29 |

　　土壤养分指标(表 3-189)包括有机质、全氮、全磷和全钾,其含量分别为 19.27g/kg、0.99g/kg、0.35g/kg 和 11.94g/kg,依据土壤养分分级标准,分别属于Ⅳ级、Ⅳ级、Ⅴ级和Ⅳ级的水平。全磷和全钾含量均低于全区赤红壤和全区林地土壤养分各指标的平均水平;有机质、全氮和全磷含量均高于全市赤红壤和全市林地土壤养分各指标的平均水平。土壤 pH 值为 4.08,低于全区、全市赤红壤和全区、市林地土壤 pH 值的平均水平。

　　重金属元素(表 3-190)包括镉、汞、砷、铅、镍、铜、锌,其含量分别为未检出、0.06mg/kg、15.50mg/kg、20.30mg/kg、未检出、18.00mg/kg 和 19.00mg/kg,所有重金属元素均低于土壤污染风险筛选值。除砷外,其他元素含量均低于全区赤红壤、全区林地土壤重金属元素各指标的平均水平;除砷、铜外,其他元素含量均低于全市赤红壤、全市林地土壤重金属元素各指标的平均水平。

## 八、剖面 8：赤红壤亚类

### 1. 剖面位置
地籍号：441481001011000400200；
地理坐标：北纬 24.374815°、东经 115.311324°；
地区：广东省梅州市兴宁市罗浮镇小佑村。

### 2. 剖面特征
　　兴宁市典型森林赤红壤剖面 8(图 3-94,左图)采自罗浮镇小佑村,海拔 249m,山地地貌,西北坡向,坡度为 30°,上坡坡位,无侵蚀,凋落物层厚度为 3cm,腐殖质层厚度为 0cm,植被类型为针阔混交林(图 3-94,右图)。

图 3-94　兴宁市赤红壤剖面 8(左图)及植被(右图)

### 3. 主要性状
　　兴宁市典型森林赤红壤剖面 8 的土壤理化性质如表 3-191、3-192 所示。

表 3-191　兴宁市赤红壤剖面 8 pH 值及养分含量统计表

| 剖面 8 | pH | 有机质(SOM)(g/kg) | 全氮(N)(g/kg) | 全磷(P)(g/kg) | 全钾(K)(g/kg) |
|---|---|---|---|---|---|
| 赤红壤剖面 8 | 4.31 | 14.99 | 0.75 | 0.32 | 6.56 |
| 赤红壤剖面 8/全区赤红壤 | 0.93 | 1.00 | 0.96 | 0.79 | 0.31 |
| 赤红壤剖面 8/全市赤红壤 | 0.93 | 1.13 | 1.05 | 1.18 | 0.38 |
| 赤红壤剖面 8/全区林地土壤 | 0.94 | 0.92 | 0.90 | 0.77 | 0.47 |
| 赤红壤剖面 8/全市林地土壤 | 0.93 | 1.04 | 0.97 | 1.13 | 0.38 |

表 3-192　兴宁市赤红壤剖面 8 重金属元素含量统计表

| 剖面 8 | 镉(Cd)(mg/kg) | 汞(Hg)(mg/kg) | 砷(As)(mg/kg) | 铅(Pb)(mg/kg) | 镍(Ni)(mg/kg) | 铜(Cu)(mg/kg) | 锌(Zn)(mg/kg) |
|---|---|---|---|---|---|---|---|
| 赤红壤剖面 8 | 0.04 | 0.02 | 4.66 | 18.00 | 16.00 | 15.00 | 77.00 |
| 赤红壤剖面 8/全区赤红壤 | 1.03 | 0.24 | 0.51 | 0.36 | 0.96 | 0.56 | 1.45 |
| 赤红壤剖面 8/全市赤红壤 | 0.85 | 0.27 | 0.46 | 0.38 | 1.50 | 0.87 | 1.19 |
| 赤红壤剖面 8/全区林地土壤 | 1.48 | 0.23 | 0.52 | 0.40 | 1.13 | 0.70 | 1.42 |
| 赤红壤剖面 8/全市林地土壤 | 0.91 | 0.24 | 0.41 | 0.37 | 1.48 | 0.87 | 1.13 |

土壤养分指标(表 3-191)分包括有机质、全氮、全磷和全钾,其含量分别为 14.99g/kg、0.75g/kg、0.32g/kg 和 6.56g/kg,依据土壤养分分级标准,分别属于Ⅳ级、Ⅳ级、Ⅴ级和Ⅴ级的水平。有机质、全氮、全磷和全钾含量均不高于全区赤红壤、全区林地土壤养分各指标的平均水平。除全钾外,其他养分指标含量均高于全市赤红壤养分各指标的平均水平。除有机质、全磷外,其他养分指标含量均低于全市林地土壤养分各指标的平均水平。土壤 pH 值为 4.31,低于全区、全市赤红壤和全区、全市林地土壤 pH 值的平均水平。

重金属元素(表 3-192)包括镉、汞、砷、铅、镍、铜、锌,其含量分别为 0.04mg/kg、0.02mg/kg、4.66mg/kg、18.00mg/kg、16.00mg/kg、15.00mg/kg 和 77.00mg/kg,所有重金属元素含量均低于土壤污染风险筛选值。除镉、镍、铜、锌外,其他元素含量均低于全区赤红壤重金属元素各指标的平均水平;除镍、锌外,其他元素含量均低于全市赤红壤和全市林地土壤重金属元素各指标的平均水平;除镉、镍、锌外,其他元素含量均低于全区林地土壤重金属元素各指标的平均水平。

## 九、剖面 9：赤红壤亚类

1. 剖面位置

地籍号：441481002009000100500；

地理坐标：北纬 24.275600°，东经 115.400900°；

地区：广东省梅州市兴宁市萝岗镇高坡村。

2. 剖面特征

兴宁市典型森林赤红壤剖面 9(图 3-95,左图)采自萝岗镇高坡村,海拔 246m,山地地貌，西坡向，坡度为 40°，下坡坡位，无侵蚀，凋落物层厚度为 3cm，腐殖质层厚度为 60cm，植被类型为暖性针叶林，优势树种为马尾松、杉木(图 3-95，右图)。

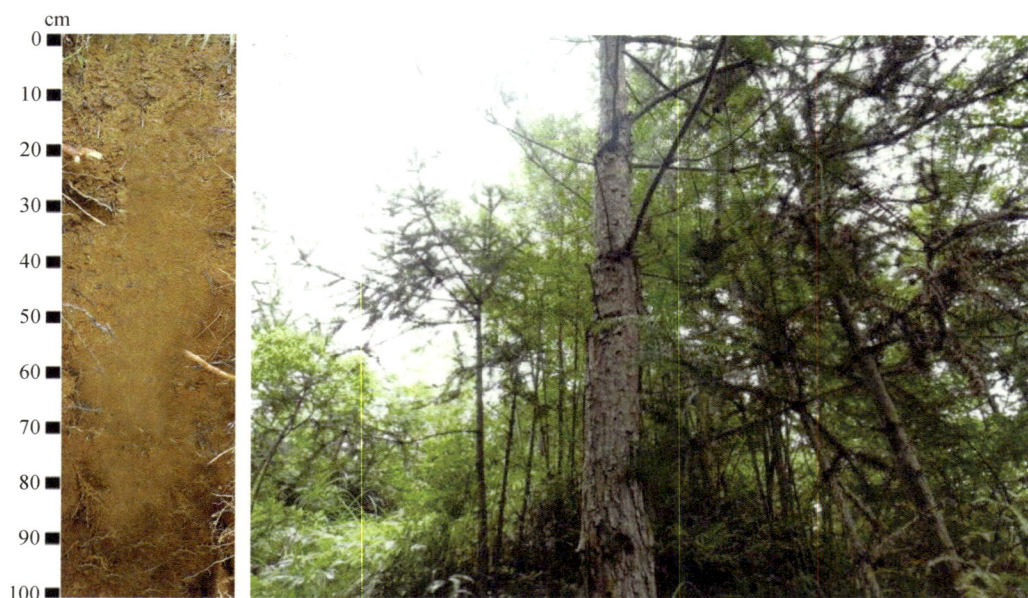

图 3-95　兴宁市赤红壤剖面 9(左图)及植被(右图)

**3. 主要性状**

兴宁市典型森林赤红壤剖面 9 的土壤理化性质如表 3-193、3-194 所示。

表 3-193　兴宁市赤红壤剖面 9 pH 值及养分含量统计表

| 剖面 9 | pH | 有机质(SOM)<br>(g/kg) | 全氮(N)<br>(g/kg) | 全磷(P)<br>(g/kg) | 全钾(K)<br>(g/kg) |
|---|---|---|---|---|---|
| 赤红壤剖面 9 | 4.98 | 13.45 | 0.85 | 0.67 | 10.44 |
| 赤红壤剖面 9/全区赤红壤 | 1.07 | 0.90 | 1.08 | 1.65 | 0.82 |
| 赤红壤剖面 9/全市赤红壤 | 1.07 | 1.02 | 1.20 | 2.47 | 0.60 |
| 赤红壤剖面 9/全区林地土壤 | 1.09 | 0.82 | 1.02 | 1.62 | 0.75 |
| 赤红壤剖面 9/全市林地土壤 | 1.07 | 0.93 | 1.10 | 2.36 | 0.60 |

表 3-194　兴宁市赤红壤剖面 9 重金属元素含量统计表

| 剖面 9 | 镉(Cd)<br>(mg/kg) | 汞(Hg)<br>(mg/kg) | 砷(As)<br>(mg/kg) | 铅(Pb)<br>(mg/kg) | 镍(Ni)<br>(mg/kg) | 铜(Cu)<br>(mg/kg) | 锌(Zn)<br>(mg/kg) |
|---|---|---|---|---|---|---|---|
| 赤红壤剖面 9 | 未检出 | 0.10 | 112.00 | 17.60 | 30.00 | 39.00 | 58.00 |
| 赤红壤剖面 9/全区赤红壤 | — | 1.19 | 12.15 | 0.35 | 1.80 | 1.46 | 1.09 |
| 赤红壤剖面 9/全市赤红壤 | — | 1.37 | 10.97 | 0.37 | 2.81 | 2.26 | 0.90 |
| 赤红壤剖面 9/全区林地土壤 | — | 1.14 | 12.43 | 0.39 | 2.12 | 1.81 | 1.07 |
| 赤红壤剖面 9/全市林地土壤 | — | 1.19 | 9.81 | 0.36 | 2.77 | 2.27 | 0.85 |

土壤养分指标（表 3-193）包括有机质、全氮、全磷和全钾，其含量分别为 13.45g/kg、0.85g/kg、0.67g/kg 和 10.44g/kg，依据土壤养分分级标准，分别属于Ⅳ级、Ⅳ级、Ⅲ级和Ⅳ级的水平。有机质含量高于全市赤红壤土壤养分指标的平均水平，低于全区赤红壤和全区、全市林地土壤的平均水平；全氮和全磷均高于全区、全市赤红壤和全区、全市林地土壤养分各指标的平均水平；全钾含量低于全区、全市赤红壤和全区、全市林地土壤的平均水平。土壤 pH 值为 4.98，高于全区、全市赤红壤和全区、全市林地土壤 pH 值的平均水平。

重金属元素（表 3-194）包括镉、汞、砷、铅、镍、铜、锌，其含量分别为未检出、0.10mg/kg、112.00mg/kg、17.60mg/kg、30.00mg/kg、39.00mg/kg 和 58.00mg/kg，砷元素含量均高于土壤污染风险筛选值，其他元素均低于土壤污染风险筛选值。除镉、铅、锌外，其他元素含量均高于全区、全市赤红壤重金属元素各指标的平均水平；除镉、铅外，其他元素含量均高于全区、全市林地土壤重金属元素各指标的平均水平。

## 十、剖面 10：赤红壤亚类

1. 剖面位置

地籍号：441481002029000100200；

地理坐标：北纬 24.244000°，东经 115.385100°；

地区：广东省梅州市兴宁市萝岗镇经星村。

2. 剖面特征

兴宁市典型森林赤红壤剖面 10（图 3-96，左图）采自萝岗镇经星村，海拔 212m，平原地貌，北坡向，坡度为 40°，下坡坡位，无侵蚀，凋落物层厚度为 3cm，腐殖质层厚度为 40cm，植被类型为针阔混交林，优势树种为马尾松（图 3-96，右图）。

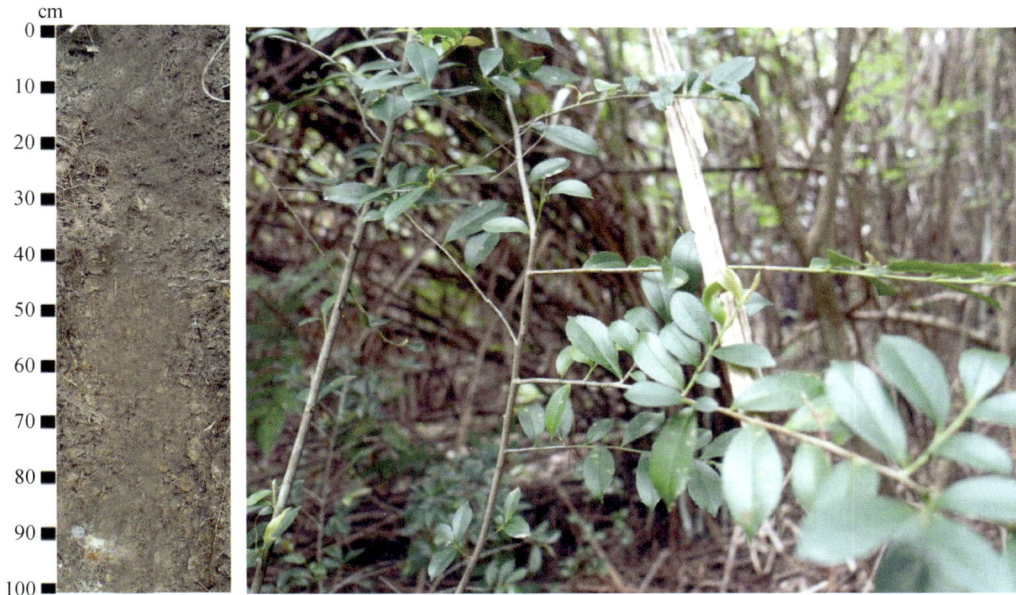

图 3-96 兴宁市赤红壤剖面 10（左图）及植被（右图）

### 3. 主要性状

兴宁市典型森林赤红壤剖面 10 的土壤理化性质如表 3-195、3-196 所示。

**表 3-195　兴宁市赤红壤剖面 10 pH 值及养分含量统计表**

| 剖面 10 | pH | 有机质（SOM）（g/kg） | 全氮（N）（g/kg） | 全磷（P）（g/kg） | 全钾（K）（g/kg） |
|---|---|---|---|---|---|
| 赤红壤剖面 10 | 4.55 | 27.71 | 1.36 | 0.51 | 13.77 |
| 赤红壤剖面 10/全区赤红壤 | 0.98 | 1.85 | 1.73 | 1.26 | 1.08 |
| 赤红壤剖面 10/全市赤红壤 | 0.98 | 2.09 | 1.91 | 1.88 | 0.79 |
| 赤红壤剖面 10/全区林地土壤 | 1.00 | 1.70 | 1.62 | 1.23 | 0.99 |
| 赤红壤剖面 10/全市林地土壤 | 0.98 | 1.92 | 1.77 | 1.80 | 0.79 |

**表 3-196　兴宁市赤红壤剖面 10 重金属元素含量统计表**

| 剖面 10 | 镉（Cd）（mg/kg） | 汞（Hg）（mg/kg） | 砷（As）（mg/kg） | 铅（Pb）（mg/kg） | 镍（Ni）（mg/kg） | 铜（Cu）（mg/kg） | 锌（Zn）（mg/kg） |
|---|---|---|---|---|---|---|---|
| 赤红壤剖面 10 | 未检出 | 0.10 | 10.60 | 37.10 | 7.00 | 16.00 | 31.00 |
| 赤红壤剖面 10/全区赤红壤 | — | 1.19 | 1.15 | 0.73 | 0.42 | 0.60 | 0.58 |
| 赤红壤剖面 10/全市赤红壤 | — | 1.37 | 1.04 | 0.78 | 0.66 | 0.93 | 0.48 |
| 赤红壤剖面 10/全区林地土壤 | — | 1.14 | 1.18 | 0.83 | 0.49 | 0.74 | 0.57 |
| 赤红壤剖面 10/全市林地土壤 | — | 1.19 | 0.93 | 0.76 | 0.65 | 0.93 | 0.46 |

土壤养分指标（表 3-195）包括有机质、全氮、全磷和全钾，含量分别为 27.71g/kg、1.36g/kg、0.51g/kg 和 13.77g/kg，依据土壤养分分级标准，分别属于 Ⅲ 级、Ⅲ 级、Ⅳ 级和 Ⅳ 级的水平。除全钾外，其他养分指标含量均高于全区、全市赤红壤和全区、全市林地土壤养分各指标的平均水平；全钾含量高于全区赤红壤土壤养分指标的平均水平，低于全市赤红壤和全区、全市林地土壤的平均水平。土壤 pH 值为 4.55，低于全区、全市赤红壤和全区、全市林地土壤 pH 值的平均水平。

重金属元素（表 3-196）包括镉、汞、砷、铅、镍、铜、锌，其含量分别为未检出、0.10mg/kg、10.60mg/kg、37.10mg/kg、7.00mg/kg、16.00mg/kg 和 31.00mg/kg，所有重金属元素均低于土壤污染风险筛选值。除镉、镍、锌外，其他元素含量均高于全区赤红壤重金属元素各指标的平均水平；除汞外，其他元素含量均低于全市赤红壤、全市林地土壤重金属元素各指标的平均水平；除汞、砷外，其他元素含量均低于全区林地土壤重金属元素各指标的平均水平。

## 十一、剖面 11：赤红壤亚类

### 1. 剖面位置

地籍号：441281006002000400400；

地理坐标：北纬 24.235220°，东经 115.442135°；

地区：广东省梅州市兴宁市铁山场中心村。

2. 剖面特征

兴宁市典型森林赤红壤剖面 11(图 3-97，左图)采自铁山场中心村，海拔 210m，丘陵地貌，西南坡向，坡度为 38°，上坡坡位，无侵蚀，凋落物层厚度为 3cm，腐殖质层厚度为 0cm，植被类型为暖性针叶林，优势树种为杉木(图 3-97，右图)。

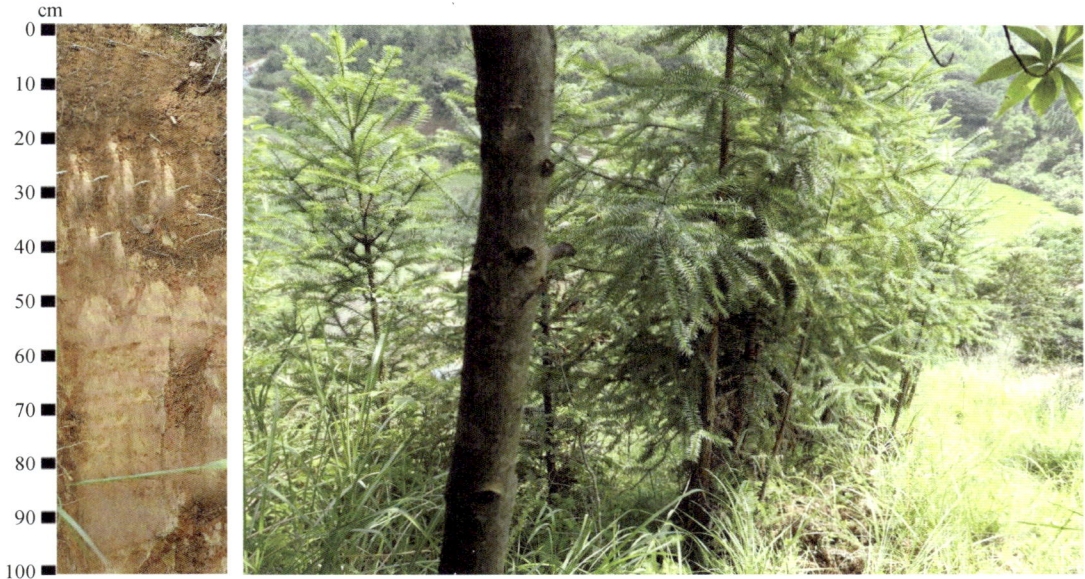

图 3-97 兴宁市赤红壤剖面 11(左图)及植被(右图)

3. 主要性状

兴宁市典型森林赤红壤剖面 11 的土壤理化性质如表 3-197、3-198 所示。

表 3-197 兴宁市赤红壤剖面 11 pH 值及养分含量统计表

| 剖面 11 | pH | 有机质(SOM)(g/kg) | 全氮(N)(g/kg) | 全磷(P)(g/kg) | 全钾(K)(g/kg) |
|---|---|---|---|---|---|
| 赤红壤剖面 11 | 4.55 | 14.77 | 0.87 | 0.56 | 17.80 |
| 赤红壤剖面 11/全区赤红壤 | 0.98 | 0.99 | 1.11 | 1.38 | 1.40 |
| 赤红壤剖面 11/全市赤红壤 | 0.98 | 1.11 | 1.22 | 2.07 | 1.02 |
| 赤红壤剖面 11/全区林地土壤 | 1.00 | 0.91 | 1.04 | 1.35 | 1.28 |
| 赤红壤剖面 11/全市林地土壤 | 0.98 | 1.03 | 1.13 | 1.97 | 1.02 |

表 3-198 兴宁市赤红壤剖面 11 重金属元素含量统计表

| 剖面 11 | 镉(Cd)(mg/kg) | 汞(Hg)(mg/kg) | 砷(As)(mg/kg) | 铅(Pb)(mg/kg) | 镍(Ni)(mg/kg) | 铜(Cu)(mg/kg) | 锌(Zn)(mg/kg) |
|---|---|---|---|---|---|---|---|
| 赤红壤剖面 11 | 未检出 | 0.06 | 21.60 | 39.40 | 29.00 | 27.00 | 34.00 |
| 赤红壤剖面 11/全区赤红壤 | — | 0.71 | 2.34 | 0.78 | 1.74 | 1.01 | 0.64 |
| 赤红壤剖面 11/全市赤红壤 | — | 0.82 | 2.11 | 0.83 | 2.71 | 1.56 | 0.52 |
| 赤红壤剖面 11/全区林地土壤 | — | 0.68 | 2.40 | 0.88 | 2.05 | 1.25 | 0.63 |
| 赤红壤剖面 11/全市林地土壤 | — | 0.71 | 1.89 | 0.80 | 2.68 | 1.57 | 0.50 |

土壤养分指标(表 3-197)包括有机质、全氮、全磷和全钾,其含量分别为 14.77g/kg、0.87g/kg、0.56g/kg 和 17.80g/kg,依据土壤养分分级标准,分别属于 IV 级、IV级、IV 级和 III 级的水平。有机质含量高于全区赤红壤和全区林地土壤养分指标的平均水平,低于全市赤红壤和全市林地土壤的平均水平;全氮、全磷、全钾含量均高于全区、全市赤红壤和全区、全市林地土壤养分各指标的平均水平。土壤 pH 值为 4.55,低于全区、全市赤红壤和全市林地土壤 pH 值的平均水平。

重金属元素(表 3-198)包括镉、汞、砷、铅、镍、铜、锌,其含量分别为未检出、0.06kg、21.60mg/kg、39.40mg/kg、29.00mg/kg、27.00mg/kg 和 34.00mg/kg,所有重金属元素均低于土壤污染风险筛选值。除镉、汞、锌外,其他元素含量均高于全区赤红壤重金属元素各指标的平均水平;除砷、镍、铜外,其他元素含量均低于全市赤红壤和全区、全市林地土壤重金属元素各指标的平均水平。

## 十二、剖面 12:红壤亚类

### 1. 剖面位置
地籍号:441481001017000201600;
地理坐标:北纬 24.321614°,东经 115.402405°;
地区:广东省梅州市兴宁市罗浮镇上下畲村。

### 2. 剖面特征
兴宁市典型森林红壤剖面 12(图 3-98,左图)采自罗浮镇上下畲村,海拔 554m,山地地貌,西南坡向,坡度为 25°,上坡坡位,轻微侵蚀,凋落物层厚度为 0cm,腐殖质层厚度为 0cm,植被类型为热性针阔混交林,优势树种为木荷(图 3-98,右图)。

图 3-98　兴宁市红壤剖面 12(左图)及植被(右图)

3. 主要性状

兴宁市典型森林红壤剖面 12 的土壤理化性质如表 3-199、3-200 所示。

表 3-199 兴宁市红壤剖面 12 pH 值及养分含量统计表

| 剖面 12 | pH | 有机质(SOM)<br>(g/kg) | 全氮(N)<br>(g/kg) | 全磷(P)<br>(g/kg) | 全钾(K)<br>(g/kg) |
|---|---|---|---|---|---|
| 红壤剖面 12 | 4.82 | 7.64 | 0.43 | 0.25 | 20.25 |
| 红壤剖面 12/全区红壤 | 1.05 | 0.41 | 0.45 | 0.60 | 1.39 |
| 红壤剖面 12/全市红壤 | 1.03 | 0.47 | 0.50 | 0.82 | 1.19 |
| 红壤剖面 12/全区林地土壤 | 1.05 | 0.47 | 0.51 | 0.60 | 1.45 |
| 红壤剖面 12/全市林地土壤 | 1.04 | 0.53 | 0.56 | 0.88 | 1.16 |

表 3-200 兴宁市红壤剖面 12 重金属元素含量统计表

| 剖面 12 | 镉(Cd)<br>(mg/kg) | 汞(Hg)<br>(mg/kg) | 砷(As)<br>(mg/kg) | 铅(Pb)<br>(mg/kg) | 镍(Ni)<br>(mg/kg) | 铜(Cu)<br>(mg/kg) | 锌(Zn)<br>(mg/kg) |
|---|---|---|---|---|---|---|---|
| 红壤剖面 12 | 未检出 | 0.14 | 3.64 | 62.10 | 未检出 | 18.00 | 61.00 |
| 红壤剖面 12/全区红壤 | — | 1.43 | 0.36 | 1.68 | — | 1.70 | 1.04 |
| 红壤剖面 12/全市红壤 | — | 1.49 | 0.30 | 1.22 | — | 1.09 | 0.94 |
| 红壤剖面 12/全区林地土壤 | — | 1.59 | 0.40 | 1.39 | — | 0.83 | 1.12 |
| 红壤剖面 12/全市林地土壤 | — | 1.67 | 0.32 | 1.26 | — | 1.05 | 0.90 |

土壤养分指标(表 3-199)包括有机质、全氮、全磷和全钾,其含量分别为 7.64g/kg、0.43g/kg、0.25g/kg 和 20.25g/kg,依据土壤养分分级标准,分别属于 V 级、VI级、V 级和 II 级的水平。除全钾外,其他养分指标含量均低于全区、全市红壤和全区、全市林地土壤养分各指标的平均水平。土壤 pH 值为 4.82,高于全区、全市红壤和全市林地土壤 pH 值的平均水平。

重金属元素(表 3-200)包括镉、汞、砷、铅、镍、铜、锌,其含量分别为未检出、0.14mg/kg、3.64mg/kg、62.10mg/kg、未检出、18.00mg/kg 和 61.00mg/kg,所有重金属元素均低于土壤污染风险筛选值。除镉、砷、镍外,其他元素含量均高于全区红壤和全区林地土壤重金属元素各指标的平均水平;除汞、铅、铜、锌外,其他元素含量均低于全市红壤重金属元素各指标的平均水平;除汞、铅、铜外,其他元素含量均低于全市林地土壤重金属元素各指标的平均水平。

## 十三、剖面 13:红壤亚类

1. 剖面位置

地籍号:441481002003000300900;

地理坐标:北纬 24.290300°,东经 115.424800°;

地区:广东省梅州市兴宁市萝岗镇五福村。

2. 剖面特征

兴宁市典型森林红壤剖面 13(图 3-99,左图)采自萝岗镇五福村,海拔 415m,山地地貌，南坡向，坡度为 30°，中坡坡位，无侵蚀，凋落物层厚度为 3cm，腐殖质层厚度为 60cm，植被类型为竹林(图 3-99，右图)。

图 3-99　兴宁市红壤剖面 13(左图)及植被(右图)

### 3. 主要性状

兴宁市典型森林红壤剖面 13 的土壤理化性质如表 3-201、3-202 所示。

表 3-201　兴宁市红壤剖面 13 pH 值及养分含量统计表

| 剖面 13 | pH | 有机质(SOM)<br>(g/kg) | 全氮(N)<br>(g/kg) | 全磷(P)<br>(g/kg) | 全钾(K)<br>(g/kg) |
|---|---|---|---|---|---|
| 红壤剖面 13 | 4.42 | 16.77 | 1.06 | 0.60 | 9.39 |
| 红壤剖面 13/全区红壤 | 0.96 | 0.90 | 1.11 | 1.42 | 0.64 |
| 红壤剖面 13/全市红壤 | 0.94 | 1.03 | 1.23 | 1.94 | 0.55 |
| 红壤剖面 13/全区林地土壤 | 0.97 | 1.03 | 1.27 | 1.43 | 0.67 |
| 红壤剖面 13/全市林地土壤 | 0.95 | 1.16 | 1.38 | 2.08 | 0.54 |

表 3-202　兴宁市红壤剖面 13 重金属元素含量统计表

| 剖面 13 | 镉(Cd)<br>(mg/kg) | 汞(Hg)<br>(mg/kg) | 砷(As)<br>(mg/kg) | 铅(Pb)<br>(mg/kg) | 镍(Ni)<br>(mg/kg) | 铜(Cu)<br>(mg/kg) | 锌(Zn)<br>(mg/kg) |
|---|---|---|---|---|---|---|---|
| 红壤剖面 13 | 未检出 | 0.08 | 3.69 | 31.90 | 18.00 | 20.00 | 66.00 |
| 红壤剖面 13/全区红壤 | — | 0.82 | 0.36 | 0.86 | 2.36 | 1.89 | 1.13 |
| 红壤剖面 13/全市红壤 | — | 0.85 | 0.31 | 0.63 | 1.71 | 1.22 | 1.02 |
| 红壤剖面 13/全区林地土壤 | — | 0.91 | 0.41 | 0.71 | 1.27 | 0.93 | 1.21 |
| 红壤剖面 13/全市林地土壤 | — | 0.95 | 0.32 | 0.65 | 1.66 | 1.17 | 0.97 |

土壤养分指标（表 3-201）包括有机质、全氮、全磷和全钾，其含量分别为 16.77g/kg、1.06g/kg、0.60g/kg 和 9.39g/kg，依据土壤养分分级标准，分别属于Ⅳ级、Ⅲ级、Ⅳ级和Ⅴ级的水平。除全氮、全磷外，其他养分指标含量均低于全区红壤养分各指标的平均水平；除全钾外，其他养分指标含量均高于全市红壤和全区、全市林地土壤养分各指标的平均水平。土壤 pH 值为 4.42，低于全区、全市红壤和全区、全市林地土壤 pH 值的平均水平。

重金属元素（表 3-202）包括镉、汞、砷、铅、镍、铜、锌，其含量分别为未检出、0.08mg/kg、3.69mg/kg、31.90mg/kg、18.00mg/kg、20.00mg/kg 和 66.00mg/kg，所有重金属元素均低于土壤污染风险筛选值。除镍、铜、锌外，其他元素含量均低于全区、全市红壤重金属元素各指标的平均水平；除镍、锌外，其他元素含量均低于全区林地土壤重金属元素各指标的平均水平；除镍、铜外，其他元素含量均低于全市林地土壤重金属元素各指标的平均水平。

## 十四、剖面 14：红壤亚类

1. 剖面位置
地籍号：441481002021000100700；
地理坐标：北纬 24.262700°，东经 115.392200°；
地区：广东省梅州市兴宁市萝岗镇联兴村。

2. 剖面特征
兴宁市典型森林红壤剖面 14 采自萝岗镇联兴村，海拔 223m，山地地貌，南坡向，坡度为 40°，上坡坡位，无侵蚀，凋落物层厚度为 10cm，腐殖质层厚度为 0cm，植被类型为针阔混交林，优势树种为马尾松（图 3-100）。

图 3-100　兴宁市红壤剖面 14 植被

3. 主要性状

兴宁市典型森林红壤剖面 14 的土壤理化性质如表 3-203、3-204 所示。

表 3-203　兴宁市红壤剖面 14 pH 值及养分含量统计表

| 剖面 14 | pH | 有机质(SOM)(g/kg) | 全氮(N)(g/kg) | 全磷(P)(g/kg) | 全钾(K)(g/kg) |
|---|---|---|---|---|---|
| 红壤剖面 14 | 4.92 | 4.30 | 0.27 | 0.48 | 12.39 |
| 红壤剖面 14/全区红壤 | 1.07 | 0.23 | 0.28 | 1.15 | 0.85 |
| 红壤剖面 14/全市红壤 | 1.05 | 0.26 | 0.31 | 1.58 | 0.73 |
| 红壤剖面 14/全区林地土壤 | 1.08 | 0.26 | 0.32 | 1.16 | 0.89 |
| 红壤剖面 14/全市林地土壤 | 1.06 | 0.30 | 0.35 | 1.69 | 0.71 |

表 3-204　兴宁市红壤剖面 14 重金属元素含量统计表

| 剖面 14 | 镉(Cd)(mg/kg) | 汞(Hg)(mg/kg) | 砷(As)(mg/kg) | 铅(Pb)(mg/kg) | 镍(Ni)(mg/kg) | 铜(Cu)(mg/kg) | 锌(Zn)(mg/kg) |
|---|---|---|---|---|---|---|---|
| 红壤剖面 14 | 未检出 | 0.03 | 7.03 | 14.30 | 未检出 | 17.00 | 24.00 |
| 红壤剖面 14/全区红壤 | — | 0.31 | 0.70 | 0.39 | — | 1.61 | 0.41 |
| 红壤剖面 14/全市红壤 | — | 0.32 | 0.59 | 0.28 | — | 1.03 | 0.37 |
| 红壤剖面 14/全区林地土壤 | — | 0.34 | 0.78 | 0.32 | — | 0.79 | 0.44 |
| 红壤剖面 14/全市林地土壤 | — | 0.36 | 0.62 | 0.29 | — | 0.99 | 0.35 |

　　土壤养分指标(表 3-203)包括有机质、全氮、全磷和全钾,其含量分别为 4.30g/kg、0.27g/kg、0.48g/kg 和 12.39g/kg,依据土壤养分分级标准,分别属于Ⅵ级、Ⅵ级、Ⅳ级和Ⅳ级的水平。除全磷外,其他养分指标含量均低于全区、全市红壤和全区、全市林地土壤养分各指标的平均水平。土壤 pH 值为 4.92,高于全区、全市红壤和全区、全市林地土壤 pH 值的平均水平。

　　重金属元素(表 3-204)包括镉、汞、砷、铅、镍、铜、锌,其含量分别为未检出、0.03mg/kg、7.03mg/kg、14.30mg/kg、未检出、17.00mg/kg 和 24.00mg/kg,所有重金属元素均低于土壤污染风险筛选值。除铜外,其他元素含量均低于全区、全市红壤和全区、全市林地土壤重金属元素各指标的平均水平;铜元素含量高于全区、全市红壤重金属元素各指标的平均水平,低于全区、全市林地土壤重金属元素各指标的平均水平。

## 十五、剖面 15:紫色土亚类

1. 剖面位置

地籍号:441481006005000200300;

地理坐标:北纬 24.023384°,东经 115.460714°;

地区:广东省梅州市兴宁市铁山场大一村。

2. 剖面特征

兴宁市典型森林紫色土剖面 15 采自铁山场大一村,海拔 257m,丘陵地貌,东坡向,坡度为41°，上坡坡位，无侵蚀，凋落物层厚度为3cm，腐殖质层厚度为0cm，植被类型为暖性针叶林，优势树种为杉木(图3-101)。

图3-101　兴宁市紫色土剖面15植被

3. 主要性状

兴宁市典型森林紫色土剖面15的土壤理化性质如表3-205、3-206所示。

表3-205　兴宁市紫色土剖面15 pH值及养分含量统计表

| 剖面15 | pH | 有机质(SOM)<br>(g/kg) | 全氮(N)<br>(g/kg) | 全磷(P)<br>(g/kg) | 全钾(K)<br>(g/kg) |
|---|---|---|---|---|---|
| 紫色土剖面15 | 4.54 | 20.95 | 1.22 | 0.52 | 16.90 |
| 紫色土剖面15/全区紫色土 | 1.00 | 1.00 | 1.00 | 1.00 | 1.00 |
| 紫色土剖面15/全市紫色土 | 1.00 | 1.90 | 1.98 | 2.30 | 1.03 |
| 紫色土剖面15/全区林地土壤 | 0.99 | 1.28 | 1.46 | 1.26 | 1.21 |
| 紫色土剖面15/全市林地土壤 | 0.98 | 1.45 | 1.58 | 1.83 | 0.97 |

表3-206　兴宁市紫色土剖面15重金属元素含量统计表

| 剖面15 | 镉(Cd)<br>(mg/kg) | 汞(Hg)<br>(mg/kg) | 砷(As)<br>(mg/kg) | 铅(Pb)<br>(mg/kg) | 镍(Ni)<br>(mg/kg) | 铜(Cu)<br>(mg/kg) | 锌(Zn)<br>(mg/kg) |
|---|---|---|---|---|---|---|---|
| 紫色土剖面15 | 未检出 | 0.07 | 14.20 | 25.80 | 15.00 | 21.00 | 29.00 |
| 紫色土剖面15/全区紫色土 | — | 1.00 | 1.00 | 1.00 | 1.00 | 1.00 | 1.00 |
| 紫色土剖面15/全市紫色土壤 | — | 1.67 | 1.68 | 0.80 | 0.95 | 0.76 | 0.48 |
| 紫色土剖面15/全区林地土壤 | — | 0.80 | 1.58 | 0.58 | 1.06 | 0.97 | 0.53 |
| 紫色土剖面15/全市林地土壤 | — | 0.83 | 1.24 | 0.53 | 1.38 | 1.22 | 0.44 |

土壤养分指标(表3-205)包括有机质、全氮、全磷和全钾，其含量分别为20.95g/kg、1.22g/kg、0.52g/kg和16.90g/kg，依据土壤养分分级标准，分别属于Ⅲ级、Ⅲ

级、Ⅳ级和Ⅲ级的水平。有机质、全氮、全磷和全钾含量均高于全市紫色土壤和全区林地土壤养分各指标的平均水平。除全钾外,其他养分指标含量均高于全市林地的平均水平。土壤 pH 值为 4.54,与全区、全市紫色土壤和全区、全市林地土壤 pH 值的平均水平相当。

　　重金属元素(表 3-206)包括镉、汞、砷、铅、镍、铜、锌,其含量分别为未检出、0.07mg/kg、14.20mg/kg、25.80mg/kg、15.00mg/kg、21.00mg/kg 和 29.00mg/kg,所有重金属元素均低于土壤污染风险筛选值。所有元素均与全区紫色土壤重金属元素各指标的平均水平相当;除汞、砷外,其他元素含量均低于全市紫色土壤重金属元素各指标的平均水平;除砷、镍外,其他元素含量均低于全区林地土壤的平均水平;除砷、镍、铜外,其他元素含量均低于全市林地土壤的平均水平。

# 第四章
# 森林土壤基本计量指标统计分析

## 第一节　森林土壤养分含量

### 一、土壤有机质含量

梅州市各区(县)森林土壤有机质含量如表 4-1 所示。由表可知，全市森林土壤有机质含量的平均值为 14.40g/kg，对应的土壤肥力等级为Ⅳ级，土壤肥力为中等。各区(县)森林土壤有机质含量的平均值由大到小依次为平远县、蕉岭县、兴宁市、梅江区、大埔县、梅县区、丰顺县和五华县，分别为 17.98g/kg、17.83g/kg、16.26g/kg、15.84g/kg、14.55g/kg、13.99g/kg、13.98g/kg 和 11.30g/kg，其中平远县、蕉岭县、兴宁市、梅江区和大埔县高于全市的平均水平，梅县区、丰顺县和五华县低于全市的平均水平。各区(县)森林土壤有机质含量的平均值对应的土壤肥力等级均为Ⅳ级，土壤肥力均为中等。

全市森林土壤有机质含量的最大值为 81.10g/kg，分布在兴宁市，对应的土壤肥力等级为Ⅰ级，土壤肥力极高。其他各区(县)森林土壤有机质含量的最大值范围在 33.90~78.10g/kg 之间，由大到小依次为梅县区、大埔县、平远县、五华县、丰顺县、梅江区和蕉岭县，分别为 78.10g/kg、77.30g/kg、60.50g/kg、53.00g/kg、48.60g/kg、48.30g/kg 和 33.90g/kg；蕉岭县森林的有机质含量最大值对应的土壤肥力显示很高。

全市森林土壤有机质含量的最小值为 1.02g/kg，分布在大埔县，对应的土壤肥力等级为Ⅵ级，土壤肥力很低。其他各区县森林土壤有机质含量的最小值范围在 1.12~4.24g/kg 之间，由小到大依次为丰顺县、五华县、平远县、兴宁市、梅县区、蕉岭县和梅江区，分别为 1.12g/kg、1.23g/kg、1.54g/kg、1.68g/kg、2.1g/kg、2.53g/kg 和 4.24g/kg；各区(县)森林土壤有机质含量的最小值对应的土壤肥力显示很低。

全市森林土壤有机质含量的标准差为 89.52g/kg，各区(县)标准差由小到大依次为蕉岭县、五华县、丰顺县、梅江区、梅县区、兴宁市、平远县和大埔县，分别为 6.48g/kg、7.52g/kg、7.67g/kg、8.42g/kg、8.98g/kg、10.44g/kg、11.16g/kg 和 11.75g/kg。

表 4-1　梅州市各区(县)森林土壤有机质含量

| 地区 | 平均值含量<br>(g/kg) | 等级 | 最大值含量<br>(g/kg) | 最小值含量<br>(g/kg) | 标准差 |
|---|---|---|---|---|---|
| 梅江区 | 15.84 | Ⅳ | 48.30 | 4.24 | 8.42 |
| 梅县区 | 13.99 | Ⅳ | 78.10 | 2.10 | 8.98 |
| 平远县 | 17.98 | Ⅳ | 60.50 | 1.54 | 11.16 |
| 蕉岭县 | 17.83 | Ⅳ | 33.90 | 2.53 | 6.48 |
| 大埔县 | 14.55 | Ⅳ | 77.30 | 1.02 | 11.75 |
| 丰顺县 | 13.98 | Ⅳ | 48.60 | 1.12 | 7.67 |
| 五华县 | 11.30 | Ⅳ | 53.00 | 1.23 | 7.52 |
| 兴宁市 | 16.26 | Ⅳ | 81.10 | 1.68 | 10.44 |
| 全　市 | 14.40 | Ⅳ | 81.10 | 1.02 | 89.52 |

　　梅州市各区(县)森林土壤有机质含量各级别数量占比如图 4-1 所示。从梅州市整体来看,土壤有机质含量等级主要集中于Ⅳ级,土壤肥力为中等,肥力等级为Ⅰ级(极高)、Ⅱ级(很高)相对很少,其他等级则均有较少分布。全市土壤有机质含量各等级数量占比由大到小依次为Ⅳ级(44%)>Ⅴ级(22%)>Ⅲ级(16%)>Ⅵ级(14%)>Ⅱ级(3%)>Ⅰ级(2%)。各区(县)的土壤有机质含量等级数量占比大体上同全市的分布情况一样,其中,梅江区、蕉岭县、丰顺县、五华县土壤有机质含量等级没有Ⅰ级,蕉岭县土壤有机质含量等级没有Ⅵ级。各区(县)土壤有机质含量等级数量占比如下:梅江区Ⅳ级(66%)>Ⅴ级(12%)=Ⅲ级(12%)>Ⅱ级(7%)>Ⅵ级(2%);梅县区Ⅳ级(51%)>Ⅴ级(25%)>Ⅲ级(11%)>Ⅵ级(9%)>Ⅱ级(2%)=Ⅰ级(2%);平远县Ⅲ级(34%)>Ⅳ级(30%)>Ⅴ

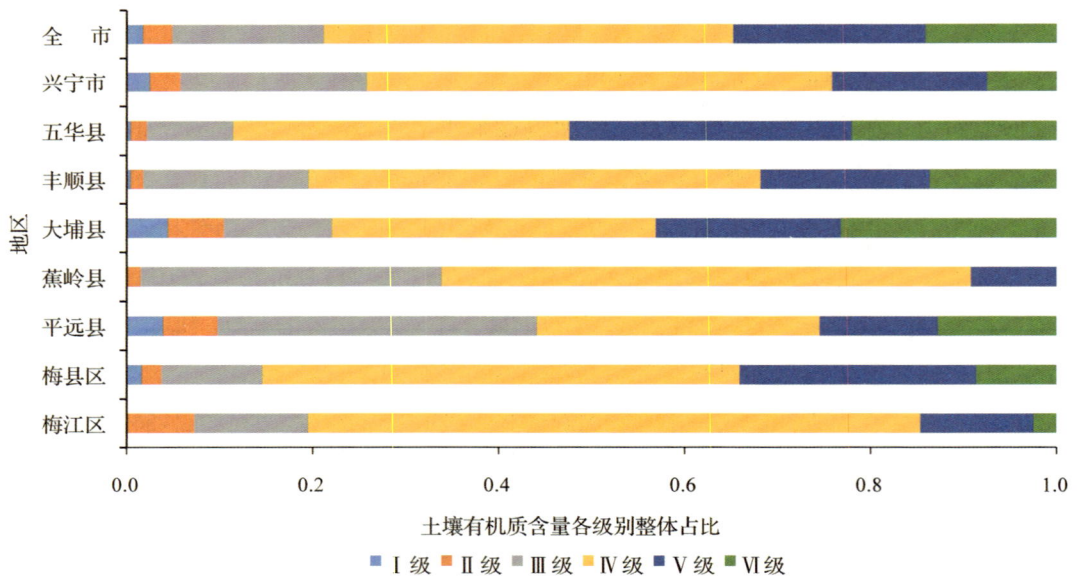

图 4-1　梅州市各区(县)森林土壤有机质含量各级别数量占比

级（13%）=Ⅵ级（13%）>Ⅱ级（6%）>Ⅰ级（4%）；蕉岭县Ⅳ级（57%）>Ⅲ级（32%）>Ⅴ级（9%）>Ⅱ级（2%）；大埔县Ⅳ级（35%）>Ⅵ级（23%）>Ⅴ级（20%）>Ⅲ级（12%）>Ⅱ级（6%）>Ⅰ级（4%）；丰顺县Ⅳ级（49%）>Ⅴ级（18%）=Ⅲ级（18%）>Ⅵ级（14%）>Ⅱ级（1%）；五华县Ⅳ级（36%）>Ⅴ级（30%）>Ⅵ级（22%）>Ⅲ级（9%）>Ⅱ级（2%）；兴宁市Ⅳ级（50%）>Ⅲ级（20%）>Ⅴ级（17%）>Ⅵ级（8%）>Ⅱ级（3%）=Ⅰ级（3%）。

## 二、土壤全氮含量

　　梅州市各区（县）森林土壤全氮含量状况如表4-2所示。由表可知，全市全氮含量平均值为0.77g/kg，各区（县）全氮含量的平均值依次为蕉岭县、平远县、梅江区、兴宁市、丰顺县、大埔县、梅县区、五华县，其平均值含量分别为1.03g/kg、0.94g/kg、0.90g/kg、0.84g/kg、0.78g/kg、0.76g/kg、0.70g/kg、0.62g/kg，全市全氮含量的平均值对应的土壤肥力等级为Ⅳ级，土壤肥力中等；各区（县）中蕉岭县的土壤肥力高，为Ⅲ级，梅江区、平远县、大埔县、丰顺县和兴宁市的土壤肥力中等，为Ⅳ级，梅县区和五华县的土壤肥力低，为Ⅴ级。

　　全市全氮含量的最大值为3.84g/kg，各区（县）全氮含量的最大值的范围在1.96~3.84g/kg之间，由大到小依次为大埔县、梅县区、平远县、兴宁市、丰顺县、梅江区、五华县、蕉岭县，其最大值含量分别为3.84g/kg、3.34g/kg、2.98g/kg、2.98g/kg、2.73g/kg、2.32g/kg、2.31g/kg、1.96g/kg，全市全氮含量的最大值对应的土壤肥力极高；除蕉岭县外，其余区县的全氮含量的最大值对应的土壤肥力也极高。

　　全市全氮含量的最小值为0.06g/kg，各区（县）全氮含量的最小值的范围在0.06~0.25g/kg之间，由大到小依次为蕉岭县、梅江区、兴宁市、梅县区、平远县、丰顺县、五华县、大埔县，其最小值含量分别为0.25g/kg、0.22g/kg、0.12g/kg、0.10g/kg、0.10g/kg、0.08g/kg、0.08g/kg、0.06g/kg，全市全氮含量的最小值对应的土壤肥力很低；各区（县）的全氮含量的最小值对应的土壤肥力也很低。

　　全市全氮的标准差为0.21g/kg，各区县标准差由小到大依次为平远县、大埔县、梅江区、兴宁市、梅县区、丰顺县、五华县、蕉岭县，其标准差分别为0.55g/kg、0.55g/kg、0.45g/kg、0.45g/kg、0.42g/kg、0.40g/kg、0.37g/kg、0.34g/kg。

表4-2　梅州市各区（县）森林土壤全氮含量

| 地区 | 平均值含量（g/kg） | 等级 | 最大值含量（g/kg） | 最小值含量（g/kg） | 标准差 |
|---|---|---|---|---|---|
| 梅江区 | 0.90 | Ⅳ | 2.32 | 0.23 | 0.45 |
| 梅县区 | 0.70 | Ⅴ | 3.34 | 0.10 | 0.42 |
| 平远县 | 0.94 | Ⅳ | 2.98 | 0.09 | 0.55 |
| 蕉岭县 | 1.03 | Ⅲ | 1.96 | 0.25 | 0.34 |
| 大埔县 | 0.76 | Ⅳ | 3.84 | 0.06 | 0.55 |
| 丰顺县 | 0.78 | Ⅳ | 2.73 | 0.08 | 0.40 |
| 五华县 | 0.62 | Ⅴ | 2.31 | 0.08 | 0.37 |
| 兴宁市 | 0.84 | Ⅳ | 2.98 | 0.12 | 0.45 |
| 全　市 | 0.77 | Ⅳ | 3.84 | 0.06 | 0.21 |

梅州市各区(县)森林土壤全氮含量各级别数量占比如图4-2所示。从梅州市整体来看,全氮含量等级主要集中于Ⅵ级、Ⅴ级,土壤肥力等级为低或很低,其次为Ⅲ级、Ⅳ级,土壤肥力等级为中或高,极少数肥力等级很高或极高。

各个区县的森林土壤全氮含量各级别数量占比如下:

梅江区Ⅳ级(32%)>Ⅲ级(22%)=Ⅴ级(22%)>Ⅵ级(15%)>Ⅱ级(10%);梅县区Ⅵ级(34%)>Ⅴ级(31%)>Ⅳ级(17%)>Ⅲ级(15%)>Ⅱ级(2%)=Ⅰ级(2%);平远县Ⅲ级(33%)>Ⅳ级(22%)>Ⅴ级(20%)>Ⅵ级(13%)>Ⅱ级(9%)>Ⅰ级(4%);蕉岭县Ⅲ级(43%)>Ⅵ级(37%)>Ⅴ级(15%)>Ⅱ级(5%);大埔县Ⅳ级(36%)>Ⅴ级(24%)>Ⅵ级(16%)>Ⅲ级(15%)>Ⅱ级(5%)>Ⅰ级(4%);丰顺县Ⅵ级(26%)>Ⅳ级(25%)>Ⅴ级(23%)>Ⅲ级(22%)>Ⅱ级(3%)>Ⅰ级(1%);五华县Ⅳ级(44%)>Ⅴ级(27%)>Ⅵ级(17%)>Ⅲ级(9%)>Ⅱ级(3%);兴宁市Ⅴ级(30%)>Ⅵ级(28%)>Ⅲ级(20%)>Ⅳ级(17%)>Ⅱ级(4%)>Ⅰ级(2%)。

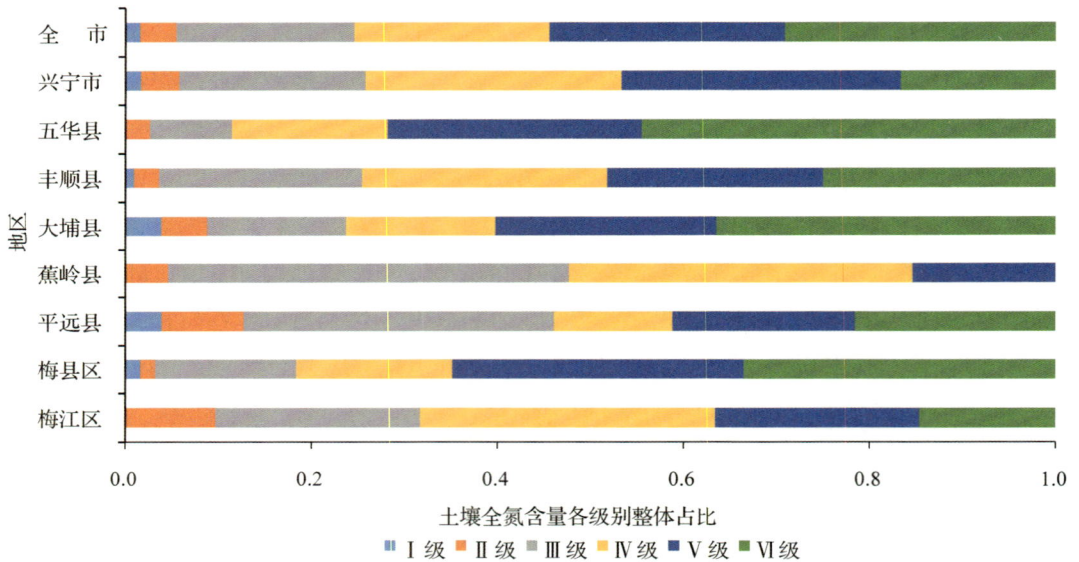

图4-2　梅州市各区(县)森林土壤全氮含量各级别数量占比

## 三、土壤全磷含量

梅州市各区(县)森林土壤全磷含量状况如表4-3所示。由表可知,全市全磷含量的平均值为0.28g/kg,各区(县)全磷含量的平均值由大到小依次为兴宁市、梅县区、蕉岭县、平远县、梅江区、五华县、大埔县、丰顺县,其平均值含量分别为0.41g/kg、0.38g/kg、0.30g/kg、0.27g/kg、0.27g/kg、0.24g/kg、0.24g/kg、0.21g/kg,全市全磷含量的平均值对应的土壤肥力等级为Ⅴ级,土壤肥力低;除兴宁市外,其余各区(县)中全氮含量的平均值对应的土壤肥力等级为Ⅴ级,土壤肥力低,兴宁市为Ⅳ级,土壤肥力中等。

全市全磷含量的最大值为2.16g/kg,各区(县)全磷含量的最大值的范围在0.95~

2.16g/kg 之间，由大到小依次为丰顺县、梅县区、五华县、平远县、兴宁市、蕉岭县、大埔县、梅江区，其最大值含量分别为 2.16g/kg、1.89g/kg、1.33g/kg、1.22g/kg、1.14g/kg、1.07g/kg、1.01g/kg、0.95g/kg，全市全氮含量的最大值对应的土壤肥力极高；除梅江区外，其余区县的全磷含量的最大值对应的土壤肥力也极高。

全市全磷含量的最小值为 0.03g/kg，各区(县)全磷含量的最小值的范围在 0.03～0.14g/kg 之间，由大到小依次为兴宁市、梅江区、梅县区、大埔县、蕉岭县、五华县、平远县、丰顺县，其最小值含量分别为 0.14g/kg、0.11g/kg、0.07g/kg、0.06g/kg、0.05g/kg、0.04g/kg、0.03g/kg、0.03g/kg，全市全磷含量的最小值对应的土壤肥力很低；各区(县) 全磷含量的最小值对应的土壤肥力也很低。

全市全磷的标准差为 0.04g/kg，各区(县)标准差由小到大依次为梅江区、兴宁市、大埔县、蕉岭县、丰顺县、五华县、平远县、梅县区，其标准差分别为 0.13g/kg、0.16g/kg、0.16g/kg、0.17g/kg、0.17g/kg、0.19g/kg、0.22g/kg、0.25g/kg。

表 4-3　梅州市各区(县)森林土壤全磷含量

| 地区 | 平均值含量<br>（g/kg） | 等级 | 最大值含量<br>（g/kg） | 最小值含量<br>（g/kg） | 标准差 |
|---|---|---|---|---|---|
| 梅江区 | 0.27 | V | 0.95 | 0.11 | 0.13 |
| 梅县区 | 0.38 | V | 1.89 | 0.07 | 0.25 |
| 平远县 | 0.27 | V | 1.22 | 0.03 | 0.22 |
| 蕉岭县 | 0.31 | V | 1.07 | 0.05 | 0.17 |
| 大埔县 | 0.24 | V | 1.01 | 0.06 | 0.16 |
| 丰顺县 | 0.21 | V | 2.16 | 0.03 | 0.17 |
| 五华县 | 0.24 | V | 1.33 | 0.04 | 0.19 |
| 兴宁市 | 0.41 | Ⅳ | 1.14 | 0.14 | 0.16 |
| 全 市 | 0.28 | V | 2.16 | 0.03 | 0.04 |

梅州市各区(县)森林土壤全磷含量各级别数量占比如图 4-3 所示。从梅州市整体来看，全磷含量等级主要集中于Ⅵ级、Ⅴ级，土壤肥力等级为低或很低，其次为Ⅳ级，土壤肥力等级为中，极少数肥力等级为高或很高或极高。各个区县的森林土壤全磷含量各级别数量占比如下：梅江区Ⅴ级（68%）＞Ⅵ级（24%）＞Ⅳ级（5%）＞Ⅱ级（2%）；梅县区Ⅴ级（49%）＞Ⅵ级（19%）＞Ⅳ级（18%）＞Ⅲ级（9%）＞Ⅱ级（3%）＞Ⅰ级（2%）；平远县Ⅵ级（47%）＞Ⅴ级（35%）＞Ⅳ级（11%）＞Ⅲ级（4%）＞Ⅰ级（2%）＞Ⅱ级（1%）；蕉岭县Ⅴ级（45%）＞Ⅵ级（26%）＞Ⅳ级（25%）＞Ⅲ级（3%）＞Ⅱ级（2%）；大埔县Ⅵ级（54%）＞Ⅴ级（32%）＞Ⅳ级（9%）＞Ⅲ级（3%）＞Ⅱ级（2%）；丰顺县Ⅵ级（61%）＞Ⅴ级（28%）＞Ⅳ级（9%）＞Ⅱ级（2%）；五华县Ⅵ级（52%）＞Ⅴ级（36%）＞Ⅳ级（6%）＞Ⅲ级（2%）＝Ⅰ级（2%）＞Ⅱ级（1%）；兴宁市Ⅴ级（51%）＞Ⅳ级（35%）＞Ⅲ级（9%）＞Ⅵ级（3%）＞Ⅱ级（1%）＞Ⅰ级（1%）。

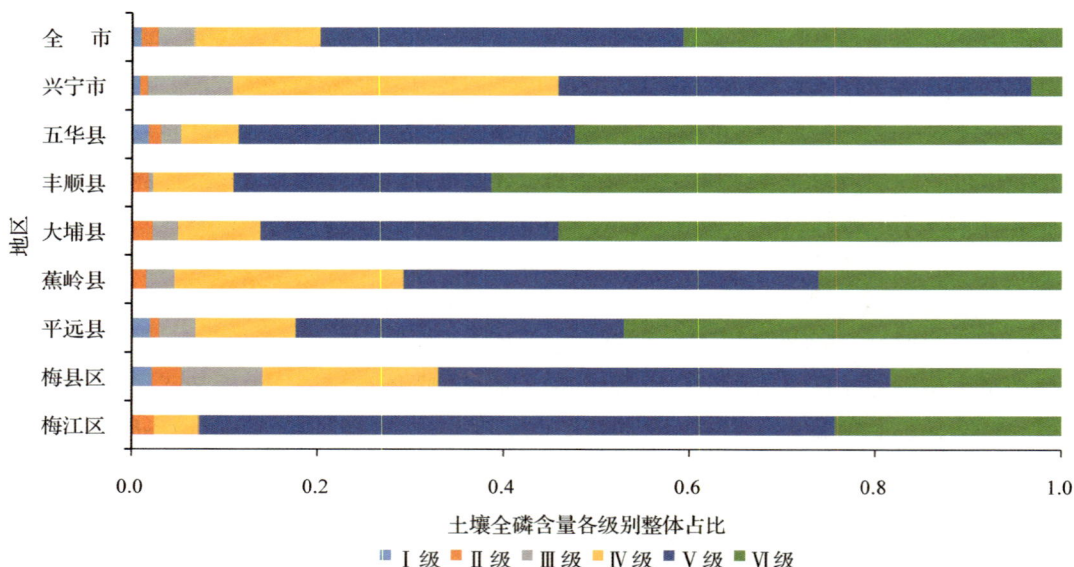

土壤全磷含量各级别整体占比

■ Ⅰ级 ■ Ⅱ级 ■ Ⅲ级 ■ Ⅳ级 ■ Ⅴ级 ■ Ⅵ级

图 4-3　梅州市各区(县)森林土壤全磷含量各级别数量占比

## 四、土壤全钾含量

梅州市各区(县)森林土壤全钾含量状况如表 4-5 所示。由表可知，全市全钾含量的平均值为 17.44g/kg，各区(县)全钾含量的平均值依次为蕉岭县、五华县、大埔县、丰顺县、梅江区、梅县区、平远县、兴宁市，其平均值由大到小含量分别为 20.23g/kg、18.80g/kg、18.70g/kg、17.50g/kg、17.23g/kg、16.88g/kg、15.67g/kg、13.88g/kg，全市全钾含量的平均值对应的土壤肥力等级为Ⅲ级，土壤肥力高；除蕉岭县和兴宁市外，其余各区(县)中全钾含量的平均值对应的土壤肥力等级为Ⅲ级，土壤肥力高，蕉岭县为Ⅱ级，土壤肥力很高，兴宁市为Ⅳ级，土壤肥力中等。

全市全钾含量的最大值为 47.60g/kg，各区(县)全钾含量的最大值的范围在 33.00～47.60g/kg 之间，由大到小依次为大埔县、丰顺县、五华县、平远县、梅县区、蕉岭县、兴宁市、梅江区，其最大值含量分别为 47.60g/kg、47.50g/kg、45.50g/kg、41.60g/kg、40.50g/kg、38.80g/kg、35.40g/kg、33.00g/kg，全市全钾含量的最大值对应的土壤肥力极高；各区(县)的全钾含量的最大值对应的土壤肥力也极高。

全市全钾含量的最小值为 2.09g/kg，各区(县)全钾含量的最小值的范围在 2.09～4.07g/kg 之间，由大到小依次为梅江区、丰顺县、大埔县、平远县、兴宁市、梅县区、五华县、蕉岭县，其最小值含量分别为 4.07g/kg、3.70g/kg、3.43g/kg、3.19g/kg、2.84g/kg、2.72g/kg、2.60g/kg、2.09g/kg，全市全钾含量的最小值对应的土壤肥力很低；各区(县)的全钾含量的最小值对应的土壤肥力也很低。

全市全钾的标准差为 80.02g/kg，各区(县)标准差由小到大依次为梅江区、兴宁市、梅县区、平远县、蕉岭县、大埔县、五华县、丰顺县，其标准差分别为 6.56g/kg、

7. 11g/kg、7. 62g/kg、8. 49g/kg、8. 52g/kg、9. 29g/kg、9. 55g/kg、9. 82g/kg。

表 4-4　梅州市各区(县)森林土壤全钾含量

| 地区 | 平均值含量<br>(g/kg) | 等级 | 最大值含量<br>(g/kg) | 最小值含量<br>(g/kg) | 标准差 |
|---|---|---|---|---|---|
| 梅江区 | 17. 23 | Ⅲ | 33. 00 | 4. 07 | 6. 56 |
| 梅县区 | 16. 88 | Ⅲ | 40. 50 | 2. 72 | 7. 62 |
| 平远县 | 15. 65 | Ⅲ | 41. 60 | 3. 19 | 8. 49 |
| 蕉岭县 | 20. 23 | Ⅱ | 38. 80 | 2. 09 | 8. 52 |
| 大埔县 | 18. 70 | Ⅲ | 47. 60 | 3. 43 | 9. 29 |
| 丰顺县 | 17. 50 | Ⅲ | 47. 50 | 3. 70 | 9. 82 |
| 五华县 | 18. 80 | Ⅲ | 45. 50 | 2. 60 | 9. 55 |
| 兴宁市 | 13. 88 | Ⅳ | 35. 40 | 2. 84 | 7. 11 |
| 全 市 | 17. 44 | Ⅲ | 47. 60 | 2. 09 | 80. 02 |

　　梅州市各区(县)森林土壤全钾含量各级别数量占比如图 4-4 所示。从梅州市整体来看,全钾含量等级各等级分布相对均匀,总体肥力等级为中等偏高,只有极少数肥力等级很低。各个区县的森林土壤全钾含量各级别数量占比如下:梅江区Ⅲ级(34%) > Ⅱ级(22%) > Ⅵ级(15%) > Ⅴ级(12%) = Ⅰ级(12%) > Ⅳ级(5%);梅县区Ⅵ级(23%) > Ⅲ级(22%) = Ⅱ级(22%) > Ⅴ级(19%) > Ⅰ级(12%) > Ⅳ级(2%);平远县Ⅴ级(27%) > Ⅲ级(22%) > Ⅵ级(21%) > Ⅰ级(16%) > Ⅱ级(10%) > Ⅳ级(5%);蕉岭县Ⅰ级(32%) > Ⅲ级(25%) > Ⅱ级(17%) > Ⅴ级(14%) > Ⅳ级(9%) > Ⅵ级(3%);大埔县Ⅰ级(27%) > Ⅲ级(19%) = Ⅵ级(19%) > Ⅱ级(17%) > Ⅴ级(14%) > Ⅳ级(6%);丰顺县Ⅲ级(24%) > Ⅴ

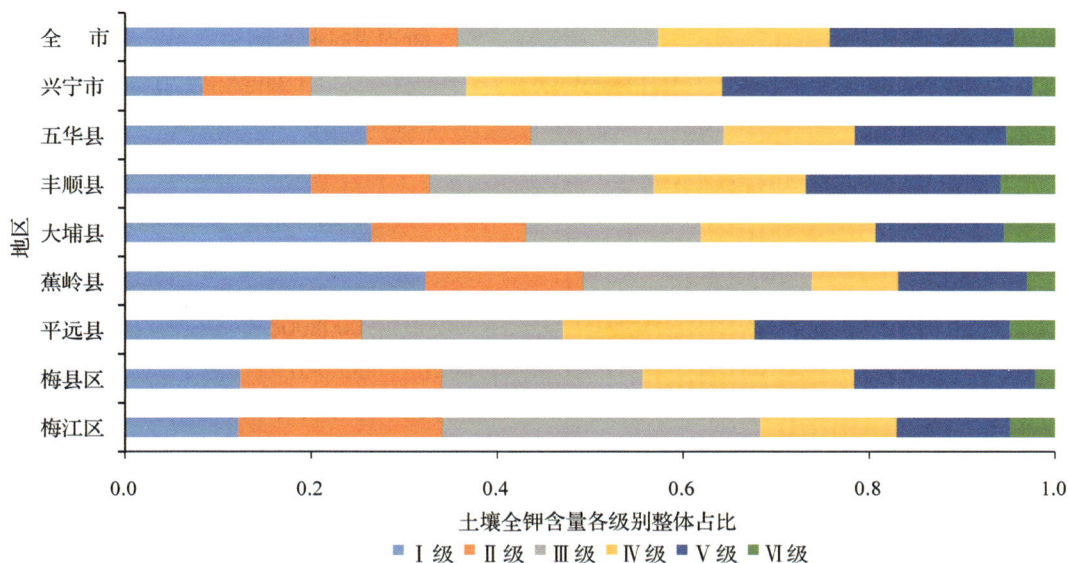

图 4-4　梅州市各区(县)森林土壤全钾含量各级别数量占比

级(21%)>Ⅰ级(20%)>Ⅳ级(16%)>Ⅱ级(13%)>Ⅵ级(6%);五华县Ⅰ级(26%)>Ⅲ级(21%)>Ⅱ级(18%)>Ⅴ级(16%)>Ⅳ级(14%)>Ⅵ级(5%);兴宁市Ⅴ级(33%)>Ⅳ级(28%)>Ⅲ级(17%)>Ⅱ级(12%)>Ⅰ级(8%)>Ⅵ级(3%)。

# 第二节　森林土壤重金属元素含量

## 一、土壤重金属镉含量

参照农用地土壤污染风险筛选值,梅州市各区(县)森林土壤重金属镉含量超标情况如表4-5所示,全市共调查森林土壤点位数1 141个,无污染风险个数为1124,超标个数为17个,土壤重金属镉超标率为1.49%。其中,大埔县无污染风险个数为179个,超标个数为2个,土壤重金属镉超标率为1.10%;丰顺县无污染风险个数为216个,超标个数为4个,土壤重金属镉超标率为1.82%;蕉岭县无污染风险个数为65个,无土壤重金属镉超标;梅江区无污染风险个数为41个,无土壤重金属镉超标;梅县区无污染风险个数为181个,超标个数为4个,超标率为2.16%;平远县无污染风险个数为99个,超标个数为3个,土壤重金属镉超标率为2.94%;五华县无污染风险个数为224个,超标个数为3个,土壤重金属镉超标率为1.32%;兴宁市无污染风险个数为119个,超标个数为1个,土壤重金属镉超标率为0.83%。

表 4-5　梅州市各区(县)森林土壤重金属镉含量超标情况

| 地区 | 无污染风险个数(个) | 超标个数(个) | 总数(个) | 超标率(%) |
| --- | --- | --- | --- | --- |
| 大埔县 | 179 | 2 | 181 | 1.10 |
| 丰顺县 | 216 | 4 | 220 | 1.82 |
| 蕉岭县 | 65 | 0 | 65 | 0.00 |
| 梅江区 | 41 | 0 | 41 | 0.00 |
| 梅县区 | 181 | 4 | 185 | 2.16 |
| 平远县 | 99 | 3 | 102 | 2.94 |
| 五华县 | 224 | 3 | 227 | 1.32 |
| 兴宁市 | 119 | 1 | 120 | 0.83 |
| 全市 | 1124 | 17 | 1 141 | 1.49 |

梅州市各区(县)森林土壤镉含量均值如图4-5所示,依次为梅县区>平远县>梅江区>大埔县>蕉岭县>五华县>丰顺县>兴宁市,其含量分别为0.07mg/kg、0.06mg/kg、0.05mg/kg、0.05mg/kg、0.04mg/kg、0.03mg/kg、0.03mg/kg、0.03mg/kg。梅县区森林土壤镉含量离散程度相对较大,其标准差为0.25mg/kg,其余区县总体差异不大,标准差依次为平远县>大埔县>五华县>丰顺县>兴宁市>梅江区>蕉岭县,其值分别为0.09mg/kg、0.08mg/kg、0.07mg/kg、0.07mg/kg、0.07mg/kg、0.05mg/kg、0.04mg/kg。全市仅蕉

岭县和梅江区所有样点森林土壤重金属镉含量小于农用地土壤污染风险筛选值，平远县超标率最高，其次由高到低为梅县区、丰顺县、五华县、大埔县、兴宁市。

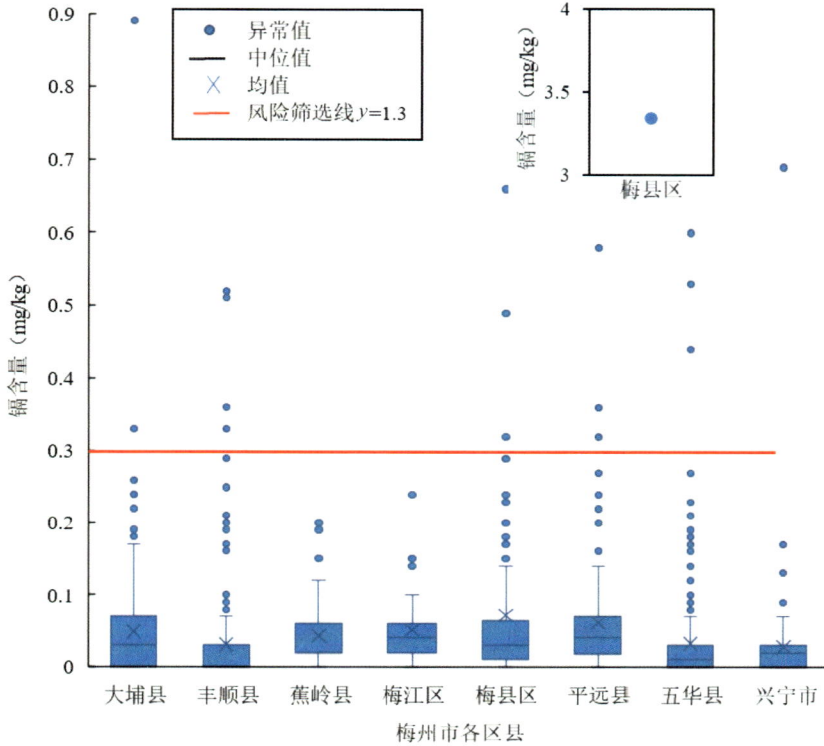

图 4-5　梅州市各区(县)森林土壤镉含量

## 二、土壤重金属汞含量

参照农用地土壤污染风险筛选值，梅州市各区(县)森林土壤重金属汞含量超标情况如表 4-6 所示，全市共调查森林土壤点位数 1 141 个，无污染风险个数为 1 138 个，超标个数为 3 个，土壤重金属汞超标率为 0.26%。其中，大埔县无污染风险个数为 180 个，超标个数为 1 个，土壤重金属汞超标率为 0.55%；丰顺县无污染风险个数为 220 个，无土壤重金属汞超标；蕉岭县无污染风险个数为 65 个，无土壤重金属汞超标；梅江区无污染风险个数为 41 个，无土壤重金属汞超标；梅县区无污染风险个数为 185 个，无土壤重金属汞超标；平远县无污染风险个数为 101 个，超标个数为 1 个，土壤重金属汞超标率为 0.98%；五华县无污染风险个数为 226，超标个数为 1 个，土壤重金属汞超标率为 0.44%；兴宁市无污染风险个数为 120 个，无土壤重金属汞超标。

表 4-6　梅州市各区(县)森林土壤重金属汞含量超标情况

| 地区 | 无污染风险个数(个) | 超标个数(个) | 总数(个) | 超标率(%) |
| --- | --- | --- | --- | --- |
| 大埔县 | 180 | 1 | 181 | 0.55 |
| 丰顺县 | 220 | 0 | 220 | 0.00 |
| 蕉岭县 | 65 | 0 | 65 | 0.00 |
| 梅江区 | 41 | 0 | 41 | 0.00 |
| 梅县区 | 185 | 0 | 185 | 0.00 |
| 平远县 | 101 | 1 | 102 | 0.98 |
| 五华县 | 226 | 1 | 227 | 0.44 |
| 兴宁市 | 120 | 0 | 120 | 0.00 |
| 全市 | 1 138 | 3 | 1 141 | 0.26 |

　　梅州市各区(县)森林土壤汞含量均值如图 4-6 所示,依次为平远县>兴宁市>丰顺县>大埔县>五华县>梅县区> 蕉岭县> 梅江区,其含量分别为 0.13mg/kg、0.09mg/kg、0.08mg/kg、0.08mg/kg、0.08mg/kg、0.07mg/kg、0.06mg/kg、0.05mg/kg。其中,平远县、大埔县、五华县森林土壤汞含量离散程度相对较大,其标准差分别为 0.13mg/kg、0.12mg/kg、0.11mg/kg,其余区县森林土壤汞含量离散程度相对较小,标准差依次为梅县

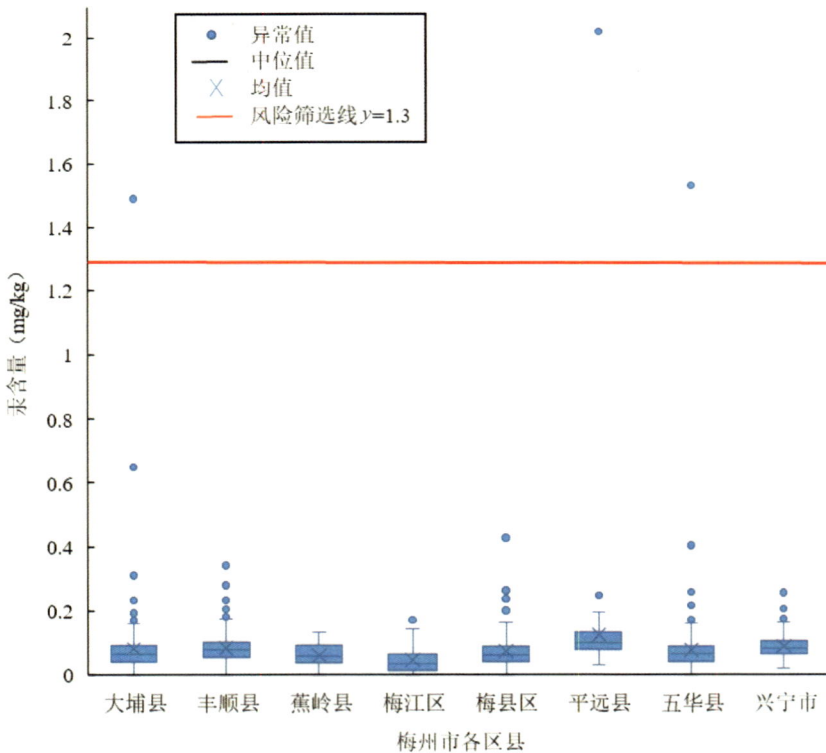

图 4-6　梅州市各区(县)森林土壤汞含量

区>丰顺县>梅江区> 兴宁市> 蕉岭县，其值分别为 0.05mg/kg、0.05mg/kg、0.04mg/kg、0.04mg/kg、0.04mg/kg。丰顺县、蕉岭县、梅江区、梅县区和兴宁市所有样点森林土壤重金属汞含量小于农用地土壤污染风险筛选值，平远县超标率最高，其次由高到低为大埔县、五华县。

## 三、土壤重金属砷含量

参照农用地土壤污染风险筛选值，梅州市各区(县)森林土壤重金属砷含量超标情况如表 4-7 所示，全市共调查森林土壤点位数 1 141 个，无污染风险个数为 1 089 个，超标个数为 52 个，土壤重金属砷超标率为 4.56%。其中，大埔县无污染风险个数为 178 个，超标个数为 3 个，土壤重金属砷超标率为 1.66%；丰顺县无污染风险个数为 199 个，超标个数为 21 个，土壤重金属砷超标率为 9.55%；蕉岭县无污染风险个数为 63 个，超标个数为 2 个，土壤重金属砷超标率为 3.08%；梅江区无污染风险个数为 40 个，超标个数为 1 个，土壤重金属砷超标率为 2.44%；梅县区无污染风险个数为 174 个，超标个数为 11 个，土壤重金属砷超标率为 5.95%；平远县无污染风险个数为 99 个，超标个数为 3 个，土壤重金属砷超标率为 2.94%；五华县无污染风险个数为 221 个，超标个数为 6 个，土壤重金属砷超标率为 2.64%；兴宁市无污染风险个数为 115 个，超标个数为 5 个，土壤重金属砷超标率为 4.17%。

表 4-7　梅州市各区(县)森林土壤重金属砷含量超标情况

| 地区 | 无污染风险个数(个) | 超标个数(个) | 总数(个) | 超标率(%) |
|---|---|---|---|---|
| 大埔县 | 178 | 3 | 181 | 1.66 |
| 丰顺县 | 199 | 21 | 220 | 9.55 |
| 蕉岭县 | 63 | 2 | 65 | 3.08 |
| 梅江区 | 40 | 1 | 41 | 2.44 |
| 梅县区 | 174 | 11 | 185 | 5.95 |
| 平远县 | 99 | 3 | 102 | 2.94 |
| 五华县 | 221 | 6 | 227 | 2.64 |
| 兴宁市 | 115 | 5 | 120 | 4.17 |
| 全市 | 1 089 | 52 | 1 141 | 4.56 |

梅州市各区(县)森林土壤砷含量均值如图 4-7 所示，依次为丰顺县>梅县区>五华县>蕉岭县>平远县>大埔县>梅江区> 兴宁市，其含量分别为 16.60mg/kg、14.59mg/kg、10.50mg/kg、8.70mg/kg、7.64mg/kg、6.03mg/kg、3.71mg/kg、3.01mg/kg。各区(县)的森林土壤砷含量离散程度均很大，其中，梅县区、丰顺县的标准差较大，分别为 37.65mg/kg、24.83mg/kg，其余区县森林土壤砷含量标准差依次为五华县>梅江区>兴宁市>平远县>大埔县>蕉岭县，其值分别为 17.03mg/kg、15.88mg/kg、13.12mg/kg、10.65mg/kg、7.45mg/kg、3.35mg/kg。全市各区(县)均存在森林土壤重金属砷含量超标现象，超标率由高到低依次为丰顺县、梅县区、兴宁市、蕉岭县、平远县、五华县、梅江区、大埔县。

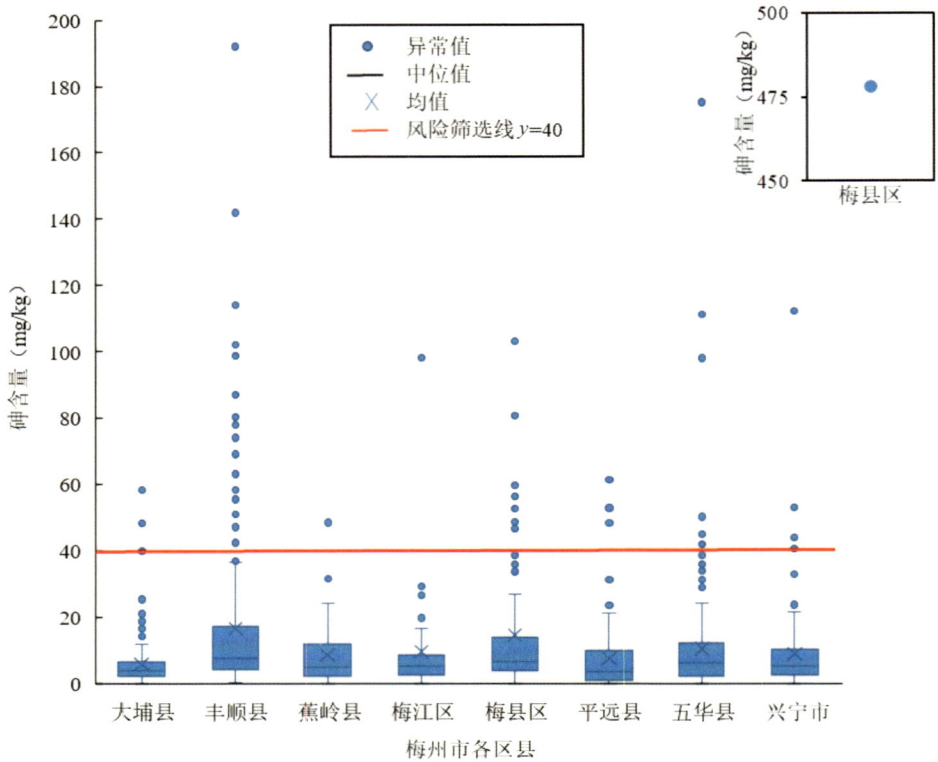

图 4-7　梅州市各区(县)森林土壤砷含量

## 四、土壤重金属铅含量

参照农用地土壤污染风险筛选值，梅州市各区(县)森林土壤重金属铅含量超标情况如表 4-8 所示，全市共调查森林土壤点位数 1 141 个，无污染风险个数为 963 个，超标个数为 178 个，土壤重金属铅超标率为 15.60%。其中，大埔县无污染风险个数为 145 个，超标个数为 36 个，土壤重金属铅超标率为 19.89%；丰顺县无污染风险个数为 186 个，超标个数为 34 个，土壤重金属铅超标率为 15.45%；蕉岭县无污染风险个数为 53 个，超标个数为 12 个，土壤重金属铅超标率为 18.46%；梅江区无污染风险个数为 41 个，无土壤重金属铅超标；梅县区无污染风险个数为 159 个，超标个数为 26 个，超标率为 14.05%；平远县无污染风险个数为 85 个，超标个数为 17 个，土壤重金属铅超标率为 16.67%；五华县无污染风险个数为 191 个，超标个数为 36 个，土壤重金属铅超标率为 15.86%；兴宁市无污染风险个数为 103 个，超标个数为 17 个，土壤重金属铅超标率为 14.17%。

表 4-8　梅州市各区(县)森林土壤重金属铅含量超标情况

| 地区 | 无污染风险个数(个) | 超标个数(个) | 总数(个) | 超标率(%) |
|---|---|---|---|---|
| 大埔县 | 145 | 36 | 181 | 19.89 |
| 丰顺县 | 186 | 34 | 220 | 15.45 |
| 蕉岭县 | 53 | 12 | 65 | 18.46 |
| 梅江区 | 41 | 0 | 41 | 0.00 |
| 梅县区 | 159 | 26 | 185 | 14.05 |
| 平远县 | 85 | 17 | 102 | 16.67 |
| 五华县 | 191 | 36 | 227 | 15.86 |
| 兴宁市 | 103 | 17 | 120 | 14.17 |
| 全市 | 963 | 178 | 1 141 | 15.60 |

　　梅州市各区(县)森林土壤铅含量均值如图 4-8 所示，依次为大埔县>丰顺县>五华县>梅县区>平远县>蕉岭县>兴宁市>梅江区，其含量分别为 57.78mg/kg、52.48mg/kg、50.87mg/kg、50.61mg/kg、46.11mg/kg、45.86mg/kg、44.73mg/kg、26.91mg/kg。各区(县)的森林土壤铅含量离散程度均很大，标准差依次为梅县区>大埔县>丰顺县>五华

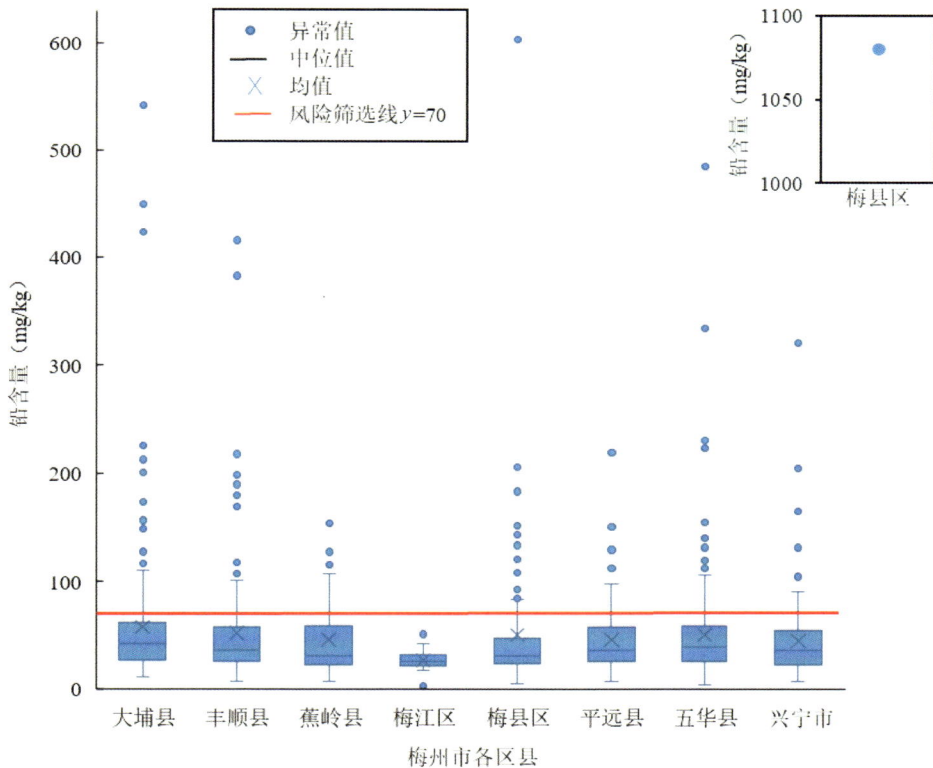

图 4-8　梅州市各区(县)森林土壤铅含量

县>兴宁市>蕉岭县>平远县> 梅江区, 其值分别为 92.64mg/kg、65.16mg/kg、56.18mg/kg、49.28mg/kg、38.74mg/kg、34.38mg/kg、31.29mg/kg、9.65mg/kg。全市仅梅江区所有样点森林土壤重金属铅含量小于农用地土壤污染风险筛选值; 其余各区(县)均存在污染超标现象, 且超标率均在 10% 以上, 污染较为严重, 污染超标率由高到低依次为大埔县、蕉岭县、平远县、五华县、丰顺县、兴宁市、梅县区。

### 五、土壤重金属镍含量

参照农用地土壤污染风险筛选值, 梅州市各区(县)森林土壤重金属镍含量超标情况如表 4-9 所示, 全市共调查森林土壤点位数 1 141 个, 无污染风险个数为 1 120 个, 超标个数为 21 个, 土壤重金属镍超标率为 1.84%。其中, 大埔县无污染风险个数为 180 个, 超标个数为 1 个, 土壤重金属镍超标率为 0.55%; 丰顺县无污染风险个数为 219 个, 超标个数为 1 个, 土壤重金属镍超标率为 0.45%; 蕉岭县无污染风险个数为 59 个, 超标个数为 6 个, 土壤重金属镍超标率为 9.23%; 梅江区无污染风险个数为 40 个, 超标个数为 1 个, 土壤重金属镍超标率为 2.44%; 梅县区无污染风险个数为 180 个, 超标个数为 5 个, 超标率为 2.70%; 平远县无污染风险个数为 98 个, 超标个数为 4 个, 土壤重金属镍超标率为 3.92%; 五华县无污染风险个数为 226 个, 超标个数为 1 个, 土壤重金属镍超标率为 0.44%; 兴宁市无污染风险个数为 118 个, 超标个数为 2 个, 土壤重金属镍超标率为 1.67%。全市均存在森林土壤重金属镍含量超标现象, 超标率由高到低依次为蕉岭县、平远县、梅县区、梅江区、兴宁市、大埔县、丰顺县、五华县。

表 4-9　梅州市各区(县)森林土壤重金属镍含量超标情况

| 地区 | 无污染风险个数(个) | 超标个数(个) | 总数(个) | 超标率(%) |
|---|---|---|---|---|
| 大埔县 | 180 | 1 | 181 | 0.55 |
| 丰顺县 | 219 | 1 | 220 | 0.45 |
| 蕉岭县 | 59 | 6 | 65 | 9.23 |
| 梅江区 | 40 | 1 | 41 | 2.44 |
| 梅县区 | 180 | 5 | 185 | 2.70 |
| 平远县 | 98 | 4 | 102 | 3.92 |
| 五华县 | 226 | 1 | 227 | 0.44 |
| 兴宁市 | 118 | 2 | 120 | 1.67 |
| 全市 | 1 120 | 21 | 1 141 | 1.84 |

梅州市各区(县)森林土壤梅州市各区(县)森林土壤镍含量均值如图 4-9 所示, 依次为蕉岭县区>梅江区>梅县区>兴宁市>平远县>五华县>大埔县>丰顺县, 其含量分别为24.40mg/kg、16.49mg/kg、15.64mg/kg、14.15mg/kg、10.72mg/kg、9.39mg/kg、6.97mg/kg、4.64mg/kg。

梅江区森林土壤镍含量相对离散程度极大, 其标准差为 30.48mg/kg; 丰顺县森林土壤镍含量相对离散程度大, 标准差为 14.16mg/kg; 梅县区、蕉岭县、平远县、和兴宁市

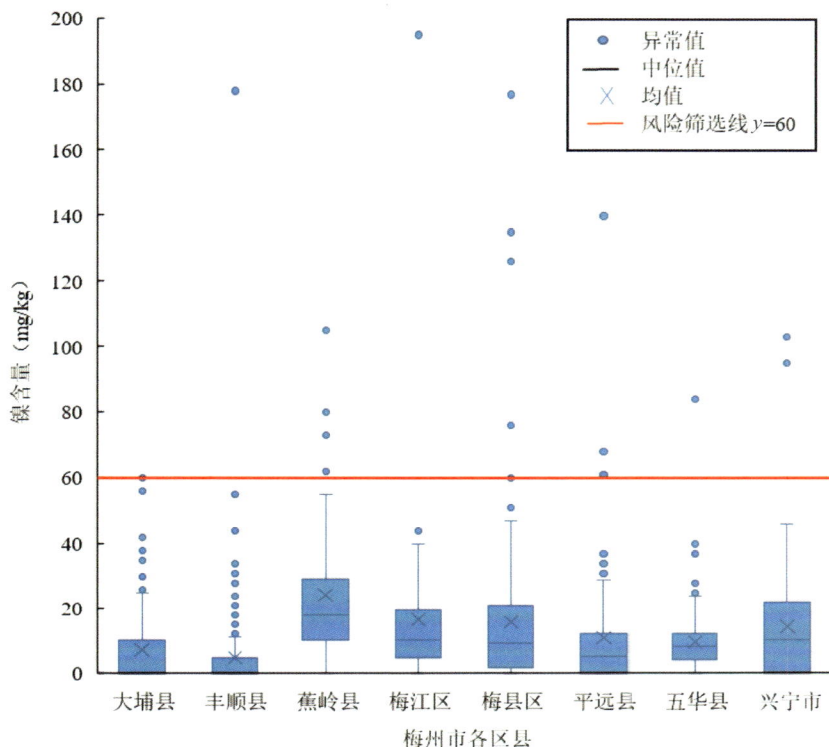

图 4-9　梅州市各区(县)森林土壤镍含量

森林土壤镍含量相对离散程度较大，其标准差依次为 22.30mg/kg、21.28mg/kg、18.79mg/kg、16.01mg/kg；丰顺县、大埔县和五华县森林土壤镍含量相对离散程度小，标准差依次为 14.22mg/kg、11.17mg/kg、8.68mg/kg。全市均存在森林土壤重金属镍含量超标现象，超标率由高到低依次为蕉岭县、平远县、梅县区、梅江区、兴宁市、大埔县、丰顺县、五华县。

## 六、土壤重金属铜含量

参照农用地土壤污染风险筛选值，梅州市各区(县)森林土壤重金属铜含量超标情况如表 4-10 所示，全市共调查森林土壤点位数 1 141 个，无污染风险个数为 1 070 个，超标个数为 71 个，土壤重金属铜超标率为 6.22%。其中，大埔县无污染风险个数为 164 个，超标个数为 17 个，土壤重金属铜超标率为 9.39%；丰顺县无污染风险个数为 215 个，超标个数为 5 个，土壤重金属铜超标率为 2.27%；蕉岭县无污染风险个数为 58 个，超标个数为 7 个，土壤重金属铜超标率为 10.77%；梅江区无污染风险个数为 39 个，超标个数为 2 个，土壤重金属铜超标率为 4.88%；梅县区无污染风险个数为 170 个，超标个数为 15 个，超标率为 8.11%；平远县无污染风险个数为 97 个，超标个数为 5 个，土壤重金属铜超标率为 4.90%；五华县无污染风险个数为 211 个，超标个数为 16 个，土壤重金属铜超标率为 7.05%；兴宁市无污染风险个数为 116 个，超标个数为 4 个，土壤重金属铜超标率为 3.33%。全市均存在森林土壤重金属铜含量超标现象，超标率由高到低依次为蕉岭县、大埔县、梅县区、五华县、平远县、梅江区、兴宁市、丰顺县。

表 4-10　梅州市各区(县)森林土壤重金属铜含量超标情况

| 地区 | 无污染风险个数(个) | 超标个数(个) | 总数(个) | 超标率(%) |
|---|---|---|---|---|
| 大埔县 | 164 | 17 | 181 | 9.39 |
| 丰顺县 | 215 | 5 | 220 | 2.27 |
| 蕉岭县 | 58 | 7 | 65 | 10.77 |
| 梅江区 | 39 | 2 | 41 | 4.88 |
| 梅县区 | 170 | 15 | 185 | 8.11 |
| 平远县 | 97 | 5 | 102 | 4.90 |
| 五华县 | 211 | 16 | 227 | 7.05 |
| 兴宁市 | 116 | 4 | 120 | 3.33 |
| 全市 | 1 070 | 71 | 1 141 | 6.22 |

梅州市各区(县)森林土壤铜含量均值如图 4-10 所示，依次为蕉岭县区>兴宁市>梅县区>梅江区>大埔县>五华县>平远县>丰顺县，其含量分别为 29.48mg/kg、21.58mg/kg、

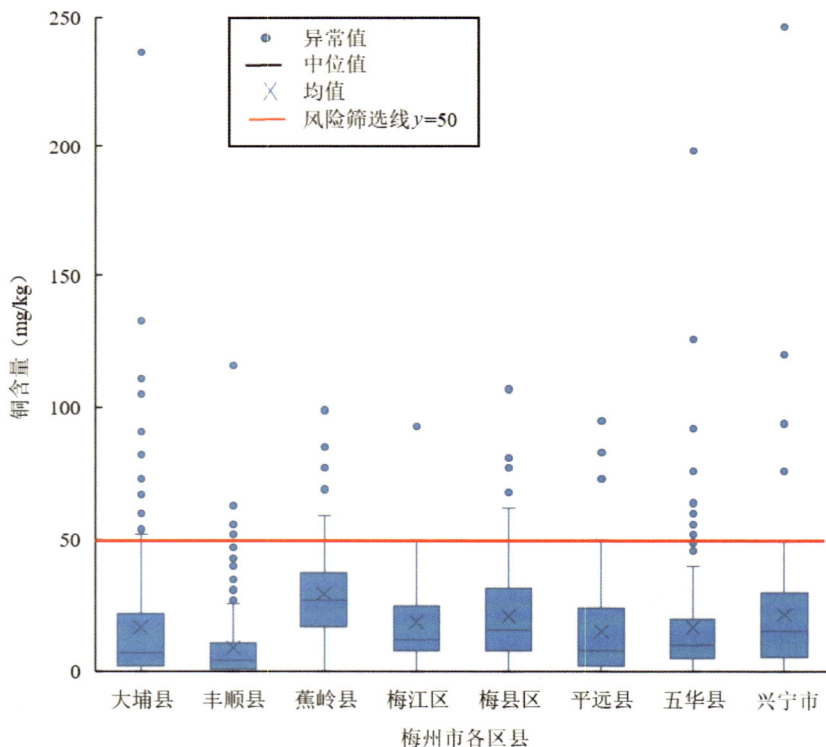

图 4-10　梅州市各区(县)森林土壤铜含量

21.12mg/kg、18.95mg/kg、16.96mg/kg、16.84mg/kg、15.13mg/kg、8.92mg/kg。兴宁市和大埔县森林土壤铜含量相对离散程度极大，其标准差分别为 27.79mg/kg、27.79mg/kg；丰顺县森林土壤铜含量相对离散程度小，标准差为 14.16mg/kg；其余区县总体差异不大，但离散程度依旧较大，标准差依次为五华县>蕉岭县>平远县>梅县区>梅江区，其值分别为21.19mg/kg、20.62mg/kg、18.65mg/kg、18.15mg/kg、17.76mg/kg。全市均存在森林土壤重金属铜含量超标现象，超标率由高到低依次为蕉岭县、大埔县、梅县区、五华县、平远县、梅江区、兴宁市、丰顺县。

## 七、土壤重金属锌含量

参照农用地土壤污染风险筛选值，梅州市各区（县）森林土壤重金属锌含量超标情况如表 4-11 所示，全市共调查森林土壤点位数 1 141 个，无污染风险个数为 1 135 个，超标个数为 6 个，土壤重金属锌超标率为 0.53%。其中，大埔县无污染风险个数为 181 个，无土壤重金属锌超标；丰顺县无污染风险个数为 219 个，超标个数为 1 个，土壤重金属锌超标率为 0.45%；蕉岭县无污染风险个数为 65 个，无土壤重金属锌超标；梅江区无污染风险个数为 41 个，无土壤重金属锌超标；梅县区无污染风险个数为 183 个，超标个数为 2 个，土壤重金属锌超标率为 1.08%；平远县无污染风险个数为 101 个，超标个数为 1 个，土壤重金属锌超标率为 0.98%；五华县无污染风险个数为 225 个，超标个数为 2 个，土壤重金属锌超标率为 0.88%；兴宁市无污染风险个数为 120 个，无土壤重金属锌超标。大埔县、蕉岭县、梅江区和兴宁市森林土壤重金属锌含量小于农用地土壤污染风险筛选值，梅县区超标率最高，其次由高到低为平远县、五华县、丰顺县。

**表 4-11　梅州市各区（县）森林土壤重金属锌含量超标情况**

| 地区 | 无污染风险个数（个） | 超标个数（个） | 总数（个） | 超标率（%） |
|---|---|---|---|---|
| 大埔县 | 181 | 0 | 181 | 0.00 |
| 丰顺县 | 219 | 1 | 220 | 0.45 |
| 蕉岭县 | 65 | 0 | 65 | 0.00 |
| 梅江区 | 41 | 0 | 41 | 0.00 |
| 梅县区 | 183 | 2 | 185 | 1.08 |
| 平远县 | 101 | 1 | 102 | 0.98 |
| 五华县 | 225 | 2 | 227 | 0.88 |
| 兴宁市 | 120 | 0 | 120 | 0.00 |
| 全市 | 1 135 | 6 | 1 141 | 0.53 |

梅州市各区（县）森林土壤锌含量均值如图 4-11 所示，依次为梅县区>平远县>大埔县>蕉岭县> 丰顺县> 梅江区> 五华县> 兴宁市，其含量分别为 73.52mg/kg、72.15mg/kg、68.77mg/kg、65.08mg/kg、64.85mg/kg、61.80mg/kg、61.05mg/kg、54.33mg/kg。梅县区森林土壤锌含量相对离散程度极大，其标准差为 74.22mg/kg；其余区县总体差异不大，但离散程度依旧较大，标准差依次为平远县>五华县>大埔县>丰顺县>蕉岭县>梅江区>兴

宁市，其值分别为 33.56mg/kg、33.03mg/kg、31.42mg/kg、28.20mg/kg、27.72mg/kg、24.41mg/kg、24.01mg/kg。大埔县、蕉岭县、梅江区和兴宁市所有样点森林土壤重金属锌含量小于农用地土壤污染风险筛选值，梅县区超标率最高，其次由高到低为平远县、五华县、丰顺县。

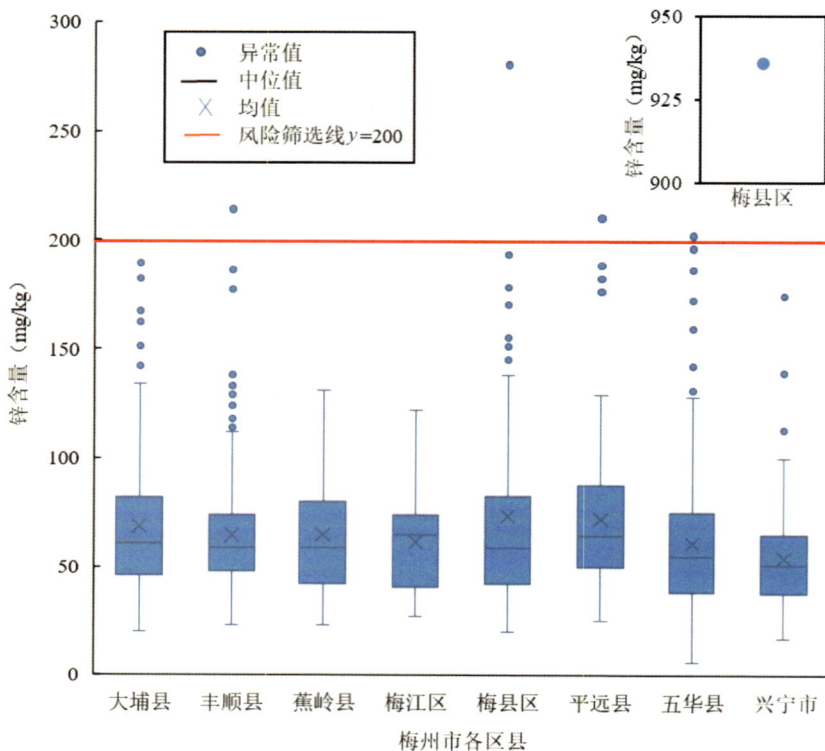

图 4-11　梅州市各区(县)森林土壤锌含量

# 第五章
# 森林土壤理化属性空间分布特征

本章采用人工神经网络模型对土壤养分和重金属元素进行空间预测。人工神经网络(ANN)是一种试图模仿人脑神经系统的非线性方法。ANN模型具有识别和使用数据之间明确关系的能力,因此比其他方法更优秀。人工神经网络模型有多种类型,其中多层感知器(multilayer perceptron,MLP)是最重要和最常用的人工神经网络,它从隐含层的非线性处理中获得学习能力。MLP网络通常由输入层、隐含层和输出层3层组成。数据被引入到输入层,在隐含层中处理,结果在输出层产生。本章采用的MLP算法是一种多层前馈神经网络(multilayer feed forward neural network,MFNN),输入层由数字高程模型(digital elevationmodel,DEM)衍生的9个地形变量(坡度、坡向、潜在太阳辐射、潜在地下水、地形位置指数、土壤地形指数、泥沙输移比、水流方向和水流长度)组成,隐含层为sigmoid传递函数,输出层为线性传递函数。

## 第一节　森林土壤养分空间分布特征

### 一、森林土壤有机质含量空间分布特征

土壤有机质是反映土壤质量和土壤健康的一个重要指标,其含量直接影响土壤中的生物过程以及土地生产力。梅州市0~20cm土壤层有机质的空间分布状况如图5-1所示,含量范围主要在16.30~27.20g/kg之间,大于27.20g/kg的土壤主要出现在梅州市西部的兴宁市和五华县交界地区。西部的五华县、兴宁市、梅县区和梅江区的土壤有机质含量较少,普遍低于26.70g/kg;东部丰顺县土壤有机质含量比较丰富,普遍高于22.80g/kg。依据全国第二次土壤普查规定的土壤养分分级标准,梅州市0~20cm土壤层有机质主要处于Ⅲ级(高)和Ⅳ级(中等)水平。梅州市东部的丰顺县相较于其他区域具有更高的有机质水平,整体都处于Ⅲ级(高)水平。这可能是因为丰顺县普遍为海拔较高的丘陵−山地地区,受人为干扰比较少,加上植被的枯枝落叶丰富,为有机质的存储创造了有力条件。与之相反,五华县则由于地势相对平坦,林地受人为干扰强度较大,导致有机质流失多。

梅州市20~40cm土壤层有机质的空间分布状况如图5-2所示,含量范围主要在8.90~20.20g/kg之间。相较于0~20cm土壤层,20~40cm土壤层的有机质含量较少。这是可能是由于有机质的空间差异与植被的枯枝落叶和根系密切相关。枯枝落叶掉落到地面,主要

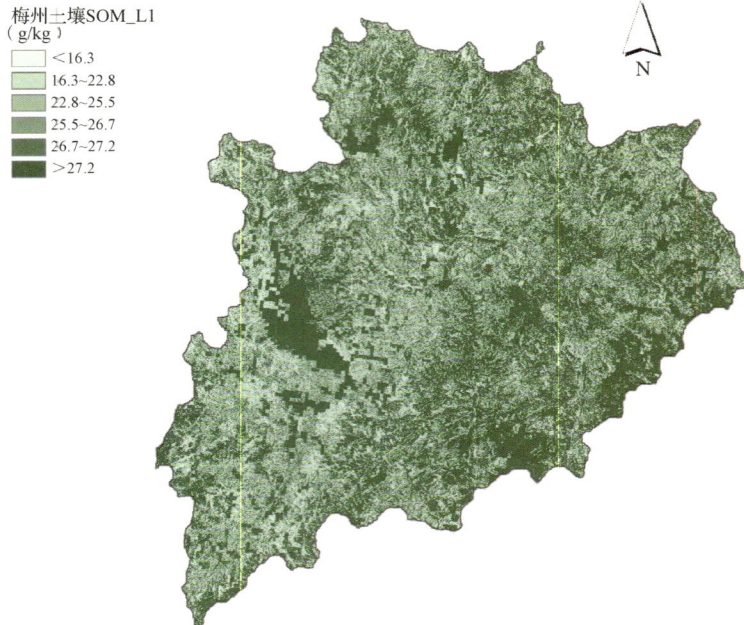

图 5-1　森林土壤有机质含量 L1 层 ( 0~20cm ) 分布

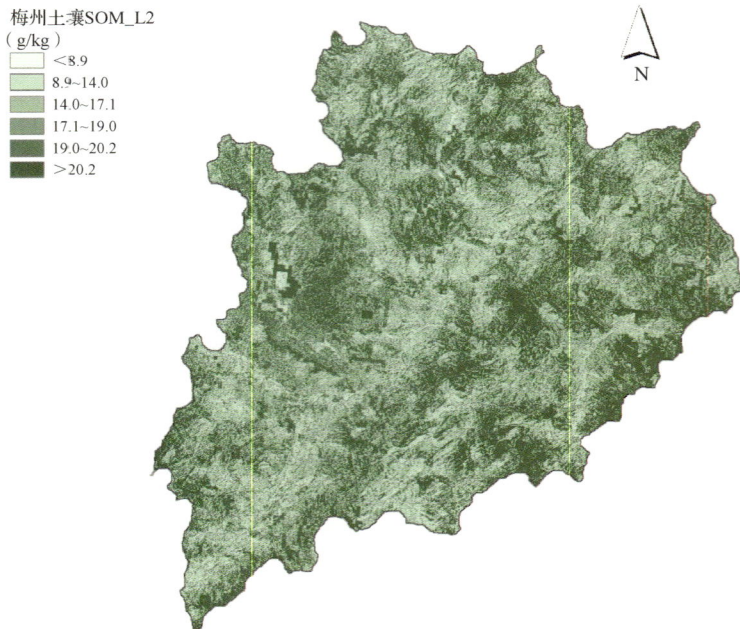

图 5-2　森林土壤有机质含量 L2 层 ( 20~40cm ) 分布

是由 0～20cm 土壤层的微生物进行分解，进而保存在该土壤深度内，导致 20～40cm 土壤层的有机质含量相对较少。从水平空间来看，20～40cm 土壤层有机质的空间分布与海拔高度强相关。高海拔地区土壤有机质含量相对较高，低海拔地区土壤有机质含量则较低。这可能由于海拔较高的土地利用类型是林地，而海拔较低的是耕地和居民用地，林地较其他用地具备积累有机质的更优条件。梅州市西部的五华县 20～40cm 土壤层的有机质含量相对其他地区较少，整个地区普遍低于 17.10g/kg；有机质含量较高的（高于 20.20g/kg）土壤主要出现在梅州市东部的丰顺县和大埔县的林地地区。根据全国第二次土壤普查规定的土壤养分分级标准，梅州市 20～40cm 土壤层有机质主要处于Ⅳ级（中等）水平。

　　梅州市 40～60cm 土壤层有机质的空间分布格局如图 5-3 所示，含量范围主要在 7.00～17.10g/kg 之间。相较于 0～20cm 和 20～40cm 土壤层，40～60cm 土壤层有机质含量较少，符合土壤有机质随着土壤深度而减少的变化趋势。梅州市 40～60cm 土壤层有机质含量普遍低于 17.10g/kg，高于 17.10g/kg 的地区主要分布在兴宁市地势较低的西部地区和丰顺县地势较低的南部地区。结合卫星遥感影像发现，这些有机质含量较高的地区主要是耕地地区。可能是耕地地区人为施肥和降雨淋溶共同导致，或者是所选用的 ANN 模型受某一地形变量影响较大，导致这些地方生成的地图出现较大的误差。从水平空间来看，西部的五华县有机质含量最低，普遍在 12.00g/kg 以下；东部的丰顺县和大埔县相对较高，整体都在 12.00g/kg 之上。根据全国第二次土壤普查规定的土壤养分分级标准，梅州市 40～60cm 土壤层有机质主要处于Ⅳ级（中等）和Ⅴ级（低）水平。

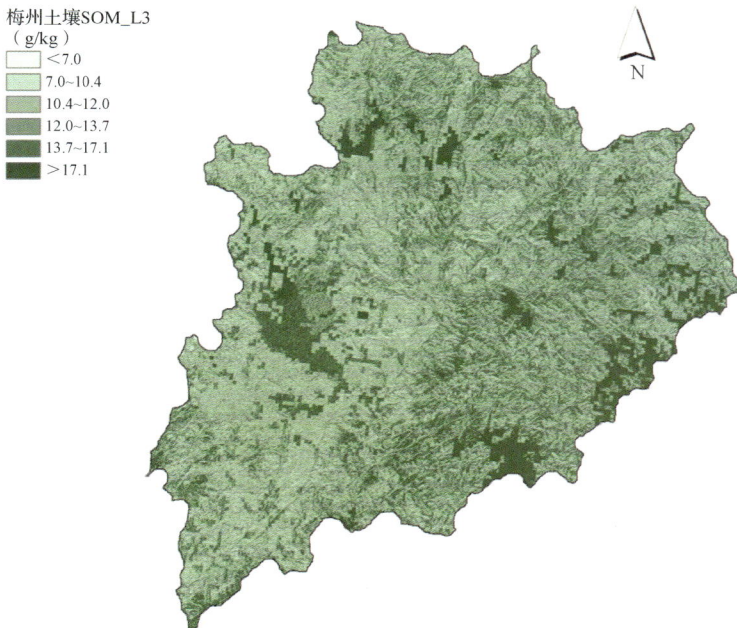

图 5-3　森林土壤有机质含量 L3 层（40～60cm）分布

梅州市 60~80cm 土壤层有机质的空间分布格局如图 5-4 所示，含量范围普遍在 6.50~16.90g/kg 之间。有机质含量低于 6.50g/kg 的地区面积非常小，主要分布在丰顺县和大埔县的低海拔地区；高于 16.90g/kg 的土壤主要分布在丰顺县和大埔县的东部行政边界处。相较于 0~20cm、20~40cm 和 40~60cm 土壤层，60~80cm 土壤层有机质含量最少。梅州市 60~80cm 土壤层有机质同样呈现出西部低、东部高的变化趋势，这种变化趋势主要受到地势的影响。从水平空间来看，梅州市东部的丰顺县和大埔县的有机质含量较高，普遍高于 10.40g/kg，按照全国第二次土壤普查规定的土壤养分分级标准，处于Ⅳ级（中等）水平；梅州市西部的五华县及中部的梅县区和梅江区的有机质含量较低，主要在 6.50~10.40g/kg 之间，少部分地区处于 10.40~12.80g/kg 之间，主要处于Ⅴ级（低）水平，部分地区处于Ⅳ级（中等）水平。

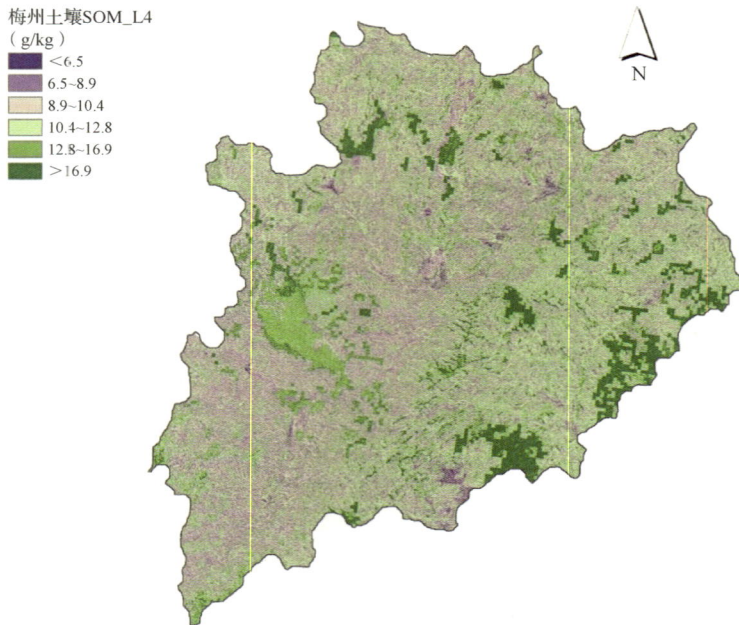

梅州土壤SOM_L4
（g/kg）
■ <6.5
■ 6.5~8.9
□ 8.9~10.4
□ 10.4~12.8
■ 12.8~16.9
■ >16.9

图 5-4　森林土壤有机质含量 L4 层（60~80cm）分布

梅州市 80~100cm 土壤层有机质的空间分布格局如图 5-5 所示，含量范围主要在 3.90~13.30g/kg 之间。有机质含量低于 3.90g/kg 的土壤主要出现在蕉岭县和梅县区的局部地区，占地面积很小；含量高于 13.30g/kg 的土壤主要出现在兴宁市、丰顺县和大埔县的部分地区。与 0~20cm、20~40cm、40~60cm 和 60~80cm 土壤层相比，80~100cm 土壤层有机质含量最少。梅州市 80~100cm 土壤层有机质没有特别显著的水平空间差异，整个区域的有机质含量普遍在 6.60~13.30g/kg 之间，按照全国第二次土壤普查规定的土壤养分分级标准，处于Ⅳ级（中等）和Ⅴ级（低）水平。这可能是因为深层土壤较上部土壤稳定，其有机质含量主要由成土母质决定，而成土母质在区域内的变化并不复杂；地形和植被等

成土因素对深层土壤有机质的影响较小。五华县的有机质含量相对较少，基本在 3.90~
10.60g/kg 之间，整体处于 Ⅴ 级（低）水平。

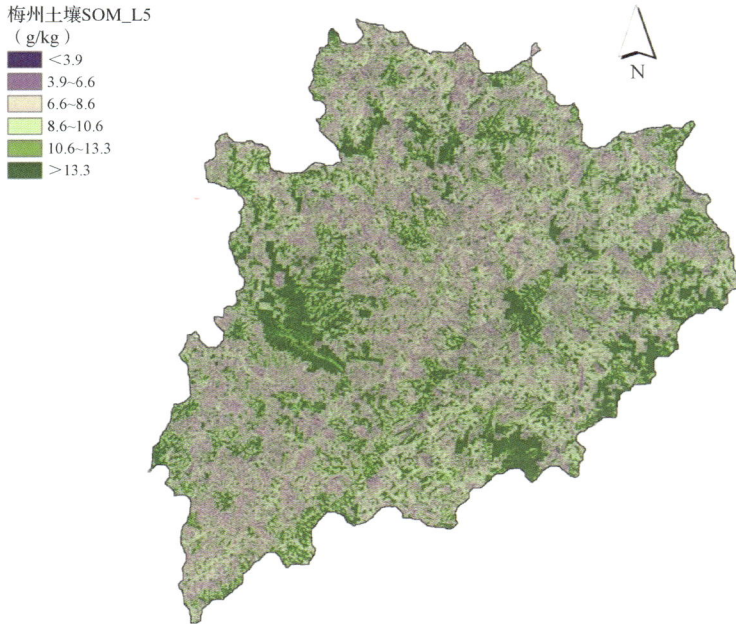

**图 5-5　森林土壤有机质含量 L5 层（80~100cm）分布**

　　总之，梅州市土壤有机质的空间分布主要受地形地势的影响，呈现西部少、东部多的
格局。从垂直方向观察，土壤有机质含量随着土壤深度不断加深而减少，与有机质普遍的
垂直变化趋势相一致。依据全国第二次土壤普查规定的土壤养分分级标准，除了 0~20cm
土壤层的有机质含量较为可观之外，梅州市其他土壤层皆存在不同程度有机质稀缺的
情况。

## 二、森林土壤全氮含量空间分布特征

　　在植物生长所必需的营养元素中，氮素是植物生长和产量形成的首要因素。土壤全氮
含量是反映土壤肥力高低的重要指标。梅州市的 0~20cm 土壤层全氮含量空间分布状况如
图 5-6 所示，含量范围主要在 1.50~5.80g/kg 之间，高值主要分布在东部地区，较低值主
要出现在西部地区。依据全国第二次土壤普查规定的土壤养分分级标准，梅州市 0~20cm
土壤层的全氮整体处在 Ⅰ 级（极高）和 Ⅱ 级（很高）水平。由于碳和氮之间存在较强的耦合
关系，土壤全氮的空间分布和土壤有机质一样，呈现出与海拔较强的相关性：高海拔林地
地区的土壤全氮含量相对较高，低海拔地区则较低。兴宁市西部（靠近五华县）低海拔的局
部区域也出现了全氮含量较丰富的情况，这可能是受人为管理的影响。从行政区划来看，
兴宁市的 0~20cm 土壤层全氮分布较均匀且含量整体比较高，基本都在 3.00g/kg 以上，处
于 Ⅰ 级（极高）水平。平远县的全氮含量最低，大部分地区都低于 3.00g/kg。

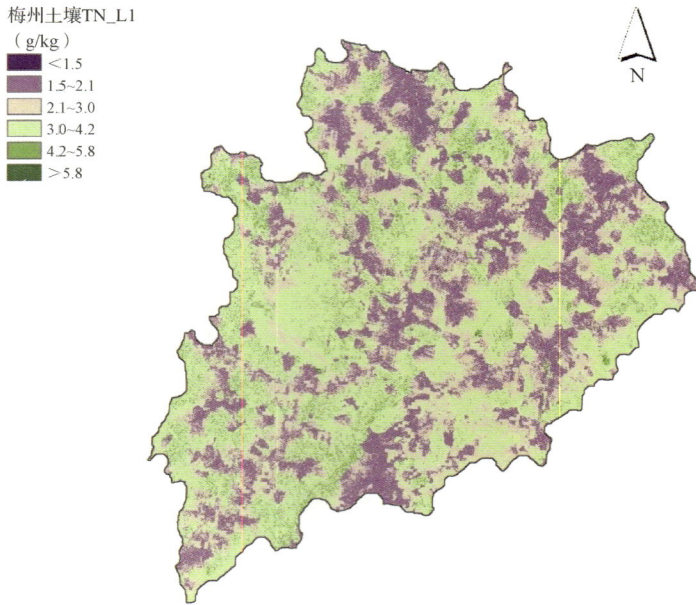

**图 5-6　森林土壤全氮含量 L1 层(0~20cm)分布**

梅州市 20~40cm 土壤层全氮的空间分布状况如图 5-7 所示，含量范围普遍在 4.00~
8.20g/kg 之间。依据全国第二次土壤普查规定的土壤养分分级标准，梅州市 20~40cm 土
壤层的全氮非常丰富，整体处在 Ⅰ 级(极高)水平。全氮含量低于 3.00g/kg 的土壤主要出
现在梅州市的中部地区。相较于 0~20cm 土壤层，20~40cm 土壤层具有更高的全氮含量。
这可能是因为在硝化细菌的作用下氨氮转为硝氮，并在降水的影响下向下淋溶。从水平行
政区划来看，丰顺县和大埔县的全氮含量比其他地区高，大多在 6.70g/kg 上，绩效面积
低于 5.70g/kg；其他地区的情况为：高海拔林地地区土壤全氮含量相对较高，低海拔非林
地地区则较低，且含量低于 4.00g/kg 的土壤所占面积很小。但在兴宁市的西部(靠近五华
县)，较低海拔局部区域也出现了全氮含量较丰富的情况，与 0~20cm 土壤层全氮空间分
布相一致。

梅州市 40~60cm 土壤层全氮的空间分布状况如图 5-8 所示，含量主要分布在 4.00~
8.20g/kg 之间，与 20~40cm 土壤层相似。但是，相较于 20~40cm 土壤层，40~60cm 的全
氮含量整体较低。梅州市全氮含量低于 4.00g/kg 的 40~60cm 土壤层主要分布在兴宁市和
五华县的交界处的局部地区，高于 8.20g/kg 的土壤主要分布在梅江区的局部地区。依据
全国第二次土壤普查规定的土壤养分分级标准，梅州市 40~60cm 土壤层全氮含量很丰富，
处在 Ⅰ 级(极高)水平。全氮含量与海拔高度具有较强相关性，高海拔地区土壤全氮含量相
对较高，低海拔地区含量则相对较低。整体而言，梅州市的全氮分布比较均匀且连续，无
明显的极高值和极低值，兴宁市和梅江区的局部地区除外。相比之下，兴宁市、丰顺县和
大埔县的土壤全氮含量较低，而其他区(县)的全氮含量大多高于 6.70g/kg。

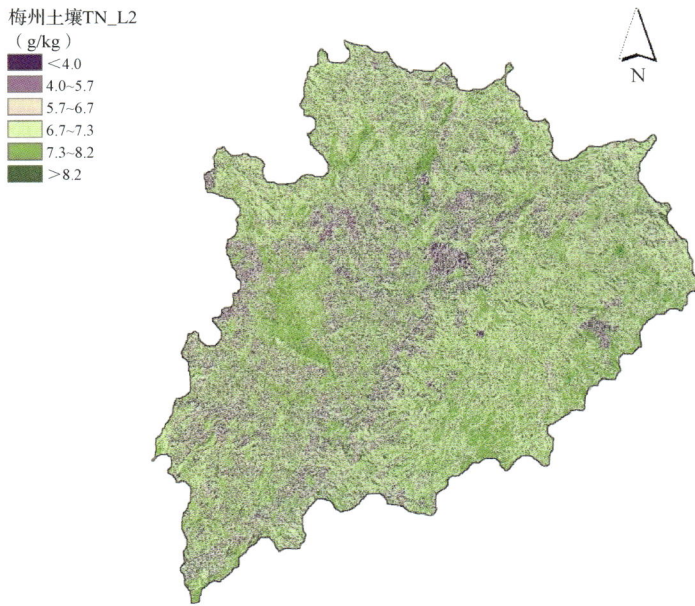

**图 5-7　森林土壤全氮含量 L2 层(20~40cm)分布**

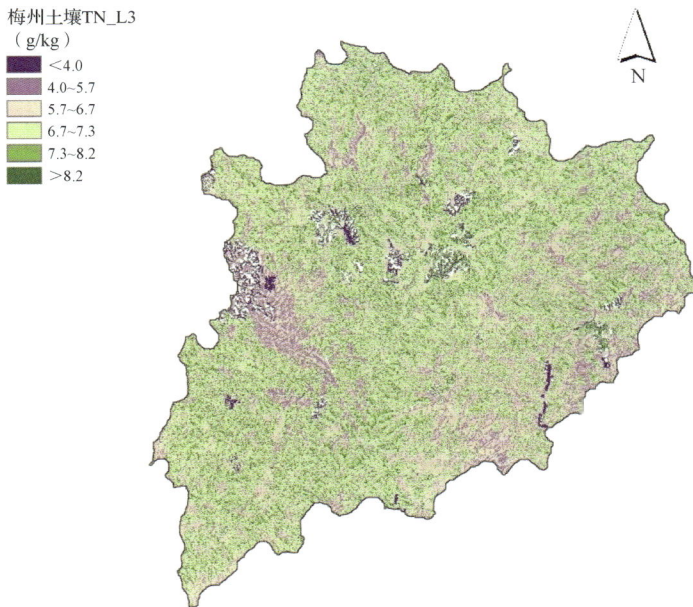

**图 5-8　森林土壤全氮含量 L3 层(40~60cm)分布**

梅州市60~80cm土壤层全氮的空间分布格局见图5-9，含量普遍处于3.00~7.90g/kg之间，其中含量低于5.50g/kg的土壤面积占比很高，含量高于7.90g/kg的土壤仅占极小部分的面积，主要分布在丰顺县和大埔县海拔较高的林地。与上3层土壤比较，60~80cm土壤层的全氮含量下降比较明显。这可能是因为土壤全氮的主要来源于降水和生物固氮，经过上部3层土壤的过滤，流到深层土壤的全氮很少，且生物固氮主要作用在根系比较发达的上部土壤，较少作用于深层土壤。依据全国第二次土壤普查规定的土壤养分分级标准，梅州市60~80cm土壤层全氮含量很丰富，整体处在I级(极高)水平。其水平空间分布与海拔之间不存在显著相关关系。

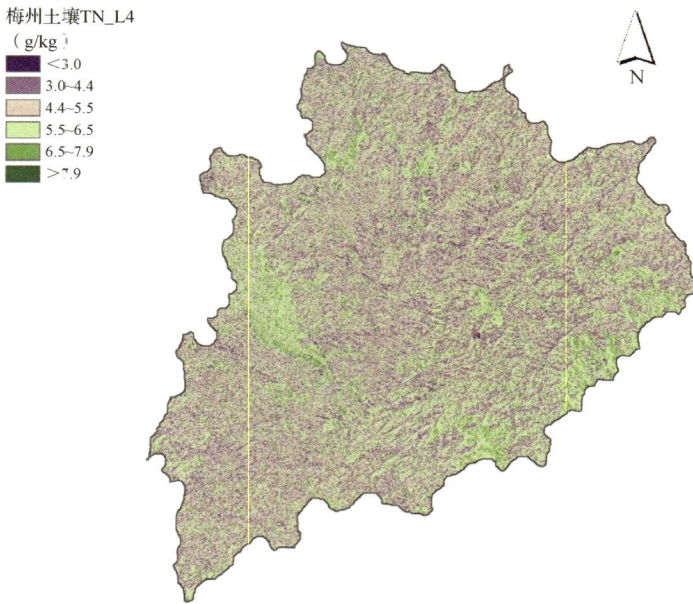

梅州土壤TN_L4
（g/kg）
■ <3.0
■ 3.0~4.4
4.4~5.5
5.5~6.5
6.5~7.9
■ >7.9

**图5-9 森林土壤全氮含量L4层(60~80cm)分布**

梅州市80~100cm土壤层全氮的空间分布格局见图5-10。该土壤深度的全氮含量与60~80cm土壤层并没有明显的差异，整体在2.70~6.90g/kg之间，其中含量低于5.20g/kg的土壤面积占比很高。但不同点是，全氮含量较高的80~100cm土壤层主要出现在中部低海拔地区。这可能因为低海拔是深层土壤全氮积累的有利条件。依据全国第二次土壤普查规定的土壤养分分级标准，梅州市80~100cm土壤层全氮含量很丰富，整体处在I级(极高)水平。从水平行政区划来看，丰顺县和大埔县的全氮含量相对其他区域较低，其含量主要在4.20~5.20g/kg之间。

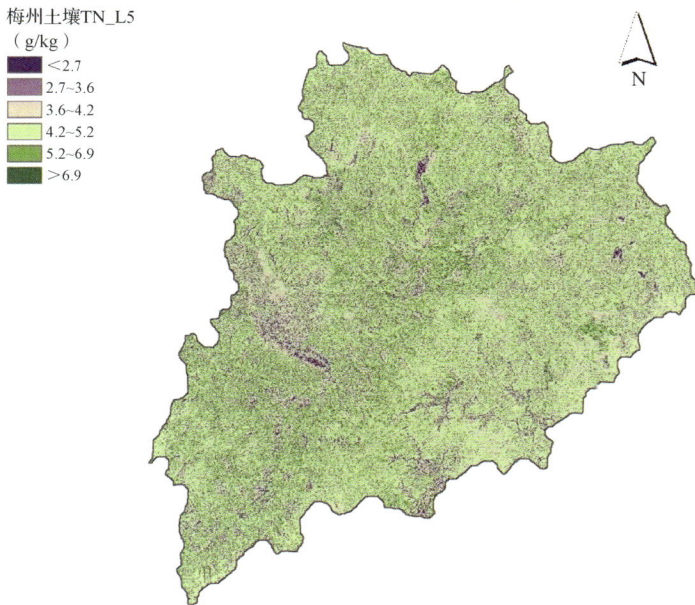

**图 5-10　森林土壤全氮含量 L5 层(80~100cm)分布**

整体来看，梅州市 0~100cm 土壤层全氮含量极其丰富，处于 I 级(极高)水平。从垂直角度观察，土壤全氮含量呈现出先增加后减少的趋势；从水平格局来看，土壤全氮含量与海拔有着较强的相关性，0~80cm 土壤层全氮含量与海拔主要为正相关关系，80~100cm 土壤层全氮含量与海拔主要为负相关关系。

### 三、森林土壤全磷含量空间分布特征

磷是植物生长发育所必需的营养元素。梅州市 0~20cm 土壤层全磷含量的空间分布状况如图 5-11 所示，含量范围在 3.00~4.00g/kg 之间。依据全国第二次土壤普查规定的土壤养分分级标准，梅州市 0~20cm 土壤层全磷含量很丰富，整体处在 I 级(极高)水平。从水平空间分布格局来看，梅州市 0~20cm 土壤层的全磷含量与土地利用类型具有显著的相关性。林地地区的全磷含量普遍在 3.50~4.00g/kg 范围内，非林地地区的全磷含量普遍在 3.00~3.50g/kg 之间。

梅州市 20~40cm 土壤层全磷含量的空间分布状况如图 5-12 所示，含量在 1.90~2.00g/kg 之间。依据全国第二次土壤普查规定的土壤养分分级标准，梅州市 20~40cm 土壤层全磷含量很丰富，整体处在 I 级(极高)水平。但与 0~20cm 土壤层相比，20~40cm 土壤层全磷含量较低。这可能是因为 0~20cm 土壤层动物和微生物丰富，且它们死亡后被分解的磷元素会储存在 0~20cm 土壤层中。

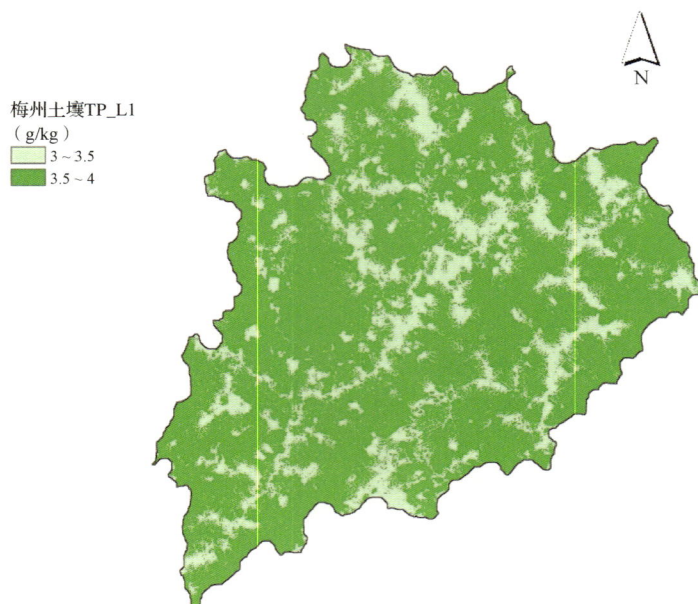

梅州土壤TP_L1
（g/kg）
3～3.5
3.5～4

N

**图 5-11　森林土壤全磷含量 L1 层( 0~20cm ) 分布**

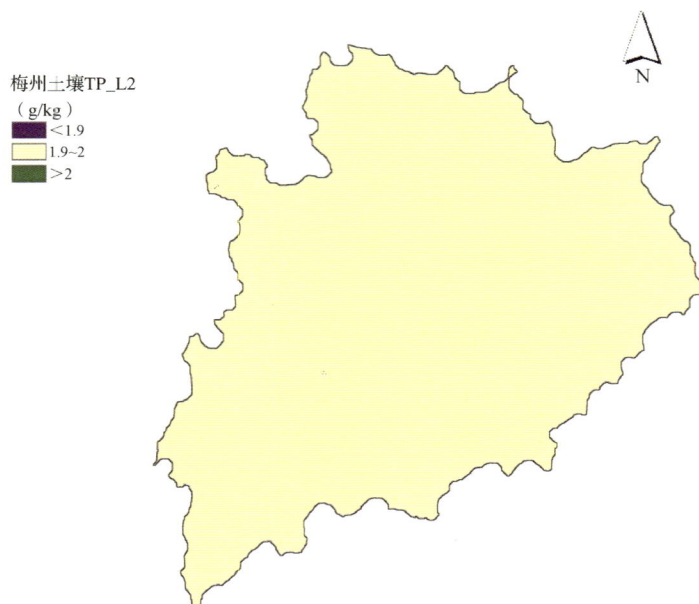

梅州土壤TP_L2
（g/kg）
<1.9
1.9~2
>2

N

**图 5-12　森林土壤全磷含量 L2 层( 20~40cm ) 分布**

梅州市 40~60cm 土壤层全磷含量的空间分布状况如图 5-13 所示，含量范围主要在 1.90~2.00g/kg 之间，高于 2.00g/kg 的土壤面积占比极小。依据全国第二次土壤普查规定的土壤养分分级标准，梅州市 40~60cm 土壤层全磷含量很丰富，处在 I 级（极高）水平。整体来看，梅州市 40~60cm 土壤层的全磷空间分布格局与 20~40cm 土壤层无明显差异。

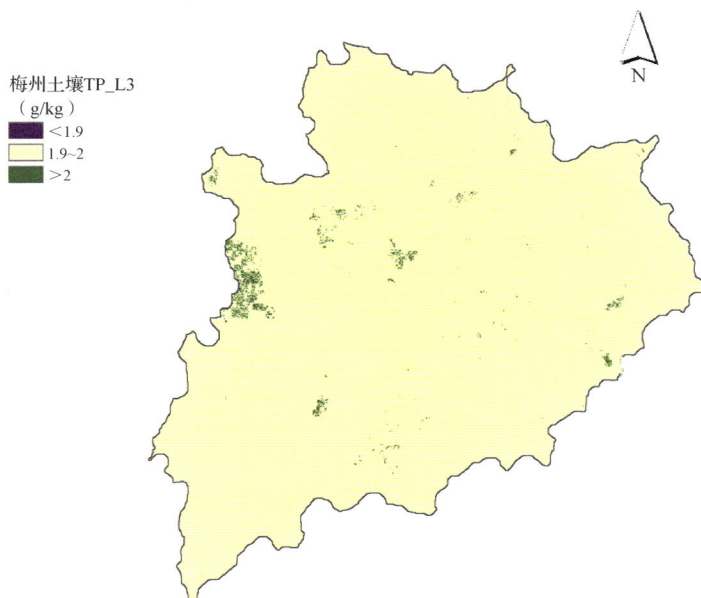

梅州土壤TP_L3
（g/kg）
■ <1.9
□ 1.9~2
■ >2

**图 5-13　森林土壤全磷含量 L3 层（40~60cm）分布**

梅州市 60~80cm 土壤层全磷含量的空间分布状况如图 5-14 所示，含量范围主要在 2.90~4.00g/kg 之间，局部地区全磷含量高于 3.00g/kg。依据全国第二次土壤普查规定的土壤养分分级标准，梅州市 60~80cm 土壤层全磷含量很丰富，处在 I 级（极高）水平。梅州市 60~80cm 土壤层的全磷含量比 0~20cm 土壤层低，但比 20~40cm 和 40~60cm 土壤层高。这可能是受降水的影响，磷随着雨水淋溶聚集在深层土壤中；也可能是因为深层土壤的植物根系较少，从而对磷元素的吸收少。

梅州市 80~100cm 土壤层全磷含量的空间分布状况如图 5-15 所示，含量范围主要在 1.00~2.00g/kg 之间。依据全国第二次土壤普查规定的土壤养分分级标准，梅州市 80~100cm 土壤层全磷含量很丰富，处在 I 级（极高）水平。和 0~20cm、20~40cm、40~60cm 和 60~80cm 土壤层相比，80~100cm 土壤层的全磷含量最低。这可能是因为深层土壤的结构紧密，不宜吸附磷元素。从水平空间来看，丰顺县和大埔县的土壤全磷含量较高。

梅州市 0~100cm 土壤层的全磷含量极其丰富，都处于 I 级（极高）水平。从垂直角度观察，土壤全磷含量整体呈现出随土壤深度加深而减少的趋势。60~80cm 土壤层可能受淋溶、植物根系和团粒结构等土壤因素的影响，全磷含量有略微增加。

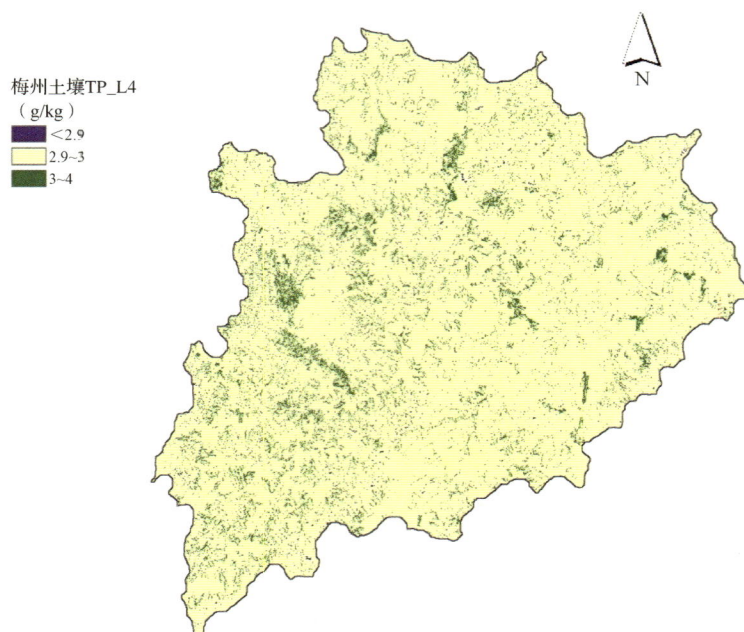

图 5-14 森林土壤全磷含量 L4 层(60~80cm)分布

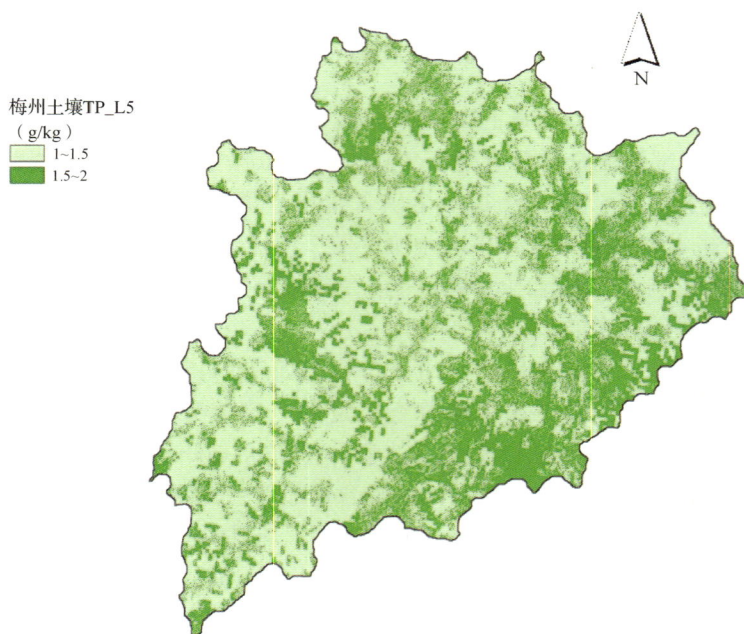

图 5-15 森林土壤全磷含量 L5 层(80~100cm)分布

## 四、森林土壤全钾含量空间分布特征

钾元素参与植物的多项生理过程，对作物的产量至关重要。梅州市 0~20cm 土壤层全钾含量的空间分布状况如图 5-16 所示，含量范围主要在 10.30~30.80g/kg 之间，含量低于 10.30g/kg 的土壤主要分布在梅州市的中部低海拔地区，高于 30.80g/kg 的土壤主要出现在兴宁市和五华县的交界处。梅州市 0~20cm 土壤层全钾含量较丰富（尤其是丰顺县和大埔县），依据全国第二次土壤普查规定的土壤养分分级标准，处在Ⅲ级（高）水平以上。梅州市 0~20cm 土壤层全钾含量的水平空间分布与海拔无显著相关性，其变化主要受其成土因素的影响。

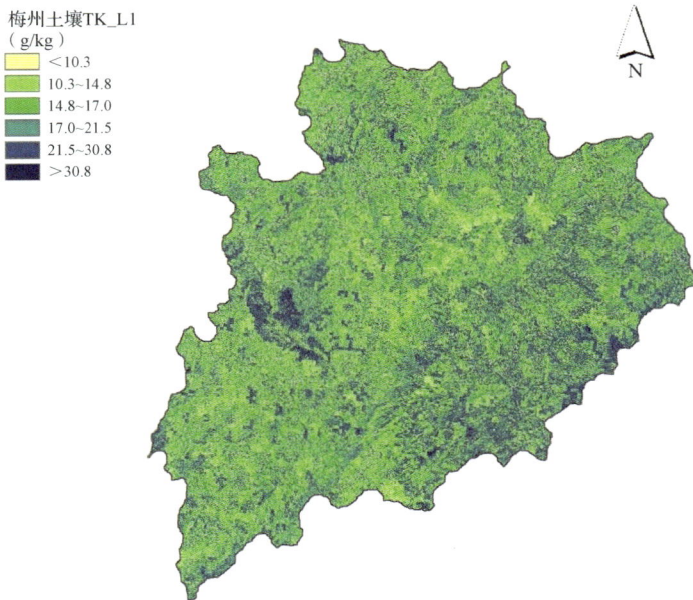

**图 5-16　森林土壤全钾含量 L1 层（0~20cm）分布**

梅州市 20~40cm 土壤层全钾含量的空间分布状况如图 5-17 所示，含量范围主要在 10.30~30.80g/kg 之间，与 0~20cm 的空间格局相似。依据全国第二次土壤普查规定的土壤养分分级标准，梅州市 20~40cm 土壤层全钾含量主要处在Ⅲ级（高）和Ⅳ级（中）水平，处于Ⅴ级（低）水平及以下的和Ⅱ级（很高）水平及以上的地区面积占比很小。从水平空间来看，丰顺县和大埔县的土壤全钾整体含量明显高于其他区县，皆高于 17.00g/kg。其他区县（五华县、兴宁市、梅县区、梅江区、平远县和蕉岭县）的土壤全钾空间分布与海拔具有显著的相关性，低海拔地区的土壤全钾含量比较低。

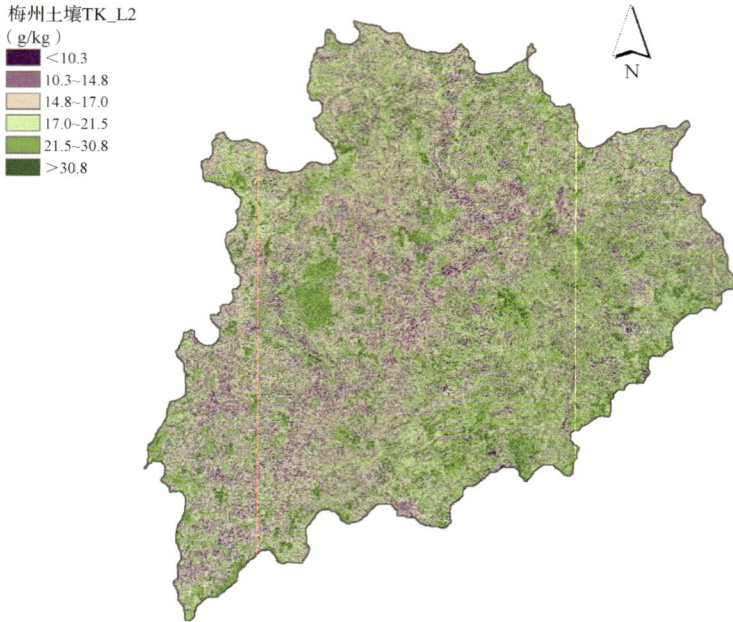

**图 5-17　森林土壤全钾含量 L2 层(20～40cm)分布**

梅州市 40～60cm 土壤层全钾含量的水平空间分布格局如图 5-18 所示，含量范围主要在 10.30～33.90g/kg 之间。该深度全钾含量低于 10.30g/kg 的土壤主要分布在梅州市中部和西部的低海拔地区，所占面积极小；高于 33.90g/kg 的土壤主要在丰顺县、大埔县以及平远县和蕉岭县北部的局部地区，所占面积也很小。依据全国第二次土壤普查规定的土壤养分分级标准，梅州市绝大部分地区的 40～60cm 土壤层全钾含量处在Ⅱ级(很高)、Ⅲ级(高)和Ⅳ级(中等)水平。Ⅱ级(很高)水平的土壤主要分布在丰顺县、大埔县及平远县和蕉岭县的北部地区；Ⅲ级(高)和Ⅳ级(中等)水平的土壤主要分布在中部地区和五华县。

梅州市 60～80cm 土壤层全钾含量的水平空间分布格局如图 5-19 所示，含量范围主要在 10.30～33.90g/kg 之间，与 40～60cm 土壤层分布格局相似。该深度全钾含量低于 10.30g/kg 的土壤主要分布在梅州市中部和西部的局部地区；高于 33.90g/kg 的土壤主要分布在丰顺县和大埔县的部分地区。依据全国第二次土壤普查规定的土壤养分分级标准，梅州市 60～80cm 土壤层全钾含量主要处在Ⅱ级(很高)、Ⅲ级(高)和Ⅳ级(中等)水平，处于Ⅴ级(低)及以下水平的土壤所占面积很小，可见该市深层土壤的全钾含量比较丰富。

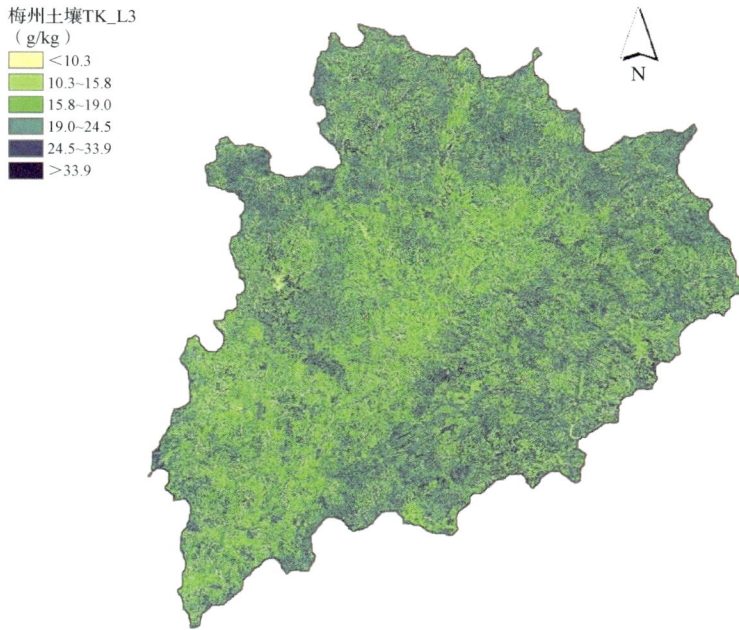

梅州土壤TK_L3
（g/kg）
　<10.3
　10.3~15.8
　15.8~19.0
　19.0~24.5
　24.5~33.9
　>33.9

图 5-18　森林土壤全钾含量 L3 层（40~60cm）分布

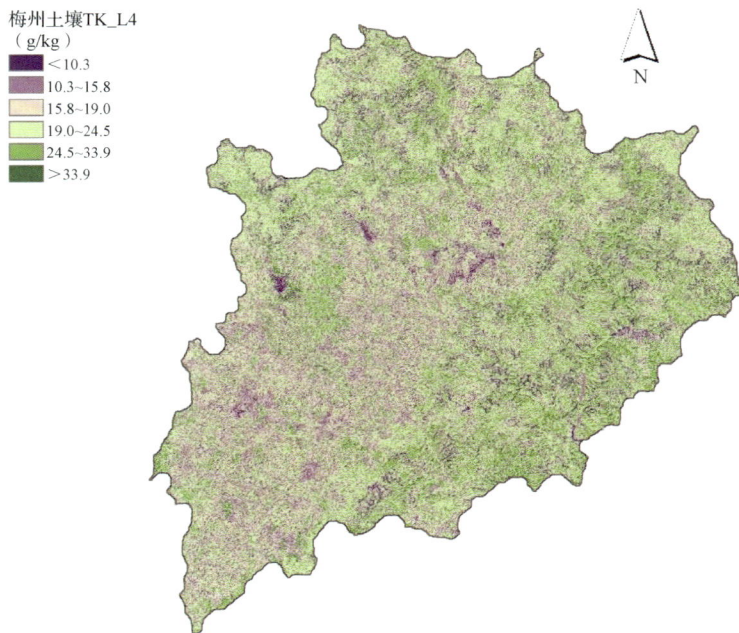

梅州土壤TK_L4
（g/kg）
　<10.3
　10.3~15.8
　15.8~19.0
　19.0~24.5
　24.5~33.9
　>33.9

图 5-19　森林土壤全钾含量 L4 层（60~80cm）分布

梅州市 80~100cm 土壤层全钾含量的水平空间分布格局如图 5-20 所示，含量范围主要在 10.30~33.90g/kg 之间，与 0~20cm、20~40cm、40~60cm 和 60~80cm 土壤层的全钾含量差异并不显著。这可能源于梅州市成土母质含钾量高，从而发育出的土壤全钾含量都比较高。依据全国第二次土壤普查规定的土壤养分分级标准，梅州市 80~100cm 土壤层全钾含量整体处在 Ⅱ级(很高)、Ⅲ级(高)和Ⅳ级(中等)水平。该深度全钾含量水平较高的土壤主要出现在丰顺县、大埔县和平远县以及蕉岭县的北部地区。

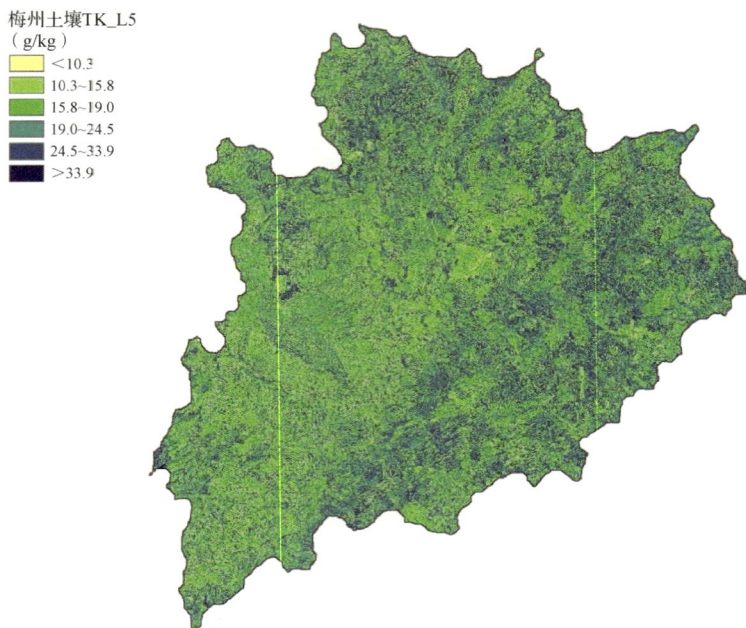

**梅州土壤TK_L5**
**（g/kg）**
- <10.3
- 10.3~15.8
- 15.8~19.0
- 19.0~24.5
- 24.5~33.9
- >33.9

图 5-20　森林土壤全钾含量 L5 层(80~100cm)分布

梅州市 0~100cm 土壤层全钾含量整体都比较充足，各土壤层之间没有显著差异。全钾含量低于Ⅴ级(低)水平的土壤只占很小一部分面积。梅州市的植被受钾元素制约的现象比较少见，可能得益于梅州市土壤成土母质含钾量较高。

# 第二节　森林土壤重金属含量空间分布特征

## 一、森林土壤镉元素含量空间分布特征

镉是最为常见的重金属污染元素之一，镉元素含量超标极易引发土壤性质的改变，土壤中镉元素主要来源于自然过程、大气沉降以及人类生产活动废物的排放。梅州市 0~20cm 土壤层镉元素含量的空间分布状况如图 5-21 所示。该土壤层镉元素含量的范围主要

在 21.80～46.90μg/kg 之间，低于农用地土壤镉污染风险筛选值（300μg/kg）。从水平空间看，梅州市 0～20cm 土壤层镉元素含量呈现北部高、南部低的特点，并与海拔具有较显著的相关性，高海拔地区土壤镉元素含量较高，低海拔则较低。但在兴宁市的局部地区（靠近五华县）存在低海拔高镉元素含量的现象。这可能是由于该地区工业废物的排放、污水灌溉和长期施用磷肥等因素导致的镉累积，土壤镉元素含量受人为影响较大。

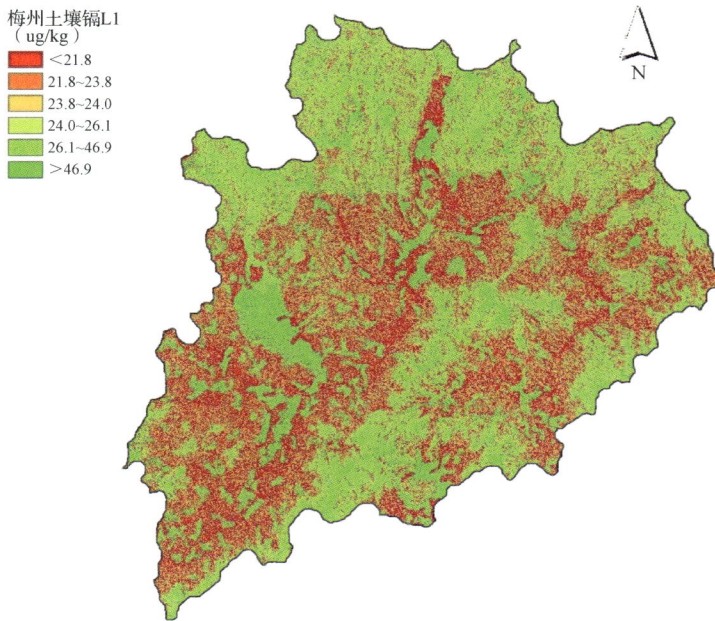

**图 5-21 森林土壤镉元素含量 L1 层（0～20cm）分布**

梅州市 20～40cm 土壤层镉元素含量的空间分布格局如图 5-22 所示。该土壤层镉元素含量的范围主要在 14.20～107.80μg/kg 之间，低于农用地土壤镉污染风险筛选值（300μg/kg）。梅州市绝大部分区域的 20～40cm 土壤层镉元素含量都在 14.20～59.50μg/kg 范围内；含量高于 59.5 μg/kg 的土壤主要分布在兴宁市的局部地区（靠近五华县）以及中部低海拔的局部地区。这可能因为低海拔地区的人类活动较为频繁，生产活动中产生的镉元素会流入土壤中，而镉元素并非大部分植物所必需的营养元素，植物根系基本不会吸收它，导致土壤中镉元素积累。相反，高海拔地区受人类活动影响较小，因此土壤中镉元素含量低。

梅州市 40～60cm 土壤层镉元素含量的空间分布情况如图 5-23 所示。该土壤层镉元素含量的范围主要在 13.40～101.90μg/kg 之间，低于农用地土壤镉污染风险筛选值（300μg/kg）。梅州市 40～60cm 土壤层镉元素含量的空间分布格局与 20～40cm 土壤层相似，但整体上比 20～40cm 土壤层略低。可能是随着土壤深度的加深，土壤更加稳定，流入深层土壤的镉元素就越少。绝大部分地区的 40～60cm 土壤层镉元素含量都低于 56.30μg/kg；含量高于 101.90μg/kg 的土壤所占面积比例极小，只出现在低海拔的局部地区；含量低于 13.40μg/kg 的土壤主要出现在中部和西部的五华县地区。整体来看，中部地区土壤镉元

梅州土壤镉L2
（ug/kg）
■ <14.2
■ 14.2~21.1
■ 21.1~34.3
■ 34.3~59.5
■ 59.5~107.8
■ >107.8

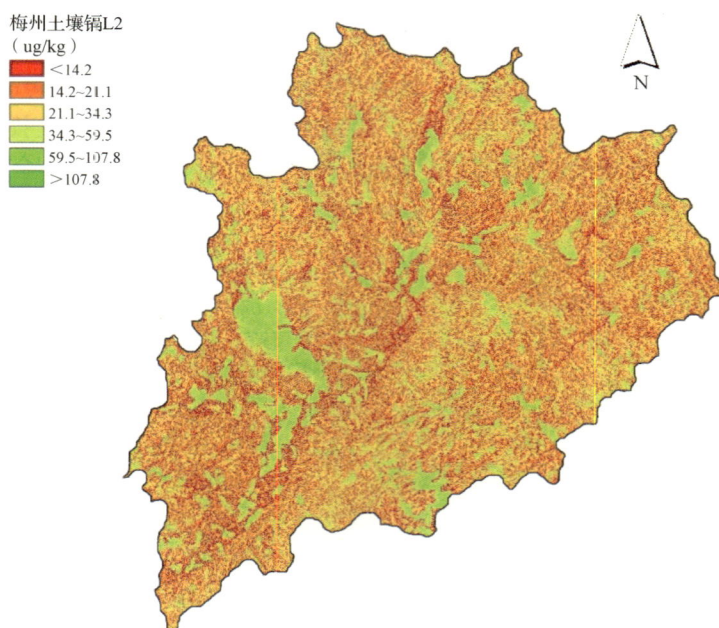

图 5-22　森林土壤镉元素含量 L2 层（20~40cm）分布

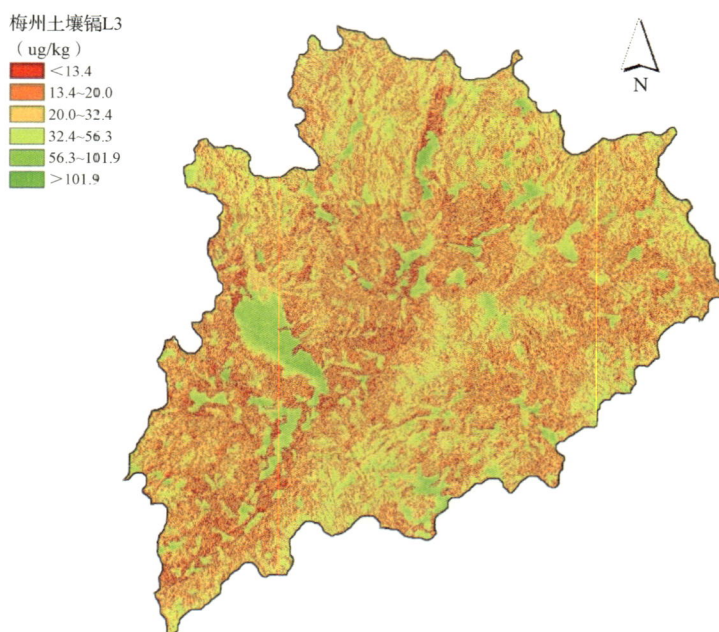

梅州土壤镉L3
（ug/kg）
■ <13.4
■ 13.4~20.0
■ 20.0~32.4
■ 32.4~56.3
■ 56.3~101.9
■ >101.9

图 5-23　森林土壤镉元素含量 L3 层（40~60cm）分布

素含量差异大，易出现较高值和较低值。

　　梅州市 60~80cm 土壤层镉元素含量的空间分布情况如图 5-24 所示。该土壤层镉元素含量的范围主要在 15.00~110.70μg/kg 之间，低于农用地土壤镉污染风险筛选值（300μg/kg），含量高于 110.70μg/kg 的土壤主要集中在梅州市的中部，但所占面积极小。梅州市 60~80cm 土壤层镉元素含量普遍低于 36.80μg/kg，空间分布上无显著差异，与海拔无明显相关性。兴宁市该土壤层的镉元素含量略高于比其他区（县），可能是由于兴宁市生产活动产生的镉元素较多。此外，与 0~20cm、20~40cm 和 40~60cm 土壤层相比，梅州市 60~80cm 土壤层镉元素含量有所降低。

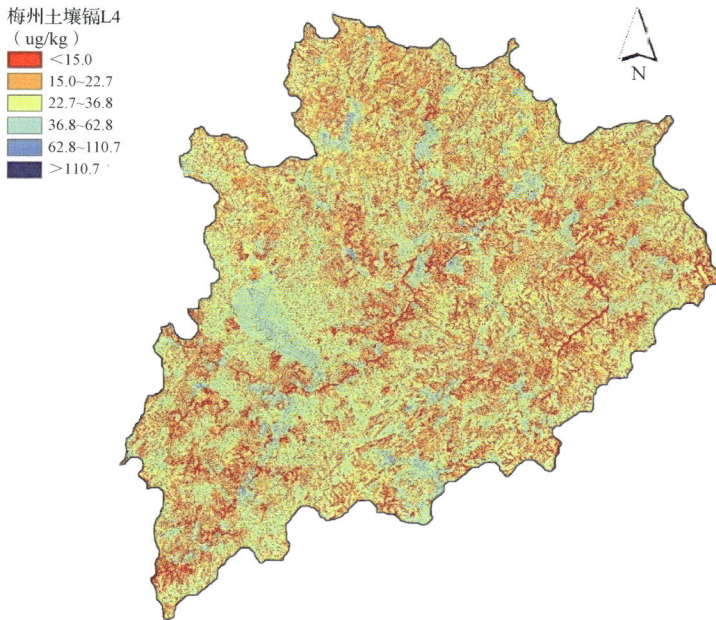

**图 5-24　森林土壤镉元素含量 L4 层（60~80cm）分布**

　　梅州市 80~100cm 土壤层镉元素含量的空间分布情况如图 5-25 所示。该土壤层镉元素含量的范围主要在 21.90~53.10μg/kg 之间，低于农用地土壤镉污染风险筛选值（300μg/kg）。深层土壤受其环境因素影响较小，因此表明梅州市成土母质镉元素含量较低。从水平空间分布格局来看，相对其他区（县），梅州市北部以及兴宁市的 80~100cm 土壤层镉元素含量更高；镉元素含量低于 26.50μg/kg 的土壤主要分布在梅州市中部的梅县区和梅江区、东部的大埔县和丰顺县以及西部的五华县。梅州市 80~100cm 土壤层镉元素含量的分布状况与海拔无显著相关性。

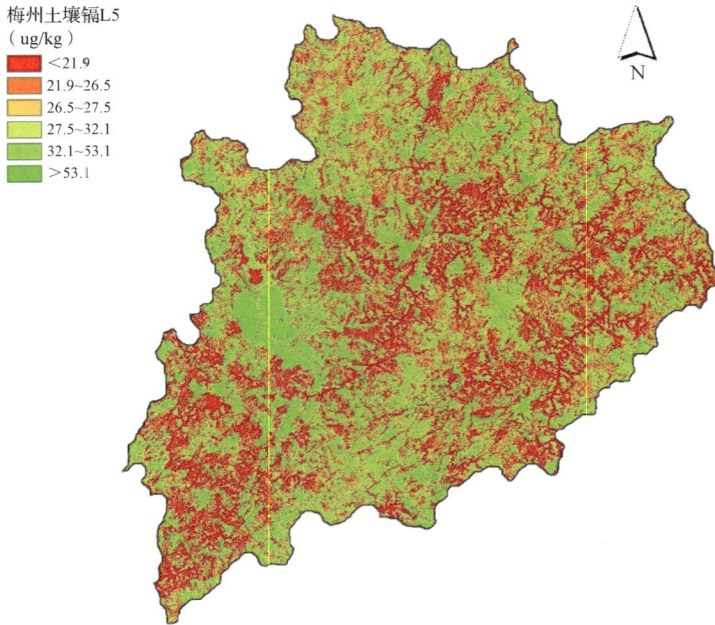

**图 5-25　森林土壤镉元素含量 L5 层(80~100cm)分布**

　　整体来看，梅州市 0~100cm 土壤层镉元素的含量差异并不显著。随着土壤深度加深，镉元素含量略微降低。此外，各土壤层都不存在镉污染风险，各土壤层的镉元素含量空间分布与海拔相关性不显著。梅州市上部土壤镉元素含量主要受土地利用类型以及人为活动的影响，而深层土壤的镉元素含量来源主要是原始土壤母质。

## 二、森林土壤锌元素含量空间分布特征

　　锌是植物必需的微量营养元素，但过量土壤锌被植物吸收会导致作物减产，严重时造成绝收，失去自然生产力。梅州市 0~20cm 土壤层锌元素含量的空间分布状况如图 5-26 所示。0~20cm 土壤层锌元素含量的范围主要在 29.90~79.10mg/kg 之间，低于农用地土壤锌污染风险筛选值(200mg/kg)，所以不存在锌污染风险。梅州市的 0~20cm 土壤层锌元素含量的空间分布与海拔呈现一定的相关性，高海拔地区的土壤锌元素含量比低海拔的土壤高。高山林地的土壤锌元素含量普遍在 38.70mg/kg 以上，低海拔地区的林地或其他土地利用类型的地区则在 38.70mg/kg 以下。土壤锌元素的主要来源是成土矿物，同时又受人类活动的影响。锌与许多微量元素具有拮抗作用。例如，施加过量的磷肥，会表现出磷-锌拮抗作用，抑制土壤锌的储存。另外，人为导致的土壤酸碱度也会影响土壤对锌的吸附能力。从水平空间分布来看，梅州市 0~20cm 土壤层锌元素在含量各个行政区无显著差异。

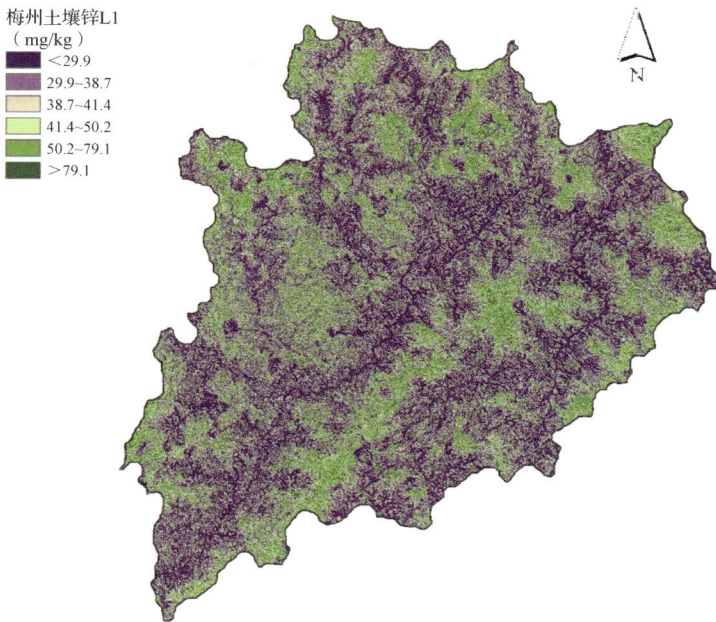

图 5-26　森林土壤锌元素含量 L1 层（0~20cm）分布

　　梅州市 20~40cm 土壤层锌元素含量的空间分布状况如图 5-27 所示。梅州市 20~40cm 土壤层锌元素含量的范围主要在 23.50~59.00mg/kg 之间，低于农用地土壤锌污染风险筛选值（200mg/kg），所以不存在锌污染风险。20~40cm 土壤层锌元素含量整体上比 0~20cm 土壤层略低。锌元素含量高于 37.50mg/kg 的土壤出现在梅州市高海拔林地地区，面积占比很小。梅州市 20~40cm 土壤层锌元素含量范围普遍在 23.50~37.50mg/kg 之间，锌元素含量低于 23.50mg/kg 的土壤主要分布在梅州市东部的丰顺县、大埔县和梅县区。相比之下，兴宁市的 20~40cm 土壤层锌元素含量较高；丰顺县和大埔县的土壤锌元素含量差异比较明显，高海拔林地地区的土壤锌元素含量显著高于低海拔地区。

　　梅州市 40~60cm 土壤层锌元素含量的空间分布状况如图 5-28 所示。梅州市 40~60cm 土壤层锌元素含量的范围主要在 20.20~52.00mg/kg 之间，低于农用地土壤锌污染风险筛选值（200mg/kg），所以不存在锌污染风险。40~60cm 土壤层锌元素含量与 20~40cm 土壤层无显著差异。锌元素含量低于 20.20mg/kg 的土壤大部分分布在梅州市东部的大埔县、中部的梅县区和梅州区，高于 27.30mg/kg 的土壤主要分布在兴宁市。此外，锌元素含量高于 52.00mg/kg 的土壤所占面积比例极小，主要分布在梅州市东部的高海拔局部地区。整体来看，梅州市 40~60cm 土壤层锌元素含量的空间分布格局与海拔具有一定的相关性，锌元素含量较高的 40~60cm 土壤层倾向于出现在海拔较高的地区。可能是因为 40~60cm 土壤层锌元素的来源主要是成土母质，高海拔地区受到的扰动较少，为土壤锌的储存创造了有利的条件。

梅州土壤锌L2
（mg/kg）
- ■ <23.5
- ■ 23.5~29.6
- □ 29.6~31.4
- □ 31.4~37.5
- ■ 37.5~59.0
- ■ >59.0

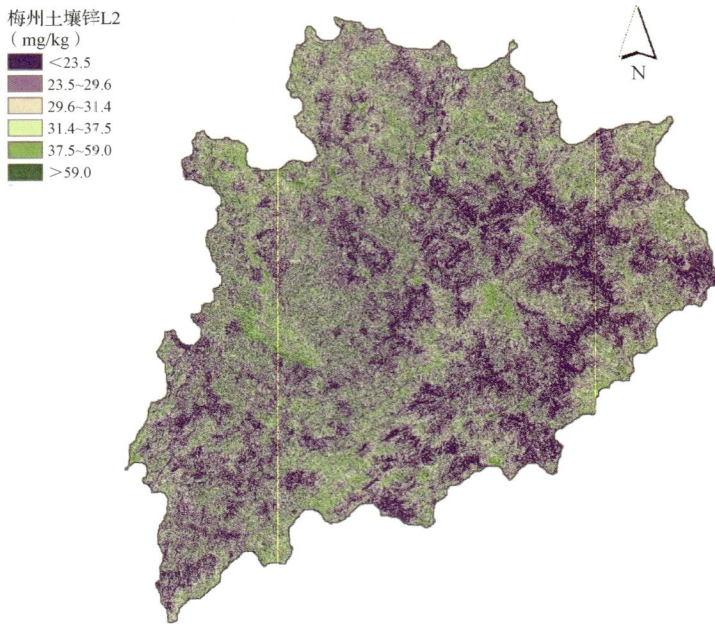

**图 5-27　森林土壤锌元素含量 L2 层(20~40cm)分布**

梅州土壤锌L3
（mg/kg）
- ■ <20.2
- ■ 20.2~25.7
- □ 25.7~27.3
- □ 27.3~32.7
- ■ 32.7~52.0
- ■ 52.0

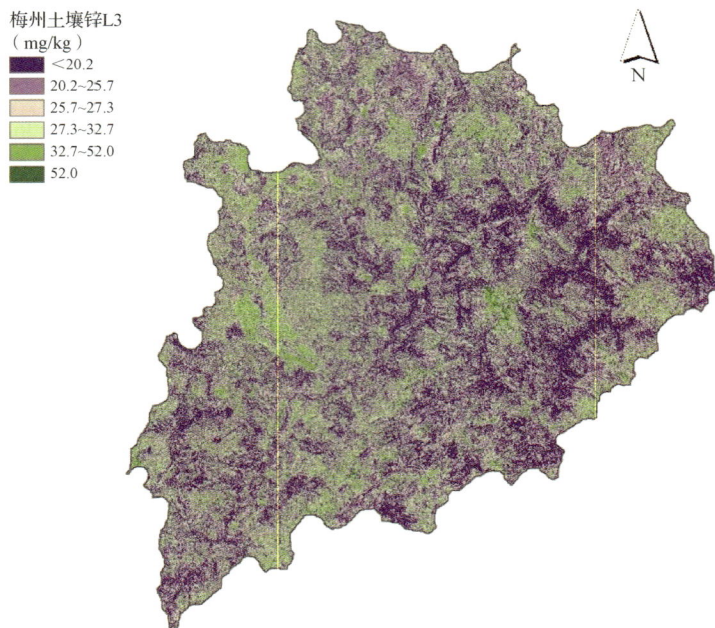

**图 5-28　森林土壤锌元素含量 L3 层(40~60cm)分布**

梅州市 60~80cm 土壤层锌元素含量的空间分布状况如图 5-29 所示。梅州市 60~80cm 土壤层锌元素含量的范围主要在 20.00~54.90mg/kg 之间,低于农用地土壤锌污染风险筛选值(200mg/kg),所以不存在锌污染风险。60~80cm 土壤层锌元素含量与 20~40cm、40~60cm 土壤层无显著差异。全市 60~80cm 土壤层锌元素含量普遍在 20.00~35.80mg/kg 内;锌元素含量小于 20.00mg/kg 的土壤主要分布在梅州市中部以及东部;高于 35.80mg/kg 的土壤所占面积较小,主要出现在高海拔的部分地区。从垂直角度来看,梅州市中部和东部地区的 60~80cm 土壤层锌元素含量与海拔具有较为明显的枝关性,其他地区则与海拔无明显相关关系。可能是因为梅州市中部和东部的海拔变化比其他地区更加显著。

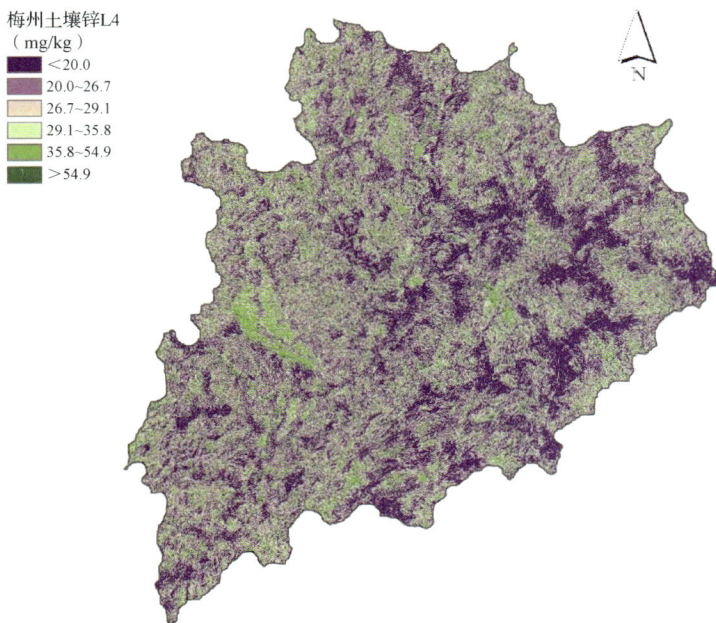

**图 5-29 森林土壤锌元素含量 L4 层(60~80cm)分布**

梅州市 80~100cm 土壤层锌元素含量的空间分布状况如图 5-30 所示。梅州市 80~100cm 土壤层锌元素含量的范围主要在 21.80~53.80mg/kg 之间,低于农用地土壤锌污染风险筛选值(200mg/kg),所以不存在锌污染风险。从垂直角度来看,80~100cm 土壤层锌元素含量与海拔高度显著相关,与 0~20cm 土壤层相似。梅州市的四周以及丰顺县与其他区(县)交界处的山脉都具有较高的海拔,80~100cm 土壤层锌元素含量较高(整体高于 28.00mg/kg),高于 53.80mg/kg 的土壤所占面积极小;梅州市的中部以及东部低海拔地区的土壤锌元素含量较低,普遍低于 26.80mg/kg。同上部的四个土壤层相比,80~100cm 土壤层的锌元素含量最低。

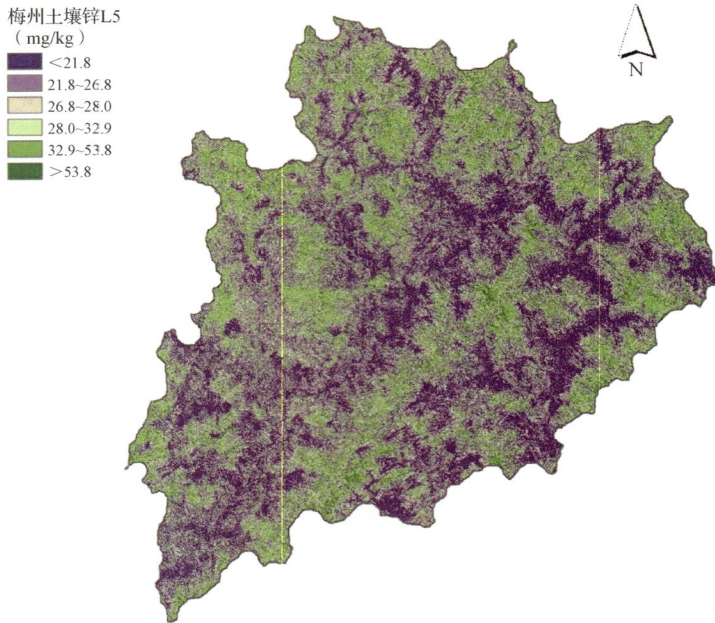

**图 5-30　森林土壤锌元素含量 L5 层(80~100cm)分布**

整体来看，梅州市 0~100cm 土壤层锌元素含量随着土壤深度加深而降低。此外，各个土壤层都不存在锌污染风险，锌元素含量的空间分布与海拔呈显著相关性。梅州市土壤锌元素的来源主要是原始土壤母质，受环境因素的影响较小。因此，海拔越高受到的干扰越少，为土壤锌元素的累积创造有利条件。

### 三、森林土壤铜元素含量空间分布特征

铜是植物必要的营养元素，但过量的铜不仅会影响植物的生长和产量，还可能会通过食物链对人畜的健康产生危害。梅州市 0~20cm 土壤层铜元素含量空间分布状况如图 5-31 所示。梅州市 0~20cm 土壤层铜元素含量的范围主要在 12.90~31.40mg/kg 之间，低于农用地土壤铜污染风险筛选值(50mg/kg)，所以不存在铜污染风险。从水平全局来看，梅州市 0~20cm 土壤层铜元素含量呈现北高南低的特点。可能是因为梅州市北部生产活动产生的铜元素较多，包括化肥农药的过量使用和工业废水的排放，以及废气中的铜元素通过降水降落到土壤中。北部的平远县、蕉岭县、兴宁市以及梅县区和大埔县北部的土壤铜元素含量普遍在 15.80~19.50mg/kg 之间；含量高于 19.50mg/kg 的土壤大多出现在北部的局部地区，所占面积很小；南部的五华县、丰顺县、梅江区以及梅县区和大埔县南部的土壤铜元素含量整体低于 15.80mg/kg。

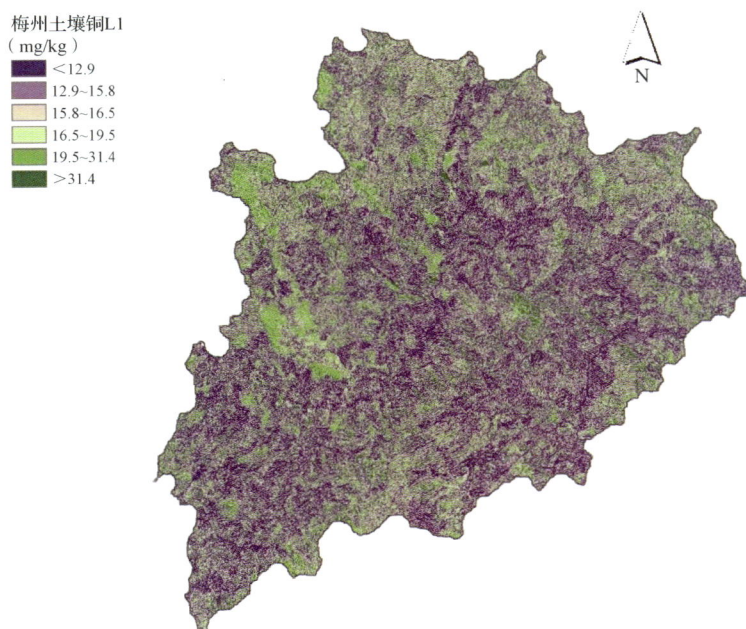

**图 5-31　森林土壤铜元素含量 L1 层(0~20cm)分布**

梅州市 20~40cm 土壤层铜元素含量空间分布状况如图 5-32 所示。梅州市 20~40cm 土壤层铜元素含量的范围主要在 10.70~26.90mg/kg 之间，低于农用地土壤铜污染风险筛选值(50mg/kg)，所以不存在铜污染。梅州市 20~40cm 土壤层铜元素含量比 0~20cm 土壤层低，可能是因为 20~40cm 土壤层受到人类活动的影响相较于表层的 0~20cm 要少，以及林地植株根系一般向下延伸较多，吸收了部分的铜元素。20~40cm 土壤层铜元素含量呈现出北高南低的整体趋势。梅州市北部的平远县、蕉岭县、兴宁市以及梅县区和大埔县的北部的土壤铜元素含量普遍在 14.40~17.20mg/kg 之间；南部的五华县、丰顺县、梅江区以及梅县区和大埔县南部的土壤铜元素含量整体低于 13.50mg/kg；铜元素含量高于 17.20mg/kg 的土壤所占面积极小。

梅州市 40~60cm 土壤层铜元素含量的空间分布状况如图 5-33 所示。梅州市 40~60cm 土壤层铜元素含量的范围主要在 12.70~19.20mg/kg 之间，低于农用地土壤铜污染风险筛选值(50mg/kg)，所以不存在铜污染。梅州市 40~60cm 土壤层铜元素含量较 0~20cm 和 20~40cm 土壤层低，可能是由于更深层土壤受到的扰动较少，接受到的外部铜有限以及根系会吸收铜元素，所以该土壤层铜元素主要来源于成土母质。40~60cm 土壤层铜元素含量的空间分布格局与上两层土壤的分布格局相似，整体呈现北高南低的特点。北部的土壤铜元素含量大多处于 15.60~19.20mg/kg 之间；南部的土壤铜元素含量普遍低于 15.60mg/kg。铜元素含量高于 19.20mg/kg 的土壤主要分布在梅州市中部的局部地区。从水平行政区划来看，平远县和蕉岭县的土壤铜平均含量最高，五华县的土壤铜平均含量最低。

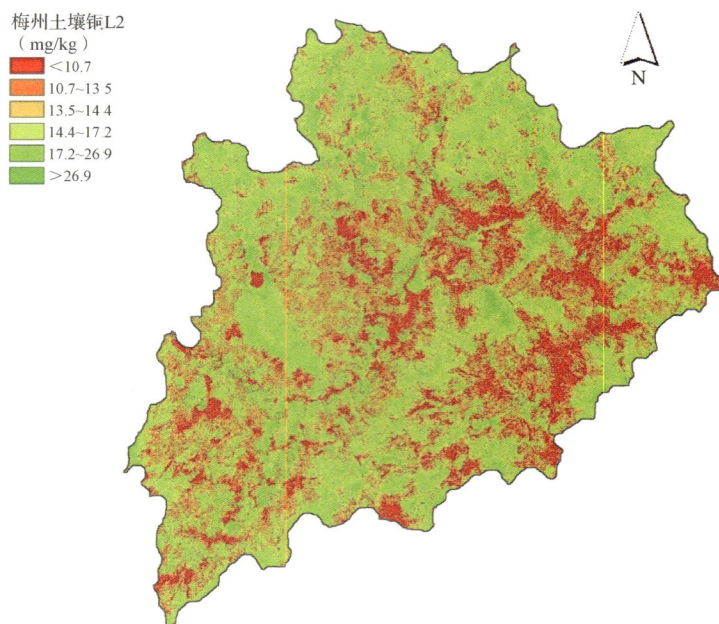

梅州土壤铜L2
（mg/kg）
＜10.7
10.7~13.5
13.5~14.4
14.4~17.2
17.2~26.9
＞26.9

N

**图 5-32　森林土壤铜元素含量 L2 层 ( 20~40cm ) 分布**

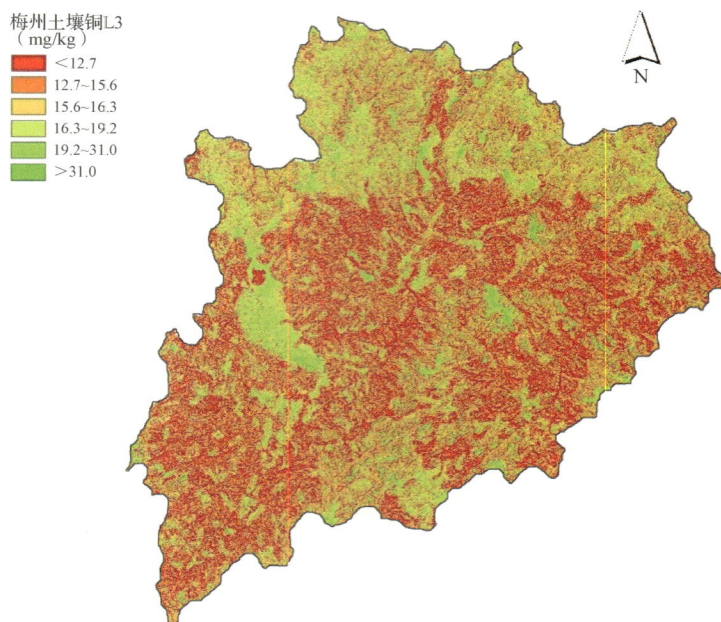

梅州土壤铜L3
（mg/kg）
＜12.7
12.7~15.6
15.6~16.3
16.3~19.2
19.2~31.0
＞31.0

N

**图 5-33　森林土壤铜元素含量 L3 层 ( 40~60cm ) 分布**

　　梅州市 60~80cm 土壤层铜元素含量的空间分布状况如图 5-34 所示。梅州市 60~80cm 土壤层铜元素含量的范围主要在 10.70~24.7mg/kg 之间，低于农用地土壤铜污染风险筛选值（50mg/kg），所以不存在铜污染。相较于上部三个土壤层，60~80cm 土壤层的铜元素含量最高。一方面，可能是由于更深层土壤中植物根系较少，铜元素被吸收较少；另一方面，可能是铜元素随着降雨渗透到深层土壤中，而深层土壤的团粒结构较紧密，有利于铜元素的储存。梅州市北部和东南部的土壤铜元素含量较高，普遍在 13.00mg/kg 以上；中部、西南部和东部的部分地区的土壤铜元素含量较低，整体低于 13.00mg/kg。在水平行政区划上，60~80cm 土壤层铜平均含量相对最高的是平远县和蕉岭县，而五华县的土壤铜平均含量最低，与 40~60cm 土壤层分布类似。

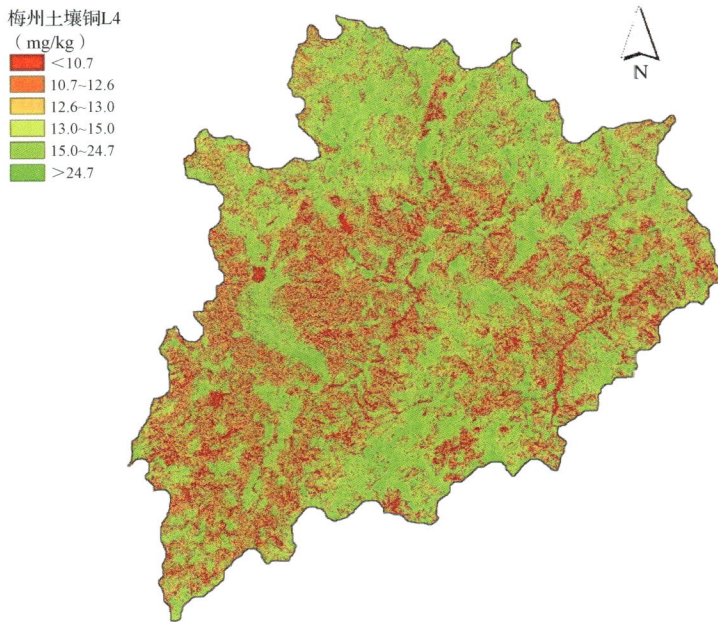

**图 5-34　森林土壤铜元素含量 L4 层（60~80cm）分布**

　　梅州市 80~100cm 土壤层铜元素含量空间分布状况如图 5-35 所示。梅州市 80~100cm 土壤层铜元素含量的范围主要在 12.90~31.40mg/kg 之间，低于农用地土壤铜污染风险筛选值（50mg/kg），所以不存在铜污染。铜元素含量低于 12.90mg/kg 的土壤主要分布在梅州市南部低海拔地区；而含量高于 31.40mg/kg 的主要分布在东南部和北部的局部地区，所占面积极小。梅州市 80~100cm 土壤层铜元素含量整体较 60~80cm 土壤层高，但二者的空间分布格局相似。从水平空间分布格局来看，梅州市北部和东南部的土壤铜元素含量较高，普遍高于 16.50mg/kg；梅州市中部、西南部和东部局部地区的土壤铜元素含量较低，普遍低于 16.50mg/kg。在行政区划上，80~100cm 土壤层铜平均含量相对最高的是平远县和蕉岭县，而五华县的土壤铜平均含量最低，与 40~60cm 和 60~80cm 土壤层分布类似。

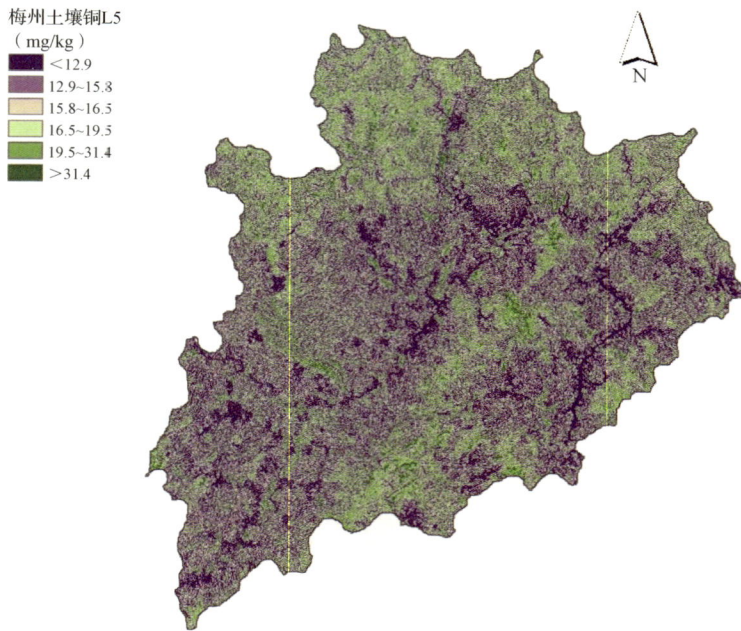

**图 5-35　森林土壤铜元素含量 L5 层(80~100cm)分布**

　　总体而言，梅州市 0~100cm 土壤层铜元素含量随着土壤深度加深先降低再增加，其中 0~60cm 土壤层铜元素含量随着土壤深度加深降低，60~100cm 土壤层铜元素含量则是随着土壤深度加深略微增加。此外，梅州市每个土壤层都不存在铜污染风险，并且整体都呈现出北部高、南部低的趋势。

## 四、森林土壤铅元素含量空间分布特征

　　铅是一种毒重金属元素，可在人体和动植物组织中蓄积，过量的铅会对人体健康和作物生长产生不良影响。梅州市 0~20cm 土壤层铅元素含量的空间分布状况如图 5-36 所示。梅州市 0~20cm 土壤层铅元素含量的范围主要在 18.70~41.10mg/kg 之间，整体低于农用地土壤铅污染风险筛选值(70mg/kg)，但局部地区可能存在土壤铅污染风险。这可能是由于梅州市的成土矿物含铅量较高，或者是人类生产活动产生的铅较多导致的。铅元素含量高于 21.70mg/kg 的土壤主要聚集在兴宁市和五华县内，其他区域高于 21.70mg/kg 的土壤分布较散乱。铅元素含量低于 21.70mg/kg 的土壤主要分布在梅县区、梅江区、平远县、蕉岭县、大埔县和丰顺县内。总体而言，梅州市铅元素含量高于 21.70mg/kg 的土壤所占面积小于含量低于 21.70mg/kg 的。

　　梅州市 20~40cm 土壤层铅元素含量的空间分布状况如图 5-37 所示。梅州市 20~40cm 土壤层铅元素含量的范围主要在 11.00~48.40mg/kg 之间，整体低于农用地土壤铅污染风险筛选值(70mg/kg)，但局部区域存在铅污染。铅元素含量高于 70mg/kg 的土壤主要聚集在兴宁市内以及靠近兴宁市的五华县局部地区，梅州市北部的平远县、蕉岭县以及梅县区

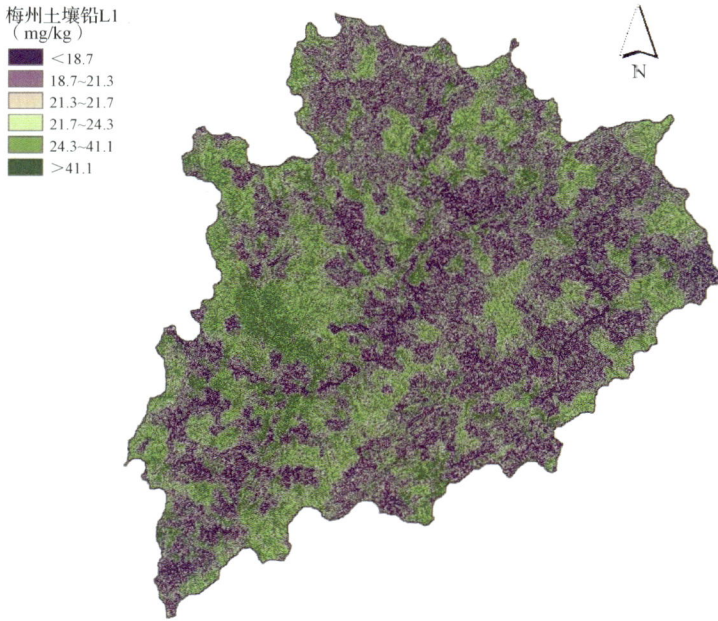

图 5-36 森林土壤铅元素含量 L1 层(0~20cm)分布

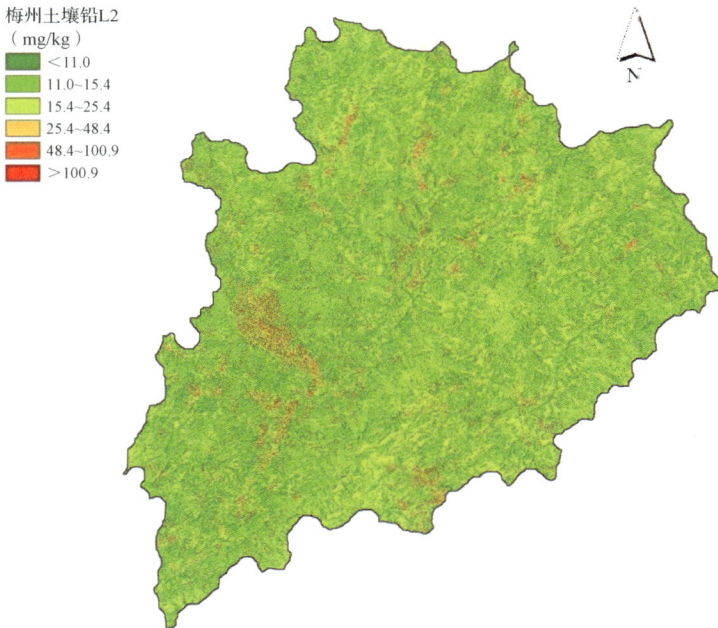

图 5-37 森林土壤铅元素含量 L2 层(20~40cm)分布

和梅江区的北部地区也存在极小面积的铅污染。这些受铅污染的土壤海拔较低,可能是人为活动导致铅积累超标,例如污水灌溉、农药施用和大气污染中铅沉降等。然而,铅污染的真实情况需要进一步研究,本文仅表达存在污染风险的可能性。

梅州市 40~60cm 土壤层铅元素含量的空间分布状况如图 5-38 所示。梅州市 40~60cm 土壤层铅元素含量的范围主要在 9.00~77.60mg/kg 之间,大部分地区低于农用地土壤铅污染风险筛选值(70mg/kg),局部地区的土壤存在铅污染风险。梅州市 40~60cm 土壤层铅元素含量高于 70mg/kg 的土壤分布状况与 20~40cm 土壤层基本一致,集中在兴宁市、五华县局部、梅州市中部和北部地区。从整体的水平分布格局来看,梅州市的土壤铅元素含量呈现北高南低的趋势。梅州市丰顺县、梅江区、五华县以及兴宁市、梅县区和大埔县三个地区南部的 40~60cm 土壤层铅元素含量普遍在 12.60~20.70mg/kg 之间。梅州市南部存在局部地区土壤铅超标的情况,但大部分地区的铅元素含量都低于 12.60mg/kg。

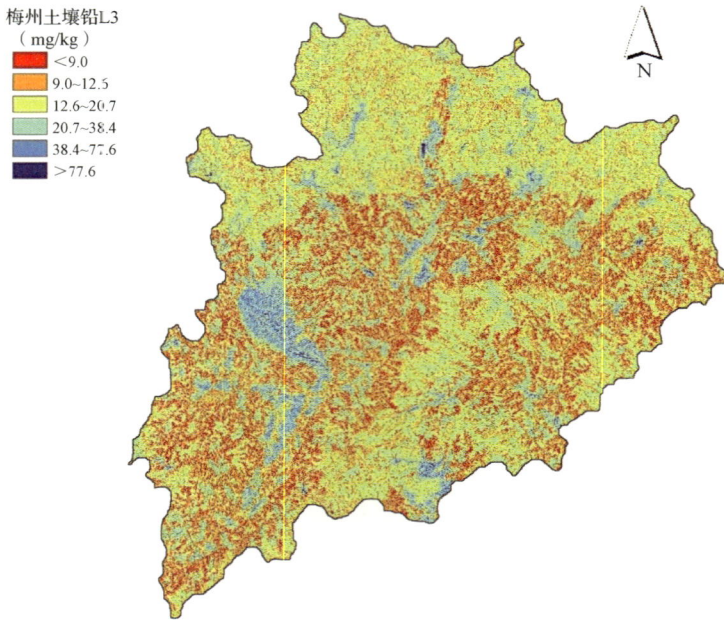

**图 5-38　森林土壤铅元素含量 L3 层(40~60cm)分布**

梅州市 60~80cm 土壤层铅元素含量的空间分布状况如图 5-39 所示。梅州市 60~80cm 土壤层铅元素含量的范围主要在 12.80~27.20mg/kg 之间,低于农用地土壤铅污染风险筛选值(70mg/kg)。相比于上部三层土壤,60~80cm 土壤层铅的平均含量较低。一方面,可能是人类活动产生的铅经过上部三层土壤过滤,达到深层土壤的铅元素变少;另一方面,可能是一部分铅被植物根系吸收,导致土壤铅元素降低。梅州市 60~80cm 土壤层铅元素含量普遍低于 27.20mg/kg,高于 27.20mg/kg 的土壤主要在梅州市中北部、兴宁市和五华县的局部地区。在行政区划上,丰顺县和大埔县的土壤铅元素含量最低。

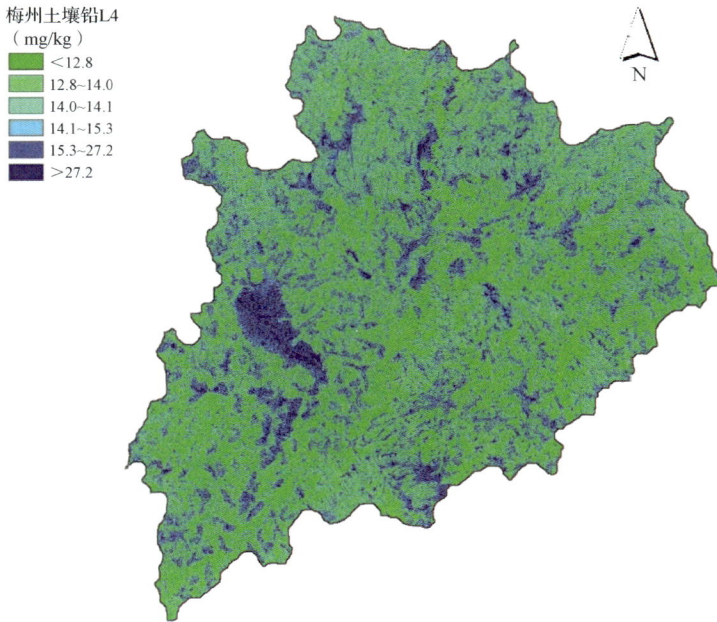

梅州土壤铅L4
（mg/kg）
- <12.8
- 12.8~14.0
- 14.0~14.1
- 14.1~15.3
- 15.3~27.2
- >27.2

图 5-39　森林土壤铅元素含量 L4 层（60~80cm）分布

　　梅州市 80~100cm 土壤层铅元素含量的空间分布状况如图 5-40 所示。梅州市 80~100cm 土壤层铅元素含量的范围主要在 9.10~57.90mg/kg 之间，低于农用地土壤铅污染风险筛选值（70mg/kg）。铅元素含量高于 33.50mg/kg 的土壤主要分布在兴宁市和丰顺县与梅州其他区县交界的高山地区。除了兴宁市的局部地区外，梅州市 80~100cm 土壤层铅元素含量的空间分布格局与海拔具有一定的相关性，海拔越高土壤铅元素含量越高，海拔越低土壤铅元素含量越低。这可能是由于低海拔地区的地下水侵蚀程度较严重，导致铅元素向下渗透，而高海拔地区受到的侵蚀影响较小，更有利于土壤铅的积累。从行政区划来看，除了兴宁市的土壤铅元素含量较高外，其他区（县）的土壤铅元素含量无显著差异。这可能与各区（县）的工业和农业发展程度、土地利用方式、废弃物处理等因素有关。

　　综合分析梅州市 0~100cm 土壤层铅元素含量，发现铅元素在上部土壤层（0~60cm）含量较高，下部土壤层（60~100cm）较低。依据农用地铅土壤污染风险筛选值，梅州市的 0~60cm 可能存在轻度的铅污染风险。因此，建议采用种植超富集植物（如金丝草、羽叶鬼针草、筒麻、荨麻和东南景天等）的方法，通过这些植物吸收和转运土壤铅来减轻土壤铅污染的影响。此外，还可以采取其他措施来减轻土壤铅污染的影响，例如采用生物修复技术、土壤改良剂等。生物修复技术可以利用微生物、植物等生物体对土壤中的有害物质进行分解、转化和吸收，从而达到减轻土壤污染的目的。土壤改良剂可以改善土壤结构和性质，提高土壤的保水保肥能力，从而促进植物生长和土壤微生物活动，减轻土壤铅污染的影响。综合运用多种措施，可以有效地减轻土壤铅污染的影响，保护土壤生态环境和人民健康。

梅州土壤铅L5
（mg/kg）
- <9.1
- 9.1~13.0
- 13.0~20.2
- 20.2~33.5
- 33.5~57.9
- >57.9

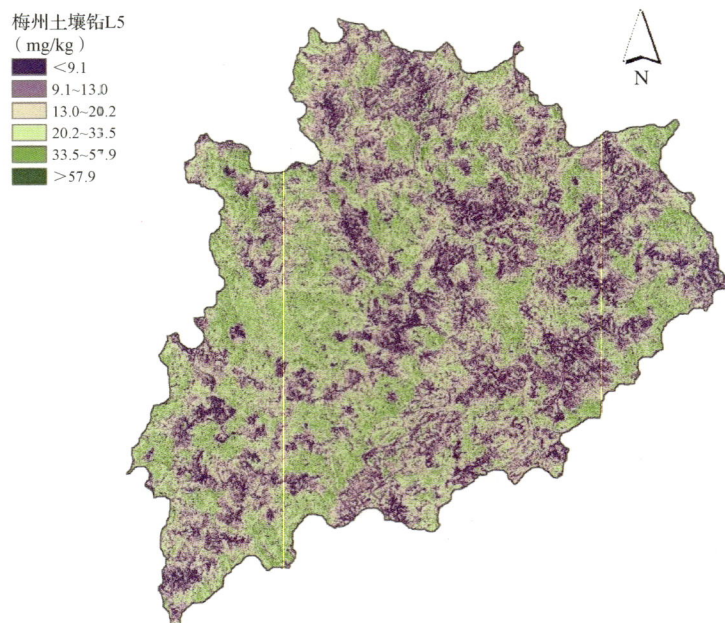

图 5-40　森林土壤铅元素含量 L5 层（80~100cm）分布

# 参考文献

邓植仪．广东土壤提要(初集)[M]．广东土壤调查所，1934.

龚子同，等．中国土壤系统分类——理论·方法·实践[M]．北京：科学出版社．1999.

龚子同，张甘霖，陈志诚等．土壤发生与系统分类[M]．北京：科学出版社，2007.

广东省科学院丘陵山区综合科学考察队．广东山区植被[M]．广东：广东科技出版社，1991.

广东省人民政府地方志办公室．广东年鉴(2021)[J]．中国地方志年鉴，2022(1)：1.

广东省土壤普查办公室．广东土壤[M]．北京：科学出版社，1993.

广东省土壤普查办公室．广东土种志[M]．北京：科学出版社，1996.

广东省土壤普查鉴定、土地利用规划委员会．广东农业土壤志[M]．广东：广东省土壤普查鉴定、土地利用规划委员会，1962.

梅州市人民政府门户网站 矿产资源[EB/OL]．(2022-01-13)．https：//www. meizhou. gov. cn/zjmz/mzgk/kczy/.

梅州市人民政府门户网站 梅州概况[EB/OL]．(2022-07-11)．https：//www. meizhou. gov. cn/zjmz/mzgk/mzgk/.

梅州市人民政府门户网站 气候特点[EB/OL]．(2022-03-17)．https：//www. meizhou. gov. cn/zjmz/mzgk/qhtd/.

梅州市人民政府门户网站 人口民族[EB/OL]．(2022-03-17)．https：//www. meizhou. gov. cn/zjmz/mzgk/rkmz/.

梅州市人民政府门户网站 自然地理[EB/OL]．(2022-03-14)．https：//www. meizhou. gov. cn/zjmz/mzgk/zrdl/.

梅州市自然资源局．梅州市第三次全国国土调查主要数据公报[EB/OL]．(2022-03-05)．https：//www. meizhou. gov. cn/zwgk/gzdt/zwyw/content/post_ 2293831. html.

张甘霖．土系研究与制图表达[M]．合肥：中国科技大学出版社，2001.

中国科学院南京土壤研究所土壤系统分类课题组，中国土壤系统分类课题研究协作组．中国土壤系统分类[M]．北京：中国农业科技出版社，1995.